쓸모 많은 뇌과학

인간관계의 뇌과학

WIRED TO CONNECT

인간관계의 뇌과학

에이미 뱅크스, 리 앤 허시먼 지음

김현정 옮김

더 나은
관계를 위한

4단계
뇌 최적화 전략

WIRED TO CONNECT

현대
지성

추천의 글

심리학자로서 항상 드리는 말씀이 있다. "'괴로움'을 견디기 힘들다고 '외로움'으로 도피하지 마시라." 무슨 뜻일까? 우리가 겪는 많은 어려움은 타인과의 관계에서 온다. 우리는 관계 속에서 많은 상처를 받는다. 나 외의 사람들과 부대끼며 살아가는 과정에서 갈등, 모욕, 배신 등 셀수 없이 많은 고통을 경험한다. 그래서 우리는 어떤 관계도 맺고 싶지 않다는 유혹에 자주 빠진다. 하지만 자발적으로 외로움에 들어가는 것은 매우 어리석은 선택이다. 인간에게 가장 위험한 감정이자 모든 기대를 앗아가는 감정이 외로움이기 때문이다.

많은 연구는 외로움이 사람을 가장 빨리 죽이고, 쉽게 병들게 하는 감정이라는 사실을 분명히 경고한다. 아무리 부정하고 싶어도 이것이 과학적 진실이다. 그래서 우리는 어떻게든 타인과 함께 살아가야 한다. 문제는 그 방법을 잘 모른다는 것이다. 학교에서 수학, 과학, 영어는 배

왔지만, 타인과의 공존 방식을 배워본 적은 없다. 그 흔한 사교육에서도 인간관계의 기술은 철저히 외면당한다. 마땅한 롤모델도 없다. 그래서 우리에게는 설득력 있으면서도 과학적인 조언이 절실히 필요하다. 우리 생각의 중추인 뇌를 연구하는 신경과학자의 조언이라면 더할 나위가 없을 것이다.

이 책은 신경과학을 통해 평온함, 수용감, 공감 그리고 활력까지 우리가 관계 속에서 더 강화하고 풍성하게 누려야 할 결정적인 감정들을 어떻게 경험하고 훈련할 수 있는지 알려준다. 서양의 개인주의 문화가 가지는 한계점을 절묘하게 지적하면서 개인의 가치와 관계의 중요성을 조화롭게 절충하는 방법을 소개한다. 인간관계와 신경과학의 연결고리를 명석하게 풀어내는 저자의 탁월함과 지혜로움에 읽는 내내 감탄을 금할 수 없었다. 코로나 시대를 거쳐 AI의 시대를 맞이하고 있는 현대인이 반드시 읽어야 하는 책이다.

김경일 | 아주대학교 심리학과 교수, 『마음의 지혜』 저자

누군가 뇌 속 신경 경로를 수정해 몸과 마음, 인간관계까지 건강하게 만들 수 있다고 하면 믿겠는가? 인간이 관계를 맺도록 태어났다는 관계-문화 개념을 주창한 정신과 의사이자 뇌과학자인 에이미 뱅크스 박사는 이것이 가능하다고 말한다.

그는 건강한 관계를 통해 C(평온), A(수용), R(공감), E(활력)에 해당하는 네 가지 신경 경로를 변화시키는 CARE 프로그램을 만들어냈다. 이 책을 읽는 내내 최고의 정신 상담을 받은 듯한 느낌이 들었다. 뇌과

학 이론은 이제 책 속에만 머물지 않는다. 이미 많은 사람이 이 방법을 활용해 몸과 마음의 건강을 회복했고, 이제 이 책을 읽는 당신이 그 혜택을 누릴 차례다.

김대수 | KAIST 뇌인지과학과 교수,
『뇌 과학이 인생에 필요한 순간』 저자

이 책은 정말 좋다! 글이 아름답고, 읽는 재미가 있으며, 큰 영감을 준다. 더 행복해지고 싶은가? 더 오래 살고 싶은가? 마음과 몸이 모두 건강해지길 바라는가? 그렇다면 더 의미 있고 보람 있는 관계로 연결되는 네 가지 단계를 밟아나가는 것이 그 목표로 가는 여권이 될 것이다. 에이미 뱅크스를 사랑과 웃음이 있는 더 나은 삶으로 이끌어 줄 안내자로 삼아라. 이 책을 즐겁게 읽길 바란다.

대니얼 J. 시겔 | 소아정신과 최고 권위자,
『부모의 내면이 아이의 세상이 된다』 저자

이 책의 핵심 메시지는 '우리가 맺는 인간관계가 곧 우리'라는 점이다. 놀라울 만큼 읽기 쉽지만 깊이가 있는 이 책은, 뇌가 본질적으로 '관계적'이라는 새롭고 과학적인 개념을 소개한다. 그와 동시에 인간관계를 통해 뇌가 타고난 연결 성향을 최대한 활용하는 효과적인 방법을 알려준다. 이미 행복한 사람에게는 자신의 기쁨이 어디에서 오는지 이해하게 해주고, 불행한 사람에게는 어떻게 행복해질 수 있는지를 알려줄 것이다. 상담사뿐 아니라 모든 사람이 읽어야 할 책이다.

하빌 헨드릭스, 헬렌 라켈리 헌트 | 데이브레이크대학교 석좌교수

사랑만으로는 충분하지 않다. 에이미 뱅크스 박사는 성공적인 관계에 필요한 네 가지 핵심 요소가 우리의 복잡한 뇌를 어떻게 형성하고 작동하는지를 보여준다. 내 안에서 무슨 일이 일어나고 있는지를 이해하면, 관계 속에서 일어나는 일도 바꿀 수 있다. 읽기 쉽도록 잘 쓰인 이 책은 그 방법을 분명하게 안내한다.

데이비드 파인스타인 | *The Energies of Love* 저자

서문

삶에서 더 큰 기쁨과 만족감을 얻고 싶은가? 행복이나 장수, 정신 건강, 신체 건강에 관한 모든 과학 연구는 타인과 맺는 관계가 이를 결정한다고 말한다. 정신과 의사 에이미 뱅크스 박사는 『인간관계의 뇌과학』에서 인간관계와 뇌과학 사이의 연결 고리에 관한 방대한 연구 결과를 읽기 쉽게 정리해 설명한다. 또한, 이 같은 연구 결과를 바탕으로, 더욱 건강하고 만족스러운 인간관계를 맺을 수 있도록 뇌를 재설계하는 실용적인 방법을 제공한다. 그렇다면 이 책이 독자 여러분에게 어떤 도움이 될까? 한마디로 이야기하면, 다른 사람과 관계 맺는 방식을 개선함으로써 적극적으로 삶의 변화를 이루어낼 수 있다. 관계는 인생을 더 그럴듯하게 만드는 장식품이 아니다. 인간관계는 인생 그 자체다.

수십 년 동안 문화가 인간관계에 미치는 영향을 연구하며 정신과 의

사로 일해온 뱅크스 박사는 'CARE 프로그램'이라는 놀라운 체계를 만들어냈다. CARE 프로그램은 사람들이 서로 '상호작용하는' 네 가지 방식을 개선하는 데 도움이 된다. CARE 프로그램을 통해, 타인을 대할 때 얼마나 평온한지Calm, 타인과의 관계에서 얼마나 수용감을 느끼는지 Accepted, 타인의 마음에 얼마나 공감하는지Resonate, 이런 관계를 통해 얼마나 활력을 얻는지Energized 파악할 수 있다.

이 책에 소개된 CARE 프로그램을 활용하면 인간관계를 풍요롭게 만들기 위해 미세 조정이 필요한 신경 경로를 정확히 공략할 수 있다. 우리 뇌가 실제로 어떻게 작용하는지 이해하면 우리가 살아가는 방식을 바꾸기도 쉬워진다. 나는 개인적으로 이 책을 매우 좋아한다. 문장이 아름답고, 몰입감이 있으며, 독자들에게 영감을 불어넣는다.

더 행복해지고 싶은가? 더 오래 살고 싶은가? 더 건강한 몸과 마음을 원하는가? 더 깊고 만족스러운 관계를 발전시키기 위한 네 가지 방법을 배우면 얼마든지 이런 목표를 이룰 수 있다. 뱅크스 박사가 이끄는 길을 따라 사랑과 웃음이 더욱 넘치는 삶으로 나아가보자. 독자 여러분이 이 책을 즐겁게 읽기를 바란다.

대니얼 J. 시겔

차례

1장

인간은 독립적으로
살아갈 수 없다

　　　　　　　　　　사람과 사람 사이에 경계가 필요하다는 개념은 지나치게 과대평가되어 있다. 더 건강하고 성숙한 관계를 원하는가? 고통스러웠던 옛 관계 패턴을 더는 반복하고 싶지 않은가? 함께 어울리는 사람들과 정서적으로 단절된 듯한 기분이 들 때마다 진절머리가 나는가? 내면이 더 풍요로워지기를 원하는가? 그렇다면, 가장 자주 만나는 사람들과 당신 사이에 명확한 경계가 있어야 한다는 주장에 의문을 가질 필요가 있다.

　인간관계에서 경계를 자주 언급하는 사람들은 흔히 이렇게 말한다.

　"자아만 강하다면, 다른 사람이 너한테 어떤 말이나 행동을 하든 전혀 중요하지 않아."

　"부모는 언제 자신이 자식을 잘 키웠다는 사실을 알게 될까? 자식이 더 이상 부모를 필요로 하지 않을 때지."

"절친한 친구와 진정한 로맨스는 젊은 사람들한테나 어울리는 거야. 나이가 들면 다른 사람과 점점 멀어질 수밖에 없어."

"혼자서도 온전한 인간이 될 수 있어야 해."

"독립적으로 살면, 그토록 많은 문제로 고통받지 않을 거야."

이런 말에 담긴 메시지는 분명하다. 다른 누군가를 필요로 하는 것은 '건강하지' 않은 것이고, 건강한 사람이라면 무엇을 하든 다른 사람의 느낌과 생각, 감정에 휘둘리지 말아야 한다는 것이다. 사실, 앞서 나열한 문장들은 이 책을 읽는 독자의 감정을 자극할 작정으로 과장해서 적어둔 것들이다. 나 또한 사람을 함부로 판단하고 수치심을 안기는 이 문장들이 불편하다. 이런 문장을 읽다 보면 눈이 시릴 정도로 환한 스포트라이트가 쏟아지는 무대에 홀로 서서 "당신은 완전히 망했어, 아가씨. 다 당신 잘못이야!"라는 누군가의 비난을 견디는 듯한 기분이 든다.

완전한 정서적 독립이라는 이상은 20세기 내내 정신 건강 전문가들에게 매우 중요한 개념이었으며, 지금도 우리 문화에 강하게 자리 잡고 있다. 그런 탓에, 인간관계의 경계에 관한 이런 따끔한 말들이 당신에게는 이미 당연하게 들릴 수도 있다.

그래서 이런 주장이 틀렸다고 말하기가 조심스러웠다. 의존적인 것이 좋다거나, 함께 살아가는 사람들이 우리의 정신 건강에 영향을 미칠 수밖에 없다거나, 다른 사람들과 떨어져 있을 때보다 완전히 연결되어 있을 때 정서적으로 성장할 수 있다고 도저히 말할 수 없었다. 하지만 이것이 바로 지금 내가 하려는 이야기다.

이 책에서 정서적 욕구란 무엇인지 설명하고, 건강하고 성숙한 어른이 되려면 어떻게 해야 하는지 이전과는 다르게 접근하는 방법을 소개할 것이다. '관계 신경과학relational neuroscience'이라는 새로운 과학 분야의 연구에서 인간의 뇌와 신체 곳곳에 다른 사람과 만족스러운 감정적 연결을 맺는 데 도움이 되는 신경 회로hardwiring가 존재한다는 사실이 밝혀졌다. 이 책에서 소개할 네 가지 주요 신경 경로neural pathway가 이 신경 회로에 포함되어 중요한 역할을 한다.

관계 신경과학 연구 결과에 의하면, 관계가 단절되면 네 가지 신경 경로의 기능이 약해진다. 그 결과, 신경학적인 연쇄 작용이 발생해 만성적인 과민 반응, 분노, 우울, 중독을 비롯한 각종 만성 질환이 나타난다. 홀로 서는 방법에만 몰두하면 다른 사람들과 어울리며 건강하게 살아갈 수 없다. 인간의 뇌 자체가 서로 보살핌을 주고받는 인간관계 속에서 제대로 기능하도록 설계되어 있기 때문이다. 사생활이나 업무에서 잠재력을 실현하는 것도 마찬가지다. 그러려면 배우자, 친구, 동료, 가족 등 주변 사람과 따뜻하고 안전하게 연결되어 신경 경로가 적절한 자극을 받아야 한다. 그때 비로소 우리 뇌는 한층 평온해지고, 뛰어난 관용성을 갖게 되며, 더 훌륭한 공감 능력을 보여주고 높은 생산성을 발휘하게 된다.

인간관계가 따뜻하거나 안전하다고 느끼지 못했던 사람들을 위한 한 가지 좋은 소식이 있다. 이 네 가지 신경 경로는 인간관계가 탄탄하지 않을 때는 약해지지만, 얼마든지 다시 강화될 수 있다. 인간관계와 뇌는 선순환의 고리를 이룬다. 따라서 인간관계에 영향을 미치는 신경 경로를 강화하면, 정신 건강과 신체 건강을 지키는 데 무엇보다 중요한 인간관계를 건강하게 발전시킬 수 있다.

대중이 인간관계의 중요성에 관한 뉴스를 처음 접한 시기는 1998년이었다. 당시, 이탈리아의 파르마대학교 연구진은 인간이 서로 매우 심층적으로 연결되어 있다는 사실을 밝혀냈다. 심지어 뉴런까지도 인간관계에 반응하는 것으로 밝혀졌다.

타인의 감정과 나의 뇌
:

이 연구는 과학계에 등장한 정말로 다행스러운 실수였다. 한 예리한 과학자가 아니었더라면, 연구 중에 드러난 뜻밖의 결과가 그냥 묻혀버렸을지도 모른다. 지금은 유명해진 이 실험을 시작할 무렵만 해도, 파르마대학교의 신경물리학자 자코모 리촐라티Giacomo Rizzolatti와 연구진은 인간의 교류 방식을 탐구할 생각이 없었다. 애초에 이들은 인간을 연구 대상으로 삼지도 않았다. 파르마대학교 연구진은 짧은 꼬리 원숭이의 뇌에서 'F5'라고 알려진 작은 영역을 연구했다. 이 무렵 신경학계에서는 원숭이가 물체를 잡기 위해 손과 팔을 뻗을 때, F5 뉴런이 활성화된다는 사실이 이미 잘 알려져 있었다.

실험실에서 평소와 다름없는 하루를 보내던 어느 연구자가 전례 없는 움직임을 발견했다. 당시, 이 연구자는 F5 세포에 소형 전극이 꽂힌 원숭이를 지켜보며 서 있었다. 그가 물체를 잡으려고 팔을 뻗자, 원숭이의 F5 부위에 설치된 전극이 활성화되었다.

다시 이야기하지만, 원숭이 스스로가 무언가를 잡기 위해 팔을 움직일 때 F5 뉴런이 활성화된다는 사실은 이미 널리 알려져 있었다. 하지만 연구자가 이 놀라운 장면을 목격했을 당시, 원숭이는 자기 팔을 움직이지 않고 있었다. 원숭이는 그저 연구자의 팔이 움직이는 모습을 지켜보았을 뿐이다.

이런 일이 가능하리라고는 누구도 생각하지 못했다. 이때만 해도 과학자들은 행동에 영향을 미치는 신경세포와 감각을 관장하는 신경세포가 분리되어 있다고 믿었다. 즉, 감각 뉴런은 외부 세계에서 정보를 수집하고 운동뉴런은 오직 행동만 관장한다고 생각했다. 그런데 다른 누군가가 움직이는 모습을 그저 지켜보고만 있었던 원숭이의 뇌에서 신체 행동과 관련 있는 것으로 알려진 F5 영역이 활성화되었다. 이런 현상이 나타났다는 사실 자체가 뇌의 감각 뉴런과 운동뉴런이 완전히 나뉘어 있다는 통념이 틀렸다는 방증이었다. 어떤 원리인지 설명할 수는 없었지만, 마치 원숭이의 뇌와 연구자의 뇌가 연결되어 있는 것처럼 보였다. 한 걸음 더 나아가, 연구진은 인간과 원숭이의 뇌가 마치 서로 포개진 것처럼 보인다는 사실에 매우 놀랐다. 마치 원숭이의 뇌 속에서 연구자의 신체 움직임이 나타나는 것처럼 보였다.[1]

예상치 못했던 뜻밖의 현상을 계속 탐구하던 리촐라티와 다른 신경과학자들은 인간의 뇌에서도 이런 거울 효과mirroring effect가 나타난다는 사실을 발견했다. 다시 말해, 우리는 타인의 행동과 감정을 머릿속에서 따라 하는 내적 모방internal mimicry 행위를 통해 그 사람을 이해한다. 친구한테 두 손을 재빠르게 비벼보라고 얘기한 다음에 그 모습을 지켜보자. 마찰열 때문에 친구의 손이 점점 따뜻해지면, 당신 역시 손이 따뜻해지는 듯한 느낌을 받을 것이다. 원숭이 실험 이후 인간의 뇌에 다른 사람을 모방하는 데 전념하는 신경세포인 거울 뉴런이 있다는 가설이 제기되었다.

그러나 과학자 대부분은 이제 특정한 신경 뉴런이 존재한다고 생각하지 않는다. 대신, 뇌 전체에 '거울 신경계mirroring system'가 퍼져 있으며, 여러 영역과 경로가 거울 뉴런 같은 역할을 한다고 생각한다. 모방 효과(친구가 손을 비빌 때 당신의 손도 덩달아 따뜻해지는 이유)가 나타나는 것은 뇌 전체에 퍼져 있는 신경 경로가 당신이 보고 듣는 것을 모방하기 때문이다. 친구가 손을 비비는 모습을 보면 전두엽과 전전두엽에 있는 신경들이 활성화되기 시작한다(자신의 두 손을 비비기로 마음먹고 그 계획을 실행할 때도 같은 부위가 활성화된다). 그와 동시에, 신체 감각을 담당하는 뇌 영역인 체성 감각 피질somatosensory cortex의 뉴런이 활성화되어 메시지를 전달한다. 실제로 손을 움직이는 것은 아니지만, 뇌 깊은 곳에서는 당신의 두 손이 서로 비벼지고 있는 셈이다.

사실, 이 과정은 단순히 다른 사람의 행동을 똑같이 모방하는 것보다 훨씬 고차원적이다. 인간의 거울 신경계는 다른 사람의 행동을 '보거나 들을' 수 있는 뉴런으로 구성되어 있다. 거울 신경계는 다른 뇌 영역에 있는 뉴런을 모두 동원해 감각이나 행동뿐 아니라 감정 정보까지 제공한다. 이런 정보를 바탕으로 다른 사람의 경험을 정교하고 포괄적인 방식으로 모방한다. 우리가 타인의 감정을 거의 즉각적으로 감지할 수 있는 것은 바로 이런 이유 때문이다.

내가 손을 비비는 모습을 당신이 지켜본다고 가정해보자. 거울 신경계가 어떻게 작동하는지 직접 시연하면서 내가 신난 표정을 지으면, 당신의 뇌도 내 표정을 읽고 모방해 신나는 감정을 느낀다. 전혀 모르는 사람의 얼굴에 떠오른 미소를 '포착'한 적이 있는가? 또는 말없이 잔뜩 긴장해 있는 배우자 때문에 심장이 빨리 뛴 적이 있는가? 그런 경험이 있다면, 거울 신경계의 영향력을 경험한 것이다. 이와 같은 감정 전염 emotional contagion 현상이 나타나는 것은 우리 뇌 안에 다른 사람의 감정을 받아들여 자기 내면에서 곧바로 재현하는 신경 경로가 존재하기 때문이다.

손 비비기 실험에 참여한 사람들은 대개 두 가지 반응을 보인다. 어떤 사람은 모자에서 토끼를 꺼내는 마술을 본 것처럼 놀라워한다. 다른 사람들과 신경학적으로 연결되는 것이 마술처럼 느껴지기 때문이다. 하지만 어떤 사람들은 곧바로 이렇게 이야기한다. "좀 꺼림칙하네요!"

이런 반응도 이해된다. 사람들은 평생 자신의 마음이 높고 두꺼운 벽으로 둘러싸여 외부와 완전히 차단된 작은 성城 같다고 배웠다. 자신의 생각과 감정은 내면에 가두고, 다른 사람의 생각과 감정은 막을 수 있다고 믿었다. 그러니 거울 신경계의 위력을 깨달으면, 마음이 불편해질 수 있다. 우리에게 타인을 모방하는 능력이 있다는 사실이 밝혀졌을 때, 우리의 뇌와 신체가 연결된 방식에 관한 통념이 깨어졌다.

파르마대학교 실험실에서 연구를 진행하는 신경생리학자 비토리오 갈레세Vittorio Gallese는 인간관계에서 거울 신경계가 하는 역할을 다음과 같이 설명했다. "이 신경 메커니즘은 무의식적으로 작동합니다. 다른 사람이 무엇을 하거나 어떻게 느끼는지 굳이 생각할 필요가 없습니다. 그냥 저절로 알게 됩니다."[2] UCLA 정신의학 교수 마르코 야코보니 Marco Iacoboni는 자신의 저서 『미러링 피플』(갤리온, 2009)에서 한발 더 나아간다. "거울 신경계는 인간의 실존적 조건과 타인과의 관계를 이해하는 데 도움을 준다. 이는 곧 인간은 혼자가 아니라 생물학적으로 서로 깊이 연결되도록 진화해왔다는 사실을 뜻한다."[3]

타인과의 교류 경험은 신경계에 흔적을 남긴다. 말 그대로 타인과의 접촉 경험이 신경세포 차원에 새겨져 어디든 따라다니는 셈이다. 다음 번에 누군가가 "다른 사람 때문에 감정이 흔들려서는 안 돼"라고 이야 기하거든 거울 신경계를 떠올리기를 바란다. 우리는 그럴 수밖에 없다. 좋든 싫든 타인은 우리에게 영향을 미치며, 심리학자들이 한때 생각했던 것과 달리 우리는 독립적인 존재가 아니다.

성숙의 새로운 개념
:

"인간관계에 경계가 필요하다는 개념이 지나치게 과대평가되어 있다"라는 문장이 다른 사람과 경계가 전혀 없어야 한다거나 인류 전체가 서로 구별되지 않는 하나의 거대한 덩어리여야 한다는 뜻은 아니다. 마찬가지로 개개인이 편안하고 따뜻한 집단의 일원이 되기 위해 개성을 포기해야 한다는 뜻도 아니다. 어떤 치료사도, 문제없이 굴러가지만 밋밋하기만 한 집단을 위해 구성원의 신념과 취향, 개성을 포기하는 것이 건강하다고 생각하지 않는다.

사실 심리학은 감정적 분리를 통해서만 인간이 성장할 수 있다는 믿음으로 수십 년 동안 발전해왔다. 1970년대에 마거릿 말러Margaret Mahler가 가장 열성적으로 발전시킨 분리-개별화 이론separation-individuation theory에 의하면, 인간은 생후 6~7개월부터 분리를 경험한다. 양육자가 자신과는 구별되는 독립된 존재임을 깨닫는 시기가 바로 이 무렵이다. 그리고 인생의 나머지 기간에 이 같은 발견을 수없이 반복한다. 연습 단계

practicing stage에서는 기거나 걸어 엄마로부터 멀어졌다가 돌아오기를 반복하면서 분리를 연습한다. 대상 항상성 단계object constancy stage에서는 마음속에서 '엄마'의 이미지를 추상적으로 떠올릴 수 있게 된다('대상 항상성'이란 정서적 애착을 느끼는 중요한 대상이 눈에 보이지 않아도 여전히 연결되어 있다고 느끼는 심리 상태를 뜻한다—옮긴이). 이 시기에는 조금씩 더 먼 곳을 탐험하며 독립심을 키운다. 학령기에 도달하면, 더 적극적으로 욕구를 실현하기 위해 노력한다. 청소년기에는 성 정체성을 형성하고, 또래 집단과 관계를 맺으며 부모와의 정서적 거리를 벌린다. 성인기는 어떨까? 성인기는 자립하고, 괴로운 마음을 달래고, 문제를 해결하는 능력을 갈고닦는 끝없는 과정이다.

각 단계를 거치는 동안 자신과 타인 사이의 경계는 점점 더 강하고 명확해진다. 분리-개별화 이론을 다루는 책과 논문은 수없이 많다. 내용을 요약하면 이렇다. "인간이 진정한 성장을 이루려면, 타인으로부터 점점 더 멀어져야 한다. 완전히 성숙한 사람이라도 타인과의 관계를 즐길 수 있지만, 그런 관계가 꼭 필요한 것은 아니다. 완전한 성숙 단계에 접어들면, 자신과 타인 사이에 견고한 경계가 생기고 그 경계 안에서 완전히 자족적인 존재로 살아가게 된다."

거울 신경계가 등장하기 전에도, 관계 신경과학자들이 인간은 생물학적으로 서로 연결되어 있다는 추가적인 근거를 제시하기 전에도, 일부 심리학자들은 분리-개별화 이론에 지나친 부분이 있다며 의문을 제기했다. 1970년대, 주디스 V. 조던Judith V. Jordan, 아이린 스티버Irene Stiver, 재닛 서리Janet Surrey 등 보스턴에서 활동하던 선구적인 정신 건강 전문가들은 결코 경계가 흐릿해서 환자들이 괴로운 것은 아니라는 사실을 발견했다. 환자들은 타인으로부터 독립하지 못해서가 아니라 건강한 인간관계가 부족해서 어려움을 겪었다. 주디스 조던은 이렇게 지적한다. "분리 자아 모델Separate Self model은 잘못된 가정을 바탕으로 합니다. 이 모델은 우리가 경계를 더욱 탄탄하게 세우고, 안전을 위해 다른 사람보다 많은 힘을 차지하고, 제한된 자원을 차지하기 위해 타인과 경쟁하려는 동기로 움직인다고 가정합니다. 그러나 인간에게는 상호성mutuality이 있습니다. 인간은 함께 성장하고 건강한 관계를 만들어가는 과정에서 진정한 행복을 얻습니다."[4]

이런 시각으로 관계를 바라보면, 분리-개별화 이론에 따른 발달 관계를 더 따뜻한 관점으로 재해석할 수 있다. 예를 들어, 아이가 엄마와 먼 방향으로 기어가는 것은 인류와 멀어지려는 행위가 아니다. 그보다는 자신을 둘러싼 관계의 세계를 확장한다고 보는 편이 옳다. 아이는 더 많은 관계, 더 넓은 세계와 그 세계를 살아가는 사람들을 향해 다가간다. 물론 그 후에는 다시 엄마에게로 돌아가 엄마와의 관계를 즐긴다. 대상 항상성을 익힌 유아는 엄마에게서 멀어지는 능력이 아니라, 오히려 엄마의 심상을 만들어내 어디든 엄마와 함께 갈 수 있는 능력을 갖추게 된다. 시간과 공간을 초월해 관계를 이어나가는 능력을 익히는 셈이다. 학령기 아동은 친구들과 교류하고 실수를 저지르며 관계를 관리하는 법을 배운다. 청소년이 되면 관계가 더 확장된다. 청소년은 성적인 관계를 탐색하고, 사회적 압력에 굴복하지 않으면서 또래 집단의 일원이 되는 법을 배운다.

이렇게 발달 과정을 새롭게 재해석하면 우리가 말하려는 바가 더욱 명확해진다. 즉, 인간은 타인과 분리되면서 점점 성숙해지는 것이 아니라 점점 더 복잡한 관계의 세계로 들어가며 성숙해진다. 이와 같은 방식으로 인간의 발달에 접근하는 방식을 '관계-문화 이론relational-cultural theory, RCT'이라고 부른다. 젊었을 때 정신과 의사로 일하면서 관계-문화 이론이 분리-개별화를 비롯한 그 어떤 이론보다 사람들의 치유와 성장을 돕는 데 효과적이라는 사실을 깨달았다. 그 후, 20년 동안 내 환자들을 고뇌에 빠뜨렸던 다양한 문제와 이 단절된 세상을 치유하는 데 관계-문화 이론을 적용해왔다.

분리-개별화 이론과 관계-문화 이론이 공통으로 주장하는 것이 있다. 두 이론 모두 건강하게 살려면 자신이 누구인지 잘 알고, 자신의 감정과 생각을 이해해야 한다고 말한다. 또한 다른 사람들 역시 감정과 생각을 가졌다는 사실을 인지하고, 다양한 관계 속에서 자신을 독립적으로 인식할 수 있어야 한다. 그러나 분리 이론의 목표는 결국 홀로 서는 것이다. 물론 원한다면 얼마든지 다른 사람들과 유대를 맺고 공동체의 일원이 될 수 있다. 그러나 진정한 어른이라면 힘든 일이 닥쳤을 때 혼자 굳건하게 견딜 수 있어야 한다. 결국 분리 이론은 항상 경계를 정의하고 보호해야 한다고 주장하는 만큼 방어적인 태도를 강조하는 심리학이다. 다른 사람의 감정이나 문제가 자신의 영역을 침범하는 상황을 항상 경계할 수밖에 없다. 프로이트 역시 삶의 조건을 다음과 같이 규정했다. "자극으로부터 보호하는 것이 자극을 받아들이는 것보다 더 중요한 일일 수도 있다."[5] 슬프지 않은가? 분리 이론에 따르면, 사람과 사람 사이에는 항상 벽이 존재한다.

관계-문화 이론에 의하면, 사람들 사이에는 벽이 없다. 좋은 관계는 사람들이 성장하고 발전하는 데 비옥한 토양 역할을 한다. 부모와의 관계가 좋으면 안정감을 느끼게 되고, 이를 바탕으로 타인에게 다가가 좋은 관계를 맺을 수 있다. 또래와의 관계가 좋으면 자신이 어떤 사람인지 실험하고, 공감 능력을 계발하고, 소통하는 방법을 배울 수 있다. 관계 기술이 발달할수록 더 많은 관계를 갈망하게 된다.

관계-문화 이론은 경계가 인간을 정의한다고 말하지 않는다. 오히려 인간관계가 마술사들이 사용하는 마술 고리와 비슷하다고 말한다. 마술 고리는 여러 개가 모여 하나의 세트를 이루지만 한 덩어리로 묶여 있지는 않다. 마술 고리들은 서로 멀어질 수도 있고 가까워질 수도 있다. 마술사가 마술을 부리는 순간, 일시적으로 서로 연결되어 겹쳐지기도 한다. 다른 사람이 손을 비비는 모습을 보는 것만으로도 손이 따뜻해지는 것과 같은 현상이다.

우리가 살아가면서 맺는 인간관계 속에서도 이런 일이 일어난다. 가령, 우리는 상대방이 하던 말을 받아서 마무리하거나 상대와 같은 슬픔을 느낀다. 이런 관계는 유연하고 유동적이다. 한곳에 모여 무언가를 함께 경험한 다음, 다시 멀어져 그 경험을 받아들인다. 인간관계는 자기 자신과 타인 모두를 더 깊고 명확하게 이해하기 위해 경험하고, 학습하고, 지식을 통합하는 역동적인 과정이다.

심리학자 진 베이커 밀러Jean Baker Miller는 '성장 촉진 관계growth-fostering relationship'라는 매우 훌륭한 표현을 제안했다. 관계 자체가 목적이 아니라는 바람직한 개념을 제안하는 표현이기도 하다. 인간관계는 안전한 피난처, 그 이상이다. 인간관계는 성장에 도움이 된다. 바람직한 인간관계는 당신과 상대방 모두가 당신이 어떤 사람인지 명확하게 이해하는 데 도움이 된다. 그뿐 아니라, 자존감을 키우고, 업무 생산성을 높이고,

더 많은 관계를 맺고 싶다는 열망을 갖는 데 도움이 된다. 베이커 밀러의 표현을 빌리자면, 성장 촉진 관계는 삶의 모든 영역에 '열정$_{zest}$'을 불어넣는다. 성장 촉진 관계에서는 침묵을 강요당하지 않고 무엇이 자신을 불편하게 하는지 솔직하게 털어놓을 수 있다. 성장 촉진 관계는 벽을 세우고 요새를 강화하는 관계와 정반대다. 인간은 끊임없이 타인에게 손을 뻗으며 성숙해진다.

나는 거울 신경계 연구가 발표되기 오래전부터 환자들에게 관계-문화 이론을 적용해왔다. 심리학자 대부분은 어려움을 겪는 청년들에게 "부모와 자신을 분리하고 더 이상 부모에게 정서적으로 기대지 말라"고 조언한다. 우리 연구팀은 이렇게 조언하는 대신, 가족과의 관계를 유지하면서 어른으로 살아가는 방법을 알려주었다. 우리는 분노를 조절하지 못하거나 만성적으로 무책임하게 구는 사람들에게 자기 조절 능력을 키워야 한다고 말하지 않았다. 대신, 의지할 만한 안정적인 관계를 찾도록 도왔다. 그런 다음, 위험을 감수할 만큼 안전하고 편안한 관계 속에서 새로운 감정 기술을 훈련하도록 했다. 한두 개의 학대적인 관계만 간신히 붙들고 살아가는 환자들도 있었다. 이런 경우에는 건강하지 못한 관계에서 벗어나 더 수용적이고 따뜻한 관계를 발전시킬 수 있도록 함께 노력했다. 이와 더불어 성장, 확장, 치유, 발전에 도움이 되는 작업을 계속 진행했다.

나 또한 상담실에서 내담자와 거리를 두는 전통 치료 방식을 거부하고 성장을 택했다. 분리-개별화 접근법을 택한 상담사는 환자의 자립을 돕는 것이 자신의 역할이라고 생각하겠지만, 나는 환자들과 진정한 관계를 맺기 위해 노력했다. 나의 걱정과 감정을 나누었고, 정서적 유대감을 쌓았다. 이런 관계 속에서 환자도 나도 성장했다. 이것이 바로 관계-문화 이론의 작동 방식이다. 어느 환자는 내게 이렇게 이야기했다. "관계 치료는 제가 이전에 받아본 치료와 달라요. 예전 치료 방식에서는 저는 상담사와 아무런 관계가 없는 한 개인에 불과했어요. 관계 치료법을 적용하니까 우리가 함께 노력하게 되네요. 치료사는 저와 유대감을 키워가기 위해 노력해주었어요. 그가 진심으로 저를 걱정하고 관심을 기울인다는 사실을 알 수 있었습니다."

건강한 관계가 곧 건강한 신체

:

우리 실험실에서 진행한 연구 결과를 바탕으로 임상적인 관점에서 보면, 이 접근법은 대단히 효과가 좋다. 웰슬리 여성 센터Wellesley Centers for Women, 진 베이커 밀러 훈련 연구소Jean Baker Miller Training Institute에 소속된 동료들 역시 같은 접근법을 활용해 좋은 결과를 얻었다. 우리를 찾아온 환자 중에는 만성적인 '난치 증상'을 앓는 사람들도 있었다. 여러 상담사를 만났지만, 차도가 없는 환자들이었다. 이런 사람들에게 관계-문화 이론을 적용하자 상태가 개선되었다.

우리는 진정한 쌍방 관계에서 큰 기쁨을 얻었다. 스트레스를 받던 사람이 평온해졌고, 줄곧 거부당하던 사람이 신뢰할 만한 사람이 되었다. 가학적인 사람이 공감 능력을 얻었고, 감정이 메말랐던 사람이 활력을 되찾았다. 각 사례만 살펴봐도, 우리의 접근법이 효과적이라는 증거는 충분했다. 우리는 사람들이 관계에서 멀어지지 않고 매일 관계를 통해 성장하고 더 나은 관계를 향해 나아가는 모습을 목격했다.

인간관계가 건강에 유익하다는 증거는 넘쳐난다. 이런 증거만 모아도 책 한 권 분량이 될 정도다. 선구적인 심장병 전문의 딘 오니시Dean Ornish는 저서 『관계의 연금술』(북하우스, 2004)에서 이 주제에 관한 연구와 이론을 수백 쪽에 걸쳐 소개한다. 몇 가지 중요한 연구 결과는 아래와 같다.

- 노스캐롤라이나 연구자들은 65세 이상 남녀 331명을 대상으로 사회적 지지social support가 건강에 미치는 영향을 측정했다. 나이, 성별, 인종, 재정, 식단, 건강 상태, 스트레스를 유발하는 사건, 흡연 등 이미 잘 알려진 위험 요인을 통제한 후 진행한 연구에서 사회적 지지가 부족하다고 느끼는 사람들이 충분한 사회적 지지를 받고 있다고 느끼는 사람들보다 조기 사망률이 무려 340퍼센트 더 높다는 사실을 발견했다.[6]

- 예일대학교 연구진은 남성 119명과 여성 40명의 관상동맥조영술 결과를 분석했다(관상동맥조영술은 관상동맥이 막혀 있는지, 만약 막혀 있다면 얼마나 막혀 있는지 확인하는 검사 방법이다). '사랑받는다는 느낌'을 자주 받는 사람들은 그렇지 않은 사람들보다 관상동맥이 막힌 경우가 훨씬 드물었다. 활발하게 사회생활은 하지만 보살핌이나 지지를 받지 못한다고 느끼는 사람보다 혈관이 막힐 확률이 더 낮은 것이다. 나이, 적개심, 흡연, 식단, 운동 같은 환경적인 위험 요인과 심장병 유전 인자 같은 요인을 고려해도 마찬가지였다.[7]

- 존스홉킨스대학교 의과대학은 1940년대에 장기적인 연구를 시작했다. 의과대학 남학생들은 부모와의 친밀감을 평가하는 설문에 응했다. 총 1,100명의 학생이 연구에 참여했다. 설문지에 답할 당시에는 모든 학생의 건강 상태가 양호했다. 존스홉킨스 연구진은 이후 50년 동안 이 학생들을 추적 관찰했다. 연구 결과, 암에 걸린 학생들은 그렇지 않은 학생에 비해 부모와 덜 친밀한 경향이 있었다. 흥미롭게도, 남학생과 아버지의 건강하지 못한 관계가 암 발병을 예측하는 가장 강력한 요인이었다. 다시 짚고 넘어가자면, 이런 연구 결과는 이미 잘 알려진 암 발병 위험 요인들과는 무관했다.[8]

- 1950년대, 하버드대학교에 재학 중인 건강한 남학생들을 대상으로 부모와의 정서적 친밀감 및 따뜻함에 관한 인터뷰가 진행되었다. 학생들에게 부모에 대한 묘사도 요구했다. 그로부터 35년이 흘러 중년이 된 학생들의 건강 상태를 다시 확인한 결과, 부모와 관계가 좋다고 응답하고 부모를 긍정적으로 묘사한 학생 중 병을 앓고 있는 사람은 29퍼센트에 불과했다. 반면, 부모와의 관계가 좋지 않다고 응답하고 부모를 부정적으로 묘사한 학생은 무려 95퍼센트가 질병을 앓고 있었다.[9]

연구 결과를 잠시 살펴보자. 심혈관 건강 개선, 암 발병률 감소, 중년기 건강 개선, 모든 원인으로 인한 조기 사망률 340퍼센트 감소. 건강한 인간관계가 정신 건강뿐 아니라 신체 건강에도 유익하다는 명확한 근거다. 내가 어렸을 때 정부는 호기심 많은 아이가 가정용 화학물질을 실수로 마시는 일을 방지하기 위해 밝은 녹색 스티커를 배포했다. 이 스티커에는 속이 메스꺼워 보이는 표정을 한 '미스터 우웩Mr. Yuk'이 그려져 있었다. 부모들은 너무 어려서 글을 읽을 줄 모르는 자녀들에게 분명한 경고 메시지를 전하기 위해 이 스티커를 집 안 곳곳에 있는 위험한 화학물질에 붙였다. 단절의 유독성에 관해서도 어른들에게 이처럼 강력한 메시지를 보내야 한다는 생각이 종종 든다. 병원 대기실에 단절의 위험성을 강조하는 팸플릿을 비치하지 않는 이유가 무엇일까? 해골과 뼈다귀 그림에 "사회적 고립은 당신을 죽일 수도 있습니다"라는 문구를 선명하게 새기면 좋지 않을까? 사회적 고립이 위험하다는 증거는 넘쳐난다. 이 메시지를 명확하게 전달하면 자립해야 한다는 강박적인 욕구가 조금은 완화될지도 모른다.

CARE 프로그램

:

진 베이커 밀러와 웰슬리의 동료들이 인간 발달에 관한 이론을 정립할 당시에는 고립되거나 연결되었을 때 뇌에서 어떤 일이 벌어지는지 직접 살펴볼 기술이 없었다. 따라서 누구나 그랬듯 뇌를 외부에서 관찰할 수밖에 없었다. 하지만 1990년대에 들어서면서 기술 발전으로 직접적인 뇌 연구가 가능해졌다. 뇌 기능을 실시간으로 관찰할 수 있는 첨단 스캐닝 기술이 발전하고, 노년기에도 새로운 뇌세포가 자란다는 사실이 밝혀지면서, 뇌 활동에 관한 새로운 사실이 드러나고 새로운 연구 분야가 등장했다. 2000년대가 되자 신경과학자들은 '관계'라는 맥락에서 뇌 활동을 열심히 연구했다. 그 이후, 연구진은 관계-문화 치료의 연구 결과를 받아들이고 이를 더욱 확장했다. 그 결과, 관계-문화 이론은 분리-개별화라는 오래된 통념을 완전히 뒤집었다.

관계 신경과학은 타인과의 건강한 관계 없이는 개인의 잠재력을 충분히 발휘할 수 없다는 사실을 잘 보여준다. 거울 신경계를 예로 들어보자. 거울 신경계가 제 기능을 발휘하려면 관계 정보가 입력되어야 한다. 다시 말해, 거울 신경계가 원활하게 작동하려면 실제로 타인을 '보고'(타인의 감정을 이해하고 느낌을 존중할 수 있는 정서적인 방식으로) 다른 사람에게 당신의 모습을 '보여주어야' 한다. 이런 정보 없이는 다른 사람을 정확하게 인식하고 그에게 가까이 다가가기 어렵다. 인간관계가 좋을 때 발달하는 다른 신경 경로도 있다. 이 신경계 역시 건강한 관계에서 얻은 정보로 스트레스 반응을 중단하고, 명확하게 사고하고, 해로운 행동이나 중독 행동 없이 즐거움을 느끼도록 명령한다(2장에서 자세히 설명할 예정이다).

뇌와 인간관계에 관해 우리가 모르는 것이 얼마나 많은지 겸손한 마음을 잊지 않는 것이 중요하다. 늘 그렇듯, 이미 알려진 지식을 최대한 활용할 수밖에 없다. 그러나 이미 알고 있는 지식만으로도 좋은 인간관계가 어떻게 성장과 치유를 돕는지 환자들에게 충분히 알려줄 수 있다. 이런 지식은 행복한 기분을 느끼고, 스트레스를 관리하고, 덜 분노하고, 강박적인 폭식과 쇼핑, 음주를 멈추고, 변화를 만들어내는 데 인간관계가 왜 그토록 중요한지 제대로 이해하는 데 도움이 된다. 그뿐 아니라, 환자들이 이런 변화를 만들어내도록 관계 심리학과 신경과학을 적절히 섞을 수도 있다.

좋은 관계는 당신이 평온해지고, 수용감을 느끼고, 공감하고, 활력 있게 사는 데 도움이 된다는 설명을 기억하는가? 건강한 관계가 제공하는 이 네 가지 장점은 각각 특정한 신경 경로와 직접 연결되어 있다. 이 신경 경로는 다음과 같은 느낌을 준다.

평온함(Calm). 스마트 미주신경smart vagus이라고 불리는 자율신경계 경로는 평온함이라는 감정을 조절하는 데 영향을 미친다. 스트레스를 받으면, 원시 뇌primitive brain가 슬슬 작동하려 든다. 원시 뇌는 인간관계에 나쁜 영향을 미치는 결정을 내리는 경향이 있다. 인간관계가 탄탄하면 스마트 미주신경이 스트레스 반응을 조절하고, 원시 뇌가 통제권을 잡지 못하도록 막을 수 있다. 그러면 더 건강해지고, 명확하게 사고할 수 있으며, 분노로 폭발하거나 도망치는 대신 창의적 사고로 문제를 해결할 가능성이 커진다. 반면 다른 사람들로부터 고립되면 신경과학자들이 열등한 기질poor tone이라고 부르는 상태가 스마트 미주신경을 압박한다. 다시 말해, 원시 뇌가 결정을 내릴 가능성이 커진다. 단기적으로 이런 상황이 인간관계에서 문제를 초래한다. 장기적으로는 만성 스트레스, 질병, 우울증, 지나친 과민 반응이 나타날 수 있다.

수용감(Accepted). 배측 전대상피질dorsal anterior cingulate cortex, dACC이 제대로 기능하면 소속감이 생긴다. 사회적 고통 중첩 이론social pain overlap theory, SPOT은 소외감을 느낄 때 신체적 고통이 뒤따른다고 설명한다. 이 이론에서 배측 전대상피질의 역할이 잘 드러난다. 안타깝게도 자주 소외감을 느낀 사람의 배측 전대상피질은 사회적 고통에 매우 민감하게 반응한다. 그런 탓에 실제로는 다른 사람들이 자신을 환영할 때조차 거부당한 듯한 느낌을 받기도 한다. "오늘 좀 피곤해 보이네? 괜찮아?"처럼 다정하고 친근한 말을 건넸는데, 갑자기 화를 내는 사람을 본 적이 있는가? 그 사람은 배측 전대상피질이 지나치게 활성화된 탓에 이런 반응을 보이는 것일 수 있다.

공감(Resonant). 타인과의 공감, 즉 서로를 '이해'하는 친구 간의 감정을 촉진하는 것이 바로 거울 신경계다. 앞서 설명했듯이, 타인의 경험은 매우 직접적으로 신경계에 각인된다. 거울 신경 경로가 약하면 다른 사람을 이해하기 힘들 뿐 아니라 다른 사람들이 당신을 정확하게 이해하는 데 도움이 되는 신호를 보내기도 힘들다.

활력(Energetic). 활력은 관계를 관장하는 뇌 영역에서 도파민 보상 체계가 활성화되었을 때 나타나는 반응이다. 언제부터였는지 정확하게 알 수는 없지만, 본래 인간은 삶의 질을 높이는 영리한 메커니즘을 갖고 태어났다. 오늘날에도 마찬가지다. 성장에 도움이 되는 건강한 활동을 하면 신체의 보상회로를 통해 도파민이 퍼지고, 그 결과로 황홀감과 활력을 느낀다. 기분을 좋게 만드는 도파민 효과는 건강한 행동을 부추긴다. 물, 건강한 영양소, 섹스, 인간관계는 모두 도파민을 자극한다. 매우 단순하고 기발한 계획이었다. 카지노, 쇼핑몰, 아편굴이 등장하기 전까지는 그랬다. 건강한 관계에서 충분한 즐거움을 얻지 못하면, 중독성 쇼핑이나 약물, 강박적인 섹스 등 덜 건강한 방법으로 도파민을 얻으려고 애쓰게 된다. 건강하지 않은 활동을 계속 반복하면, 도파민 경로가 더는 인간관계와 연결되지 않도록 뇌의 신경 경로 자체가 바뀐다. 이렇게 되면 심지어 인간관계가 좋을 때조차 관계에서 진정한 즐거움을 얻지 못한다.

평온함. 수용감. 공감. 활력. 이 네 가지 경로는 모두 피드백 고리다. 피드백 고리에 좋은 관계를 채워 넣으면 이 경로가 더욱 튼튼해진다. 경로가 강화되면, 더욱 보람 있는 관계를 맺을 수 있다. 각 피드백 고리에는 작은 개입으로 시스템 전체를 개선할 수 있는 지점이 많다.

이 책을 통해 'CARE' 프로그램을 소개할 생각이다. 'CARE'란 건강한 관계를 유지했을 때 얻을 수 있는 네 가지 장점의 알파벳 첫 글자를 딴 것이다. CARE 프로그램은 내담자들과 15년 동안 해온 작업으로, 고립이나 오래된 정서적 단절이 초래한 신경 손상을 치유하고 건강하고 유익한 관계를 맺는 데 도움이 된다. 특히 까다로운 관계 때문에 새로운 관점이 필요한 사람이든, 자신을 '사람들과 잘 어울리지 못하는 사람'이라고 여기며 대대적인 관계 개선을 원하는 사람이든 관계없이 누구에게나 도움이 된다. 이 프로그램은 단절에서 비롯된 고통을 넘어 중독, 스트레스, 불안, 분노를 해결하는 데도 유용하다.

이 책의 첫 부분에서는, 네 가지 신경 경로 중 각 신경 경로가 하는 역할을 자세히 설명한다. 뇌가 어떻게 긍정적으로나 부정적으로 회로를 바꿔가는지 알려줄 것이다. 정서적 관계가 어떤가에 따라서 거부와 고립으로 상처를 입을 수도 있고 성장을 촉진하는 관계에서 오는 치유 효과를 누릴 수도 있다.

단순히 건강한 인간관계가 부족한 것이 문제라면, 해결책은 간단하다. 나가서 친구만 사귀면 문제도 해결된다. 그러나 현실은 그렇게 단순하지 않다. 친밀한 인간관계의 중요성을 과소평가하고, 독립을 강조하고, 타인을 각자의 기준으로 판단하며, 분리되어야 할 필요성만을 강조하는 사회에서는 특히 쉽지 않은 일이다. 만성적인 단절로 신경학적인 손상이 발생했다면 건강한 인간관계를 회복하는 일이 절대로 간단하지 않다.

매우 실용적인 내용이 담긴 이 책의 두 번째 부분에서는 CARE 프로그램을 활용하는 구체적인 방법을 소개한다. 심리학과 관계 신경과학을 함께 활용해 원치 않는 신경 경로를 지우고 건강한 관계를 만드는 데 도움이 되는 새로운 신경 경로를 만드는 방법을 제시한다. 현재 맺고 있는 인간관계 목록을 작성해 어떤 관계를 둘러싼 신경 경로가 건강한 지원을 받고 있으며, 어떤 신경 경로를 강화해야 할지 살펴볼 것이다. 또한 이런 과정을 통해 성장 잠재력이 가장 큰 관계도 찾아낼 수 있을 것이다. CARE 신경 경로를 훼손하고 관계 형성을 점점 더 어렵게 만드는 관계가 있다는 사실도 깨닫게 될 것이다. 이런 통찰력은 단절에서 비롯된 신체적·정서적 손상을 치유하고, 자신에게 잘 맞는 관계를 형성하는 데 도움이 된다.

책에서 제공하는 정보를 통해 자신에게 맞는 방식으로 CARE 프로그램을 수정할 수 있다. 이 책에서는 CARE 프로그램을 총 네 장에 걸쳐 소개하고, 각 장을 하나의 신경 경로에 관한 이야기에 할애한다. CARE 프로그램 전체를 활용할 수도 있고, 필요에 따라 구체적인 치료와 운동 방법을 활용해 특정한 신경 경로를 정밀하게 공략할 수도 있다. 혼자서 적용할 수 있는 치료 방법도 있고, 처방이나 전문가가 필요한 방법도 있고, 가장 안전한 관계 내에서 시도할 만한 방법도 있다. 그러나 CARE 프로그램은 대체로 세포 차원에서부터 행동 차원에 이르기까지 모든 차원의 역량을 강화하는 행동들을 모은 것이다. 이 프로그램을 끝내고 나면 인간관계가 좀 더 평온하고, 안전하고, 흥미롭고, 상호적이라고 생각하게 될 것이다. 오래된 관계든 새로운 관계든 모두 마찬가지다. 이제 벽을 허물고 뇌를 새롭게 할 때다.

2장

건강한 관계에
꼭 필요한 4가지 요소

다른 사람들과 분리되어 독립적으로 살아가야 한다는 주장은 구시대적 발상이다. 이는 새롭게 밝혀진 뇌에 관한 정보가 아니라 옛 정보를 바탕으로 하는 주장에 불과하다.

아이들이 어렸을 때, 올챙이를 개구리로 키우는 과학상자를 선물로 받은 적이 있다. 잔뜩 기대에 부푼 우리 가족은 주방에 개구리 집을 마련하고 올챙이를 주문해 '엉클 밀티'라는 이름을 붙였다. 엉클 밀티의 집은 가족들의 아침 식사를 준비하는 공간 바로 옆에 있었다. 매일 아침 아이들에게 줄 식사를 준비할 때마다 작은 물통을 뚫어져라 쳐다보며 개구리 다리가 나왔는지 관찰했다.

몇 주가 흘렀다. 밀티의 머리와 몸통은 점점 커졌지만 다리는 생기지 않았다. 우리는 밀티가 혼자 살아서 개구리로 성장하지 못하는 게 아닌지 고민했다. 관계가 건강과 발달에 중요하다는 이야기를 자주 했던 우리 가족에게는 당연한 생각이었다. 누군가의 품에 안기지 못하면 건강하게 자라지 못하는 아기처럼 밀티도 살을 비비고 함께 살아갈 다른 개구리가 옆에 없어서 다리가 자라지 않는 것일까? 다른 개구리와 관계를 맺지 못하면 미성숙하고 불만족스러운 올챙이로 남게 될까? 사실은 그렇지 않다. 우리 가족은 밀티에게 마치 인간과 같은 뇌가 있는 것처럼 분석하려 들었다. 그러나 밀티는 인간이 아닌 개구리의 뇌를 가진 양서류였다.

파충류와 양서류의 뇌는 5억 년 동안 진화하지 않았다. 파충류의 뇌는 관계를 필요로 하지 않는다. 파충류는 다른 존재와 관계를 맺지 않아도 몸이 발달하는 데 아무런 문제가 없다. 파충류의 뇌는 그저 살아남고, 숨 쉬고, 먹고, 번식하고, 싸우고, 포식자로부터 재빨리 피하는 데 집중할 뿐이다. 엉클 밀티에게는 끝내 다리가 생기지 않았다(불쌍한 밀티는 어떤 포식자로부터도 도망가지 못했을 게 틀림없다). 그러나 외로움 때문이 아니라 유전자 변이 때문이었다고 보는 편이 옳다. 파충류의 뇌는 외로움을 느끼지 않기 때문이다. 파충류의 뇌는 다른 무엇도 신경 쓰지 않는다. 그 누구도 필요로 하지 않는다. 온전한 분리와 강인한 독립을 이루어낸 전형적인 모델인 셈이다.

우리 인간의 뇌에도 원시적인 파충류의 뇌에 해당하는 부분이 있다. 바로 '뇌간brain stem'이다. 그러나 뇌간은 인간의 뇌 안에 존재하는 일부분에 불과하며, 인간의 뇌는 파충류의 뇌보다 훨씬 크고 복잡한 형태로 진화했다. 인간의 뇌는 다양한 측면에서 파충류의 뇌와 다르다. 그중에서도 내가 가장 주의 깊게 보는 부분은 바로 오랜 기간에 걸쳐 인간의 뇌가 파충류가 추구했던 독립성에서 멀어져왔다는 점이다. 예를 들면,

파충류에게는 사회 집단에서 제외될 때 고통을 느끼는 신경 경로가 없다. 그러나 우리 인간에게는 그런 신경 경로가 있다. 파충류에게는 누군가가 자신을 반기는 표정을 보고 스트레스를 조절하는 신경이 없다. 그러나 우리에게는 그런 신경이 있다. 파충류는 다른 파충류가 자신을 정말로 '이해한다'라는 느낌을 갈망하지 않는다. 그러나 우리는 그렇다. 파충류는 다른 파충류와 함께 있어도 기분을 북돋아주는 신경화학물질을 얻지 못한다. 그러나 인간은 그렇다.

엉클 밀티는 친구가 없어도 성체 개구리가 될 수 있다. 친구를 필요로 하지도 않고 원하지도 않는다. 그러나 우리 인간은 다르다. 혼자 살아남아야 하고, 발전하고 성장하기 위해 다른 존재의 도움은 필요하지 않다는 케케묵은 파충류식 성장 대본이 포유류에게는 생명을 위협할 정도로 위험하다. 이런 생각은 당신의 생명까지도 위협한다. 다행히 우리는 얼마든지 인간 뇌에 더 잘 어울리는 새로운 대본을 써 내려갈 수 있다. 인간은 발달 과정에서 타인과 관계를 맺어야 한다. 우리는 건강한 관계의 중요성을 강조하는 신경생물학적인 근거를 끊임없이 배우고 있다. 2장에서는 이 내용을 소개할 생각이다.

뇌의 특정 영역만 관계를 오롯이 담당하는 것은 아니다. 인간 신경계의 여러 부분이 인간관계에 관여한다. 신경생물학을 설명할 때 지나치게 단순화할 위험이 항상 존재하지만, 1장에서 설명한 네 가지 주요 신경 경로, 즉 CARE 경로를 기준으로 인간의 뇌가 인간관계를 얼마나 절실하게 필요로 하는지 살펴보자. 다른 사람들과 건강한 관계를 맺을 때 우리의 뇌는 우리가 다음 네 가지 반응을 경험할 수 있도록 메시지를 보낸다.

- 평온함: 스마트 미주신경이 조절하는 신경 경로
- 수용감: 배측 전대상피질이 지배하는 신경 경로
- 공감: 거울 신경계
- 활력: 도파민 보상 체계

어린 시절에 맺은 관계가 이런 신경 경로의 활력과 강도에 영향을 미친다. 그 후에도 신경 경로의 형태는 평생 변화를 거듭한다. 물론 그때도 역시 인간관계가 신경 경로에 영향을 미친다. 그렇다. 인간관계가 뇌의 형태를 결정한다. 동기를 부여받고, 위기 상황에서 침착함을 유지하고, 다른 사람들이 보내는 사회적 신호를 정확하게 인식하는 능력을 결정하는 것은 바로 인간관계의 질이다. 흥미로운 소식이다. CARE 경로가 잘 작동하지 않더라도 관계의 힘을 이용해 얼마든지 변화시킬 수 있다는 뜻이기 때문이다. 또한 우리는 자녀를 양육하는 방법을 바꿀 수 있다. 이런 변화가 이루어지면 우리의 자녀와 손주들은 다른 사람들과 끈끈한 유대감을 갖고 건강하게 살아갈 수 있다.

평온함: 스마트 미주신경
:

브룩이라는 내담자에 관한 이야기를 먼저 해볼 생각이다. 어디선가 들어본 이야기일 수도 있다. 어쩌면 이 책을 읽고 있는 독자 여러분도 비슷한 경험을 하고 있을지 모른다.

겨울 연휴가 시작되기 직전, 브룩은 오랜 실직 생활을 끝내고 새로운 직장을 찾았다. 직장을 얻었다는 기쁨을 만끽할 새도 없이 괴로움이 밀려들었다. 입사 첫 주 금요일에 새 직장에서 연례행사인 송년회가 열릴 예정이었기 때문이다. 하루하루 시간이 흐를수록 브룩은 동료들에게 좋은 인상을 남기고 싶은 갈망과 낯선 사람들 사이에서 사교 활동을 해야 한다는 두려움 사이에서 괴로워했다. 잘 알지도 못하는 동료들과의 어색한 대화, 땀범벅이 된 손으로 상대방의 매끈한 손을 붙들고 악수하며 느끼는 부끄러운 기분, 함께 대화를 나누던 사람이 다른 사람들 쪽으로 가겠다고 선언할 때 느끼게 될 불편하지만 해방된 듯한 감정을 상상했다. 브룩은 스트레스로 가득할 그 밤을 견디기로 마음먹고 경력을 쌓으려면 어쩔 수 없다는 사실을 받아들였다. 갑자기 자연재해가 벌어지거나 끝도 없이 화이트와인을 마시지 않는다면, 그 자리에서 벗어날 방법이 없을 것만 같았다.

행사가 열린 밤, 브룩은 호텔 로비에 들어서자마자 이방인이 된 듯한 기분에 사로잡혔다. 어디로 고개를 돌리든 사람들이 삼삼오오 모여 대화를 나누고 있었다. 몇몇 사람들은 마치 자신을 쳐다보며 히죽히죽 웃는 것 같았다. 브룩은 생각했다. '너무 예민하게 생각하지 마. 아무도 널 비웃지 않아.' 거의 30분 동안 한쪽에 혼자 서서 와인을 마시며 아는 얼굴을 찾으려 애썼지만 소용없었다.

마침내 브룩 앞에 나타난 구원자는 동료 피트였다. 피트는 따뜻하게 인사를 건네며 연휴를 행복하게 보내라고 말했다. 브룩은 피트와 대화를 나누자마자 긴장감이 풀리는 느낌을 받았다. 둘은 며칠 전 점심을 곁들인 회의에서 처음 만났다. 회의 중 쉬는 시간이 되었을 때 브룩은 피트와 자신의 유머 취향이 비슷하고 둘 다 플라이 낚시라는 남다른 취미를 즐긴다는 사실을 알게 되었다. 두 사람은 며칠 전 하던 이야기를 다시 이어나갔다. 사람들의 발길이 잘 닿지 않는 개울에 관한 이야기를 나누고 줄무늬 농어를 잡기에 가장 좋은 미끼가 무엇인지 열띤 토론을 벌였다. 그때부터는 파티가 순조롭게 흘러갔다. 피트가 동료 둘을 대화에 끌어들였고 브룩은 그 외의 몇 명과 더 인사를 나누었다. 와인 때문일 거라고 짐작했지만, 시간이 흐를수록 파티에 참석한 모든 사람이 훨씬 더 다정하고 열린 태도를 지닌 것처럼 느껴졌다.

하지만 이런 변화가 나타난 것은 와인 때문이 아니었다(사실 브룩은 와인을 거의 마시지 않았다). 행사장에 처음 발을 들여놓았을 때 브룩의 신경 경로는 사람들의 마음을 정확하게 읽고 반응하지 못했다. 그의 삶에 영향을 미치는 복잡한 힘이 작용한 탓이었다. 그는 사람들이 자신을 환영하기보다 비웃는다고 느꼈다. 상황을 다르게 봐야 한다며 스스로를 다독거릴 때조차('너무 예민하게 생각하지 마. 아무도 널 비웃지 않아') 위험하다는 느낌에 거의 압도당할 지경이었다. 누구도 자신과 함께 있고 싶어 하지 않는다는 감정에 사로잡혔기 때문이다. 그러나 피트와 대화를 나누는 동안 신경계 내의 스마트 미주신경이 제 역할을 하기 시작했다. 이로써 긴장이 풀렸고, 사회적 신호를 한층 원활하게 주고받을 수 있게 되었다. 친근함을 표현할 수 있었고, 다른 사람들의 얼굴에서도 친근함의 신호를 볼 수 있었다.

인간의 중추신경계는 생각과 행동을 뒷받침하는 전기 활동을 조절하는 일종의 통제 센터다. 중추신경계에는 자율신경계라는 중요한 하위 시스템이 있다. 자율신경계는 반사적으로 반응하면서, 위협이나 스트레스에 신속하게 대응한다. 단 하루, 단 한 순간도 쉬지 않고 우리가 미처 의식하지 못할 만큼 약한 강도로 쉴 새 없이 작동한다. 우리 몸 전체에 분포되어 있으며 근육, 체내 각종 기관, 분비샘을 자극한다.

우리는 인간의 자율신경계가 개구리인 엉클 밀티의 자율신경계와 비슷하다고 생각했다. 개구리와 마찬가지로 인간의 자율신경계 역시 크게 두 부분으로 이루어졌다고 믿었다. 먼저 교감신경계sympathetic nervous system는 잘 알려진 투쟁-도피 반응을 담당한다. 또 다른 한 부분인 부교감신경계parasympathetic nervous system는 경직 반응을 담당한다.

다시 말해, 과학자들은 그동안 사람이 놀라거나 위협을 느낄 때 신체가 자동으로 둘 중 한 가지 반응을 보인다고 믿었다. 먼저 교감신경계가 활성화되면 싸우거나 도망치는 데 필요한 에너지를 제공한다. 또는 부교감신경계가 활성화되면서 신체 반응이 둔해지다가 결국 경직해 '죽은 척'할 수도 있다. 대부분의 생물학 및 심리학 입문 강의에서는 위협의 정도와 그 위협에 대응하는 능력에 따라 싸울지, 도망갈지, 경직할지 결정된다고 설명한다. 몸집이 크고 힘이 세다면 눈앞에 닥친 위협을 뚫고 얼마든지 살아남을 수 있을 것 같은 느낌을 갖게 되고 위협에 정면으로 맞서게 된다. 똑같은 위협을 마주했지만, 몸집이 작고 힘이 약하다면 돌아서서 최대한 빨리 달아나는 게 낫다. 이것이 교감신경계의 투쟁-도피 반응에서 나타나는 선택이다.

생명이 위협받는 심각한 상황에서는 지난봄에 우리 집 현관 앞에서 발견한 새끼 토끼처럼 행동할 수도 있다. 우리 집에서 기르는 고양이 중 한 마리가 내게 특별한 '선물'을 줄 마음으로 현관 앞에 토끼를 던져놓은 것이었다. 토끼는 죽은 것처럼 보였다. 그러나 토끼가 죽은 것처럼 보인 것은 경직 반응 때문이었다. 신체 활동을 느리게 만들거나 진정시키는 부교감신경계가 최대치로 작용하고 있었다. 경직 반응이 나타나면 신체와 뇌의 기능이 멈추기 시작하고 결국 마비된다. 가장 이상적인 시나리오는 이런 반응 탓에 포식자가 흥미를 잃고 가버리는 것이다. 그러나 포식자가 계속 공격한다고 해도 경직 반응은 큰 고통과 스트레스에서 벗어나는 데 도움이 된다. 바로 이런 이유에서 '죽은 척'이라는 표현이 생겨났지만, 경직 반응은 결코 연기가 아니며 의식적인 조절은 불가능하다. 신체 기능 중단은 그 효과가 매우 강렬하다. 죽은 척하는 동물 중 1/4이 실제로 목숨을 잃을 정도다(다행스럽게도 토끼와 고양이를 몇 시간 떼어놓자, 부교감신경이 잠잠해졌고 토끼는 다시 깡충거리며 뛰어갔다). 목숨을 앗아갈 정도로 치명적인 이 반응은 인간을 포함한 모든 동물에게 최후의 방어선이 된다.

통틀어 '투쟁, 도피, 경직' 반응이라고 불리는 교감신경계와 부교감신경계의 반응을 처음 발견한 사람은 생리학자 월터 캐넌Waltor Cannon이었다. 1900년대 초에 캐넌이 이 반응을 처음 발견한 뒤로, 이는 인간이 스트레스에 반응하는 사회적이고 과학적인 진리로 여겨졌다. 그러나 시대가 변하고 있다. 연구자들은 인간의 스트레스 반응을 다시 살펴보고 있으며, '투쟁, 도피, 경직' 반응이 우리가 선택할 수 있는 다양한 반응의 일부에 불과하다는 사실을 점점 깨닫고 있다.

스티븐 포지스Stephen Porges도 그런 사람 중 하나다. 포지스는 일리노이 대학교 시카고 캠퍼스에 있는 뇌-신체 센터Brain-Body Center의 명예 교수다. 포지스는 혁신적인 연구에서 자율신경계의 세 번째 요소인 '스마트 미주신경'의 존재를 처음으로 찾아냈다. 스마트 미주신경은 교감신경계나 부교감신경계보다 좀 더 늦게 진화한 신경 경로다. 양서류와 파충류, 물고기는 더 일찍 발달한 두 가지 반응만을 보이며, 이 두 가지 외에 스마트 미주신경까지 가진 것은 포유류뿐이다.

진화론적 관점에서 살펴보면, 스마트 미주신경은 포유류가 등장한 이후 그 포유류의 사회적 복잡성이 증대되고 상호의존성이 늘어나면서 생겨났다. 포유류가 등장하기 이전에 이 세상은 생존을 위해 서로 의존하지 않는 생명체들로 가득했다. 그런 세상에서는 교감신경계에서 비롯된 투쟁-도피 반응과 부교감신경계에서 비롯된 경직 반응만 있어도 살아가는 데 충분했다.

거북이가 무더기로 알을 낳고 물고기가 거대한 알 덩어리를 낳는 이유가 무엇인지 궁금했던 적이 있는가? 자손을 한 번에 많이 낳는 주된 이유는 생존하고 번식할 가능성을 높이려는 것이다. 어린 거북이, 물고기, 그 외에 포유류가 아닌 많은 생명체는 심리적으로나 신체적으로 부모의 보살핌을 받지 않아도 된다. 이런 동물은 태어난 즉시 부모의 품을 떠나 스스로 생존해야 한다. 이들은 사냥하고, 먹고, 숨는 데 필요한 모든 본능을 갖고 태어난다. 서식지에서 생존하는 데 필요한 모든 것을 이미 가진 셈이다. 단, 크기는 예외다. 안타깝게도, 거북이가 물고기를 먹어 치우는 세상에서는 크기가 중요하다. 매우 중요하다. 포유류가 등장하기 전에 생겨난 종種이 궁극적으로 생존하려면, 자손을 최대한 많이 낳고 그중 일부가 포식자를 피해 성체로 성장하고 번식하는 수밖에 없다. 이 방법은 오랫동안 효과를 냈지만, 종의 확산에 그리 효율적인 시스템은 아니었다.

포유류는 다르다. 포유류의 번식 노력은 더 효율적이다. 출산하는 자녀의 수는 적지만 그 자녀들이 생존할 확률이 더 높기 때문이다. 이 방식에서 눈에 띄는 점은 새끼 포유류가 성장과 발달을 위해 다른 존재에게 의존한다는 점이다. 새끼 포유류가 건강한 성체로 자라나려면 음식과 물뿐 아니라 포옹, 상호작용, 성체의 자극이 필요하다. 거북이, 물고기, 개구리는 홀로 살아갈 수 있는 본능을 갖고 태어나지만 포유류는 다른 포유류와 함께 살아가는 본능을 갖고 태어난다. 신생아를 자세히 살펴보면, 이런 본능이 어떻게 나타나는지 알 수 있다. 신생아의 목과 입은 '먹이찾기반사'로 엄마를 향한다. 먹이찾기반사는 안락함과 음식을 모두 얻을 수 있는 엄마의 가슴을 찾는 본능적인 행위다. 또한 '모로반사' 작용으로 바닥에 누인 아기는 마치 무언가를 껴안듯 팔을 뻗는다. 갓 태어난 포유류는 부모나 나이 많은 다른 포유류의 도움 없이는 살아갈 수 없기 때문에 이런 본능은 매우 중요하다.

포유류가 진화하고 사회적 복잡성이 증대됨에 따라 사회적 관계를 스트레스 완화 수단으로 활용해야 할 필요성이 생겨났다. 또는 그럴 기회가 생겨났다. 이런 변화 덕에 우리는 스마트 미주신경을 갖게 되었다. 스마트 미주신경은 머리뼈바닥에 있는 열 번째 뇌 신경에서 출발해 위로 거슬러 올라가며, 표정, 언어, 삼키는 행위, 청각과 관련된 일부 근육과 연결된다(청각은 내이內耳의 작은 근육과 관련 있다). 다른 사람의 얼굴과 목소리를 통해 안전하다는 신호를 받으면, 스마트 미주신경이 교감신경계와 부교감신경계에 작동을 멈추라는 신호를 보낸다. 사실 스마트 미주신경은 이렇게 말한다. "나는 친구와 같이 있고, 모든 게 괜찮을 거야. 지금은 투쟁하거나 도피하거나 경직할 필요가 없어." 믿을 수 있는 사람들과 함께 있을 때 스트레스를 덜 느끼는 이유가 바로 스마트 미주신경의 존재 덕분이다.

우리가 안전하다고 느낄 때, 스마트 미주신경은 주변 사람과의 교류에 필요한 근육 운동을 지원한다. 눈꺼풀과 눈썹을 위로 올려 상대에게 좀 더 열려 있는 듯한 인상을 준다. 내이의 근육은 대화를 들을 준비를 하고 긴장 상태를 유지한다. 의식적으로 생각하지 않고도 대화 중인 상대의 눈을 직접 쳐다본다. 표정도 생생해진다. 눈앞에서 펼쳐지는 상황에 대한 정서적 반응이 정확하게 반영된 것이다. 스마트 미주신경은 사회적 관계를 유지하기 위해 작용하는 신경으로, 다른 사람들과 가까워지고 차분하게 마음을 가라앉히는 감정 정보를 주고받을 때 유용하다. 정말 스마트하지 않은가?

이상적으로 관계를 맺는 세상에서는, 자율신경계가 자동으로 환경을 읽어내고 상황에 맞는 반응을 보인다. 가령, 안전할 때는 스마트 미주신경을 활성화하고, 위험에 처했을 때는 교감신경계를 활성화하고, 목숨이 위협받을 때는 부교감신경계를 활성화한다. 그러나 스마트 미주신경이 제대로 작동하지 않으면 다른 사람의 의도를 정확하게 해석하기 힘들다. 다른 사람을 제대로 보거나 들을 수 없고 결국 그들의 표정을 오해할 위험이 커진다. 편안하게 눈을 마주치지 못하고, 점점 생기 없는 표정을 짓게 되어 상대에게 적대적이라거나 무신경하다는 인상을 주게 된다. 무관심하거나 화가 난 듯한 표정을 짓고 있을 때 상대가 어떤 반응을 보일지 상상해보자.

상대가 안전하지 않다는 느낌이 들면 스마트 미주신경은 자동으로 기능을 멈춘다. 교감신경계와 부교감신경계에 아무런 신호도 보내지 않는다. 이렇게 되면, 두 신경계가 마음대로 스트레스 반응을 표출하게 된다. 실제로 위험한 상황에서는 이런 스트레스 반응이 유용하다. 그러나 실제로는 안전한데도 안전하지 않다고 잘못 판단한 것이라면, 그 상황에서 느끼는 투쟁-도피 반응이 얼마나 문제가 될지 상상해보기를 바란다. 심박수 상승, 땀이 나서 축축해진 손바닥, 바싹 마른 입, 흐리멍덩한 머리 등 스트레스를 받았을 때 흔히 느끼는 기분을 상상해보자. 이런 스트레스를 느끼면 누군가를 때리지는 않더라도 말다툼을 벌이거나 사회적으로 '도피'에 해당하는 행동을 할 수도 있다(불편한 대화 상황에서 멍하게 있었던 적이 있는가?) 부교감신경계는 대개 목숨이 위협받는 심각한 상황일 때 경직 반응을 보인다. 그러나 드물게 다른 사람들 때문에 심각한 트라우마를 겪은 사람이 사회적 상황에서 부분적으로 기능을 상실하는 경우도 있다. 이때는 단순히 안절부절못하는 차원을 넘어 말하거나 움직일 수조차 없어진다.

다시 브룩 이야기로 돌아가보자. 브룩이 송년회 행사장에 들어섰을 때, 스마트 미주신경은 작동하지 않았고 교감신경계만 활성화되었다. 모르는 사람들로 가득한 칵테일파티에 가는 것을 좋아하는 사람은 드물겠지만, 브룩은 남들보다 훨씬 큰 고통을 느꼈다. 그는 과도한 스트레스 반응을 보이는 유전적 성향을 타고났다. 사실, 그의 어머니와 외할머니도 걱정이 많은 부류였다. 많은 사람이 모인 곳보다는 몇 안 되는 친한 사람만 모이는 자리를 좋아했다. 그러나 두 사람 모두 브룩에게 사랑과 지지를 보여주었다. 이들이 가진 양극단의 힘, 즉 불안과 사랑은 브룩의 자율신경계, 특히 스마트 미주신경이 인간관계에 반응하는 방식에 영향을 미쳤다.

브룩에게는 신경과학자들이 "건강한 미주신경 긴장도good vagal tone"라고 부르는 것이 없었다. 브룩의 스마트 미주신경은 항상 제대로 작동하지 않았고, 이 때문에 그는 사회적 상황을 제대로 헤쳐 나가기가 늘 힘들었다. 그는 잘 알지 못하는 사람들을 볼 때 위협을 느꼈다. 심지어 그들이 우호적이거나 중립적인 태도를 보일 때도 마찬가지였다. 송년회가 열리기 전부터 두려움에 사로잡혀 일주일을 보냈고, 송년회장에서 편하게 대화할 친구를 찾지 못하자, 주변 사람들의 미소를 환영의 표시로 받아들이지 못했다. 오히려 그들이 자신을 조롱하고 거부한다고 느꼈다. 주변 환경이 안전하다는 사실을 감지하지 못한 스마트 미주신경은 교감신경계에 마음을 진정시키라는 메시지를 보내지 못했다. 실제로 브룩은 행사장에서 달아나지는 않았지만, 대화에 참여하지 않고 구석에서 조용히 사람들을 지켜보기만 했다.

브룩은 낯선 사람들의 표정을 정확하게 읽지 못했다. 그러나 다행스럽게도 스마트 미주신경이 완전히 망가지지는 않아서 아는 사람을 발견했을 때는 제대로 된 반응을 보였다. 피트가 나타나 연휴를 즐겁게 보내라는 인사를 전했을 때, 그의 친절하고 익숙한 목소리에서 흘러나온 파동이 브룩의 귀에 도착했다. 그 파동이 미세한 근육을 움직여 스마트 미주신경계를 자극했다. 브룩은 피트의 목소리를 듣자마자 안도감을 느꼈고, 생각할 겨를도 없이 피트의 웃는 얼굴을 훑어본 다음 기쁜 미소로 응답했다. 입과 눈 주위의 근육이 움직이자, 스마트 미주신경 역시 자극을 받았다. 그 즉시, 브룩의 스마트 미주신경은 교감신경계와 부교감신경계에 억제 메시지를 보냈다. 브룩은 더 이상 달아나고 싶지 않았다. 피트와 함께 플라이 낚시에 관해 즐겁게 이야기했다. 당연하게도, 다른 파티 참석자들이 이전보다 친근하게 느껴졌다. 물론 다른 참가자들은 브룩이 그들에게 더욱 열린 태도를 보인다고 느꼈다.

브룩의 사회적 불안은 그리 심각한 수준이 아니었다. 친근한 상호작용만으로도 얼마든지 불안의 고리를 끊을 수 있는 정도였다. 상태가 더욱 심각한 사람들도 있다. 이런 사람들은 '미주신경 긴장도'의 상태가 매우 나쁘다. 유전적인 문제가 원인일 때도 있고, 위협적 환경에 신경계가 영향을 받았을 수도 있다.

인간의 신경계는 유아기부터 형성된다. 유아의 삶은 배고픔, 졸림, 젖은 기저귀, 갑작스러운 소음 등 일상적인 스트레스 요인으로 가득 차 있다. 이런 스트레스 요인은 불편함이나 위험이 가까이 있다는 신호를 보내 교감신경계를 자극한다. 아이가 괴로워하며 울 때는 아이를 돌보는 사람들이 곧바로 도움을 주는 것이 가장 이상적인 반응이다. 기저귀를 갈아주거나, 우유를 주거나, 아이를 꼭 안고 부드럽게 흔들어주는 것이다.

이처럼 아이에게 도움이 필요할 때 성인이 적절히 대응하는 관계가 유지되면, 아이의 뇌는 세로토닌과 내인성 오피오이드 같은 신경화학물질을 분비해 위협받고 있다는 느낌을 누그러뜨린다. 이 물질이 아이의 두려움을 달랜다. 아이는 자신을 돌보는 사람과 안전을 연관 짓는 법을 배운다. 그뿐 아니라, 돌봄을 받은 경험이 쌓이면 안전한 얼굴, 안전한 냄새, 안전한 소리를 인식하는 뇌 영역과 스마트 미주신경이 더 원활하게 연결된다. 이로써 건강한 관계와 관련 있는 여러 감각이 아이의 신경계에 입력된다. 스마트 미주신경과 교감신경계 간의 조절 경로가 점점 더 강해진다. 그 결과, 인간관계가 아이의 스트레스 반응을 조절하게 된다. 자신을 돌봐주는 사람이 옆에 있을 때 교감신경계와 부교감신경계는 안정을 되찾고 스트레스 반응이 완전히 차단되어서 실질적인 위협이 나타나지 않는 한 작동하지 않는 법을 익힌다. 또한 성장하면서 위험과 안전을 정확하게 구분하는 법을 익히고, 건강한 인간관계를 추구하게 된다.

스마트 미주신경을 강화하는 이 과정은 아동기부터 성인기까지 계속된다. 한 주 내내 끔찍한 직장 생활을 하고 있을 때도 금요일에 있을 친구와의 저녁 약속을 떠올리면 기분이 좋아진다. 식당에서 친구와 한 주 동안 어떤 일이 있었는지 이야기할 때, 친구가 대신 끔찍한 기분을 표현해준다. 친구는 어머니가 만성 질환을 진단받았다는 슬픈 소식을 전한다. 함께 울고 웃다가 저녁이 끝날 무렵 헤어진다. 이런 시간을 보내면 기분이 나아질 뿐 아니라 스마트 미주신경이 외부 자극을 통해 미세하게 조정된다. 다른 사람에게 공감하고 위로를 받는 일이 생길 때마다 스마트 미주신경은 더욱 빠르고 효율적으로 화학 신호를 보낸다.

하지만 혼란스럽고, 단절되어 있으며, 두려운 환경에서 스마트 미주신경이 발달하면 어떻게 될까? 아이가 반복적으로 고통을 받는데 누구도 달래주는 사람이 없으면 교감신경계가 계속 자극을 받는다. 스마트 미주신경은 인간관계를 편안함이나 안전과 연결 짓지 못한다. 아이는 스트레스 반응을 차단해도 될 때가 있다는 사실을 배우지 못한다. 그 결과, 위험에 지나치게 민감하고, 안전할 때도 긴장을 풀지 못하고, 상대가 친절할 때조차 다른 사람과의 관계를 즐기지 못하는 사람으로 자라게 된다.

유아기는 뇌 발달에 가장 중요한 시기다. 그러나 내 말을 믿기를 바란다. 위험한 환경에 반복적으로 노출되면 유아기뿐 아니라 아동이나 성인의 미주신경마저도 망가진다.

무서운 가정환경, 폭력적인 동네 분위기, 전쟁으로 끊임없이 위험에 노출되면 뇌가 그에 걸맞은 반응을 보인다. 즉, 항상 높은 경계 상태를 유지한다. 교감신경계에 빨간불이 들어오고 위협의 강도와 지속성에 따라 그 상태를 얼마나 지속할지 결정한다. 심장박동이 빨라지고, 더 많은 산소를 마시기 위해 폐가 확장되며, 더 많은 혈액을 받아들일 수 있도록 팔과 다리의 혈관이 확장된다. 언제든지 위험한 상황이 벌어졌을 때 맞서 싸우거나 달아날 수 있도록 준비하는 셈이다. 상황이 정말 나쁜 경우에는 부교감신경계가 경직 반응을 보일 준비를 한다. 그러나 본래 인간의 신경계는 하루 24시간이 아니라 짧은 시간에만 반응하도록 설계되어 있다. 극심한 만성 스트레스가 지속되면 몸이 망가지기 시작한다. 심장 질환, 질병, 불면증, 우울증 같은 다양한 문제가 발생할 위험이 커진다. 스트레스가 많을 때 분비되는 화학물질인 코르티솔이 너무 오래 분비되면 기억에 필요한 뇌세포까지 손상된다.

스트레스 반응이 거의 쉴 새 없이 활성화되면 투쟁, 도피, 경직 경로가 강화된다. 한층 더 강하게 빨라진다. 그와 동시에 스마트 미주신경을 제대로 강화할 기회는 사라진다. 이런 과정에서 스마트 미주신경의 상태가 나빠지면, 결국 현실이 어떻든지 다른 사람들을 무조건 위험하고 불친절하다고 인식하는 야단스럽고 과민한 스트레스 반응만 남게된다. 이는 비극이다. 인간은 스트레스를 줄일 수단으로 안전한 관계를 이용하도록 만들어졌기 때문이다. 이런 능력이 없어도 독립적으로 보일 수는 있지만 실제로는 더욱 아프고 병들게 된다. 다행스럽게도 스마트 미주신경의 상태를 개선할 방법은 많다. 이 책 뒷부분에서 이런 내용을 자세히 설명할 것이다.

수용감: 배측 전대상피질

:

2003년, UCLA의 세 과학자는 지원자를 모집해 사이버볼Cyberball이라는 온라인 캐치볼 게임을 하게 했다.[1] 실험실에 도착한 지원자는 fMRI(기능적 자기공명영상) 장치 안에서 게임을 시작했다. 처음에는 지원자와 연구자들이 '공'을 공평하게 주고받는 우호적인 분위기에서 게임이 시작되었다. 그러나 상황이 진행될수록 지원자들은 점차 게임에서 배척되었다. 지원자에게 더 이상 공을 주지 않는 이유를 설명하는 사람은 없었다. 이상한 일이 벌어지고 있다는 사실을 인정하는 사람도 없었다. 결국 다른 사람들이 서로 공을 주고받는 동안 지원자는 게임에서 완전히 제외되었다.

놀이터에서 두들겨 맞거나 생김새가 다르다는 이유로 무시당하는 것 같은 다른 형태의 사회적 배척social exclusion과 비교하면 사이버볼 게임에서 설명도 없이 배척되는 것은 비교적 가벼운 일이다. 그러나 연구를 진행한 나오미 아이젠버거Naomi Eisenberger와 매슈 리버먼Matthew Lieberman은 이렇게 가벼운 사회적 배척만으로도 배측 전대상피질이 활성화된다는 사실을 발견했다.

배측 전대상피질은 뇌의 전두엽 깊숙한 곳에 있는 작은 영역이다. 이 실험을 진행하기 전까지는 신체적 고통을 감지하는 복잡한 경보 시스템으로만 알려졌던 부분이다. 여러분이 식탁 모서리에 부딪히면 어떻게 될까? 배측 전대상피질이 활성화된다. 서랍에 손가락이 끼인다면? 이번에도 역시 배측 전대상피질이 작동해 "이 고통스러운 느낌이 사라지게 해줘"라고 울부짖는다.

그래서 누군가에게 발로 차이거나 꼬집힌 것이 아니라 소외된 것만으로도 배측 전대상피질이 활성화된다는 것은 놀라운 일이다. 실험 당시 지원자들에게 어떤 신체적 고통도 가해지지 않았다는 사실을 기억하자. 지원자들은 그저 소외되었을 뿐이다. 지원자가 소외되었다는 생각 때문에 감정적으로 더 큰 고통을 느낄수록 배측 전대상피질은 더욱 강하게 활성화되었다. 사회적으로 소외되었을 때 우리 뇌는 다치거나 병에 걸렸을 때와 비슷한 고통을 느낀다는 것이 연구의 결론이었다. 신체적 고통을 느끼든 사회적 고통을 느끼든 우리의 주된 경보 시스템이 똑같이 작동한다는 사실은 인간에게 소속감이 매우 중요하고 소외감이 매우 유해하다는 사실을 의미한다.

우리 사회는 냉정하고, 치열하며, 끝까지 버텨내야 하는 곳이다. 그런 탓인지 일부 상담사는 거절이나 외로움 때문에 고통을 겪는 사람을 치료할 때 오히려 독립적인 사람이 되어야 한다고 격려한다. 그러나 전문가도 사회적 고통과 신체적 고통 간의 연관성을 지적하는 이 연구 결과를 접한 뒤에는 기존의 전략을 재고하는 경향이 있다. 전문가라면 신체적 고통을 심각하게 받아들여야 한다는 사실을 잘 알기 때문이다. 계속되는 신체적 고통은 중대한 의학적 결과를 초래한다. 만성 스트레스 반응에는 결국 우울증, 불안, 신체적인 건강 문제가 뒤따른다.

신체적으로 극심한 통증을 느끼는 사람이 도움을 받기 위해 응급실을 방문한다고 상상해보자. 어떤 처치가 가장 도움이 되는가를 놓고 의사들이 저마다 다른 의견을 내놓을 수 있다. 그러나 의사 대부분은 근본 원인과 통증 자체를 함께 치료하기 위해 노력할 가능성이 크다.

진정한 전문가라면 "애정을 덜 갈구하는 사람이 되도록 당신을 다시 훈육해보겠습니다"라는 말로 이 사람의 고통을 일축하는 일은 꿈도 꾸지 않을 것이다. 사이버볼 실험 결과를 알고 나면, 사회적 고통으로 힘들어하는 누군가에게 이런 말을 하는 것이 믿을 수 없을 만큼 잔인하게 느껴진다. 대신 상대의 고통을 인정하고 그 사람이 건강한 관계를 맺을 수 있도록 돕는 것이 더 합리적이다. 누구에게든 소속감을 느끼는 일은 단순한 삶의 특전, 그 이상의 의미가 있기 때문이다. 사실 생물학적으로 모든 인간에게는 소속감이 필요하다.

소외감을 느낄 때 배측 전대상피질이 활성화되는 이유를 알아보기 위해 신체적 고통에 관해 자세히 살펴보자. 신체적 고통이 발생하면 신경과 배측 전대상피질이 흥미로운 협업에 돌입한다. 신경은 고통에서 비롯된 신체감각을 감지하고, 배측 전대상피질은 그 감각이 얼마나 고통스러운지 감지한다. 배측 전대상피질은 연기를 감지하는 즉시 요란한 소리를 내며 불타는 집에서 나가라고 경고음을 울리는 화재경보기와 같다. 배측 전대상피질은 통증을 느낄 때 활성화된다는 차이가 있을 뿐이다. 부상이 발생했으니 무언가를 해야 한다고 신호를 보내는 것이다. 이런 경보가 없으면 발목이 아픈 줄도 모르고 계속 숲을 거닐게 된다. 혹은 상처가 난 부위에서 피가 흐르는 것을 보지 못하고, 지혈이나 소독할 생각을 하지 못할 수도 있다. 다시 말해, 고통은 건강, 심지어 생명을 보호하는 데 도움이 되는 정보를 제공한다.

드물긴 하지만, 치료되지 않는 만성적 고통으로 괴로워하는 환자가 있을 경우, 띠 이랑 절개술(배측 전대상피질에서 고통을 감지하는 부분인 '띠 이랑'을 외과적으로 제거하는 수술)을 실시하기도 한다. 놀랍게도 이 수술을 받은 환자는 전과 똑같이 고통을 느끼지만 더 이상 그 고통 때문에 불편해하지 않는다. 띠 이랑 절개술을 받는 것은 경보음을 내는 화재경보기의 전원을 끄는 것과 같다. 여전히 고통을 느끼지만, 경보음이 없으니 고통의 원인을 찾고 제거하려는 충동을 느끼지 않는다.

과학자들은 배측 전대상피질이 사회적 단절에서 오는 스트레스도 감지한다는 사실을 깨닫고 놀라워했다. 그러나 동굴에서 살았던 우리 조상은 이런 현상을 당연하게 받아들였다. 사회적 고통이 스트레스를 유발하는 것은 홀로 남겨졌을 때 맞닥뜨릴 수 있는 위험한 상황에 대비하게 하기 위해서였다. 다른 사람들과 함께 있으면 음식에 대한 정보를 공유하거나 매머드를 사냥할 수 있었다. 그러나 혼자서는 굶어 죽거나 동물에게 공격당할 가능성이 매우 컸다.

1950년대에 미국 심리학자 해리 할로Harry Harlow가 진행한 실험을 떠올려보자. 할로는 새끼 원숭이 앞에 어미 역할을 할 물체 두 개를 세워두었다. 둘 중 하나는 먹이를 주는 철사 모형이었고, 나머지 하나는 먹이는 주지 않지만 부드러운 천으로 뒤덮인 모형이었다. 원숭이는 둘 중 부드러운 천으로 덮인 모형을 택했다. 인간을 비롯한 영장류는 신체적 친밀감을 향한 강력한 욕구를 갖고 있으며, 이 욕구는 식욕보다 강렬하다. 배측 전대상피질의 작용을 보면 영장류에게는 생물학적으로 다른 존재와의 관계가 꼭 필요하다는 사실을 알 수 있다.

인간에게 관계가 필요하다는 사실을 인정하면 배측 전대상피질이 보내는 스트레스 신호에 주의를 기울이게 된다. 고립되거나 소외되었다는 느낌이 들 때, 이렇게 말할 수 있어야 한다. "정말 끔찍한 기분이야. 이 상황을 바꿀 수 있도록 뭔가 해야 할 거 같아!" 그런 다음, 문제 해결에 에너지를 쏟아야 한다. 믿을 만한 친구들에게 손을 내밀어야 한다.

훼손된 관계를 회복해야 할 수도 있고, 오랫동안 어색하게 떨어져 지냈던 누군가와 다시 관계를 쌓아야 할 수도 있다. 불편한 마음을 출발점 삼아 우리가 왜 소외되었는지 알아내고 우리의 행동을 바꾸거나 어울리고자 하는 대상을 바꿀 수도 있다.

그러나 우리는 남들과 떨어져 독립적으로 살아가는 삶이 더 건강하다고 믿는다. 그런 탓에 뇌가 스트레스 신호를 보낼 때 엉뚱한 반응을 보인다. 그 신호에 귀를 기울이는 대신 억누르려고 애쓰는 것이다. "이런 기분이 들다니 완전 바보 같아! 난 성인이야. 혼자서도 얼마든지 잘 살 수 있어"라거나 "그냥 참고 견딜 거야"라고 말한다. 이는 화재경보기에서 울리는 소리를 들을 때 "저 끔찍한 소리에 익숙해져야 해"라고 말하는 것과 다르지 않다. 경보음이 울리는 근본적인 원인을 외면하면 결국 집은 불길에 휩싸이게 된다.

나는 관계를 중요하게 여기지 않는 세상을 살아가는 우리의 뇌에서 벌어지는 일이 참으로 우려스럽다. 우리 인간은 추상적으로 사고하는 능력과 이미 지나간 사건을 기억하는 놀라운 능력을 갖고 있다. 이 능력은 축복인 동시에 저주다. 인간의 뇌가 가진 이 두 가지 특징 덕에 우리 삶은 더욱 즐거워진다. 예정된 데이트를 떠올리거나, 친한 친구들과 수영장에서 즐겁게 웃으며 오후를 보내는 순간을 상상하거나, 오랜 출장 끝에 가족과 사랑스럽게 재회할 순간을 기대할 때 이 능력이 동원되기 때문이다. 물론 다른 사람과의 상호작용이 어떻게 진행될지 정확하게 알 수는 없다. 그러나 우리는 과거의 경험을 바탕으로 항상 무언가를 상상한다.

반면, 건강한 관계를 중요하게 여기지 않거나 사람들에게 인간관계를 돈독하게 다지는 방법을 가르치지 않는 문화에서는 문제가 발생한다. 사회에서 반복적으로 소외를 경험한 사람은 고통스러운 경험을 근거로 미래를 상상한다. 앞으로도 계속 소외될 것이라 예상하고, 이 예상을 근거로 사회적 만남을 해석한다. 사회적으로 소외되는 경험이 늘어날수록 그 경험이 신경 경로에 더 깊이 새겨진다. 누군가와 오랜만에 행복한 시간을 보내게 될 것이라거나 즐겁게 사교 활동을 하리라고 기대하는 대신 또다시 소외당할 것이라고 가정하게 된다. 이런 상황에서는 배측 전대상피질이 거의 항상, 적어도 어느 정도 활성화된다. 뇌가 관계와 관련된 최초의 신경 경로를 만드는 시기인 아동기에 거부와 학대를 겪었다면 문제가 더욱 심각하다. 경보 시스템에서 끝없이 경보음이 울리는 상태로 살아가게 되기 때문이다. 이런 경우, 관계를 맺으며 살아가도록 설계된 신경 경로가 항상 두렵고 분리된 상태를 유지하는 신경 경로로 변질된다.

내가 가장 좋아하는 영화인 《굿 윌 헌팅》을 보면, 과거의 관계가 배측 전대상피질을 어떻게 과활성화하는지 알 수 있다. 주인공 윌은 보스턴 남부의 거친 동네에서 태어나고 성장했다. 아인슈타인과 맞먹을 정도의 수학 천재인 그는 낮에는 MIT에서 일하고 저녁에는 동네 친구들과 어울렸다. 우연히 술집에서 하버드대학교에 다니는 스카일라를 알게 되고, 뛰어난 지성과 유머, 훌륭한 외모로 스카일라를 사로잡는다. 둘은 점점 친해지고, 스카일라는 두 사람의 관계가 더욱 돈독해지기를 바란다. 그러나 윌은 폭발한다. 분노를 표출하며, 어린 시절에 방임되고 학대당했던 기억을 내뱉는다(하지만 소리를 지르면 자신이 얼마나 쉽게 상처받는 사람인지 제대로 전달하기 어렵다). 분노가 절정에 다다랐을 때는 셔츠를 들어 올려 양아버지가 찌른 칼에 맞아서 생긴 길고 붉은 흉터를 보여준다. 스카일라와 가까워지기 위해 자신의 가장 깊은 상처를 드러내 보인 것이 아니었다. 오히려 이는 스카일라를 영원히 밀어내려는 공격적인 시도였다. 윌은 이 상황을 정리하기 위해 스카일라에게 "널 사랑하지 않아"라고 말하며 뛰쳐나간다.

주위에 윌 같은 사람이 있는가? 혹은 당신이 윌 같은 사람인가? 윌의 내면에 자리 잡은 '관계의 틀relational template'(성인기의 삶에 지대한 영향을 미치는 만큼 윌을 지배하는 이미지라고 볼 수도 있다)은 어린 시절에 형성되었다. 이후, 심각한 구타와 잦은 유기, 방임, 빈곤으로 이 이미지가 반복적으로 강화되었다. 어린 시절의 환경은 스트레스의 잣대인 배측 전대상피질을 비롯한 신경 경로에 영향을 미친다. 윌을 비롯해 심각한 학대와 방임을 겪은 사람들의 배측 전대상피질은 친밀한 감정을 버려지고 신체적인 학대를 당할 수 있다는 위협으로 받아들인다. 뇌가 친밀함을 데프콘 1(최고 수준의 경계경보)에 준하는 상태로 받아들이는 것이다. 이런 상황이 되면, 전시 상황에서 비필수 인력이 먼저 버려지듯 생각하는 능력도 버려진다. 뇌는 가장 강력한 무기인 공포와 생존 본능을 총동원한다. 이런 상황에 놓인 뇌는 자신에게 가까이 다가오려는 사람과 자신을 죽이려는 사람을 구분하지 못한다.

트라우마를 겪은 사람의 배측 전대상피질만 과활성화되는 것은 아니다. 심각하지 않은 거부 경험 역시 지속적인 영향을 미친다. 어린 시절에 사랑을 듬뿍 받고 청소년기에 거부당한 경험이 없는 이상적인 경우도 있을 것이다. 하지만 우리가 살고 있는 이 사회는 다른 사람들에게 얼마나 적게 의존하는지, 얼마나 치열하게 정상에 도달했는지를 근거로 성공을 측정한다. 물론 우리는 다른 사람에게 친절해야 하고 모든 사람이 중요하다는 사실을 잘 알고 있다. 그러나 동시에 위계질서와 계층에 영향을 받으며 살아간다.

아이들은 아주 일찍부터 중요한 삶의 진리를 터득한다. 주변 어른의 행동을 보며 가장 똑똑한 아이와 어리석은 아이, 가장 빠른 아이와 느린 아이를 구분하고, 더 나은 교육을 받기 위해 빈민가에서 교외로 통학하는 아이가 누구고 거대한 저택에서 걸어서 같은 학교로 통학하는 아이가 누구인지 알아두는 것이 중요하다는 사실도 익힌다. 우리 사회에서 자녀를 양육하고 뇌를 발달시키는 핵심적 방식은 극단적인 경쟁이다. 건전한 경쟁까지 비판할 생각은 없다(농구장에서 나는 상대를 가차없이 무너뜨리고 말 것이다. 그러나 경기가 끝난 다음에는 얼마든지 함께 케이크를 먹으러 갈 수 있다). 여기서 내가 말하는 것은 상대를 마음대로 판단하는 듯한 경쟁, 사랑받고 인정받을 가치가 있는 사람을 결정하는 근거가 되는 경쟁, 경기에서 쫓겨나는 것은 시간문제일 뿐이라고 모두가 걱정하게 되는 그런 경쟁이다.

경쟁적이고, 상대를 마음대로 판단하고, 서로를 받아들이지 않는 환경에서는 모든 사람의 내면에 있는 관계의 틀이 왜곡되고, 모두의 배측전대상피질이 어느 정도 외부 자극에 반응한다. 직장을 비롯한 사회집단에서 핵심 집단을 통제하려고 지나치게 애쓰는 사람들이 바로 그 증거다. 이런 사람들은 높은 언덕 위에 사는 왕이나 여왕처럼 군다. 그러나 다른 사람들을 배제함으로써 자신이 '핵심' 그룹임을 확인받으려고 애쓸수록 '핵심' 그룹에서 밀려날까 봐 더 두려워하게 된다. 솔직히 고백하자면, 밑바닥에 있는 것이 너무 고통스러워서 어떤 대가를 치르더라도 그 일만은 피하고 싶다고 털어놓을지도 모른다. 그러나 정상의 자리에 혼자 있는 것 역시 꽤 파괴적인 일이다.

이런 부류와는 정반대로, 어떤 그룹에서든 환영받거나 핵심 구성원이 될 것이라는 기대 없이 자연스럽게 아웃사이더가 되는 사람도 있다. 이들 중 첫 번째 부류는 분노를 느끼고, 다른 부류는 수치심을 느낀다. 분노와 수치심에 빠져들면 더 큰 공동체의 일원이 될 필요성을 느끼지 못한다. 그뿐 아니라 두 감정 모두 사회적 배척의 원인이자 결과가 되며, 배측 전대상피질을 자극한다.

공감: 거울 신경계
:

공감은 신체와 뇌를 비언어적으로 깊이 이어준다. 공감 능력 덕에 다른 사람이 손을 비비는 모습만 봐도 손이 따뜻해지고, 친구가 슬픈 이야기를 털어놓기도 전에 친구의 슬픔을 함께 느낄 수 있는 것이다. 한마디로, 공감은 다른 사람을 이해하는 감각이자 본능적으로 상대를 아는 감각이다. 리졸라티와 팀원들은 원숭이를 관찰하던 중 연구자가 자기 팔을 들어 올리면 원숭이의 뇌가 그 행동을 마음속으로 따라 한다는 사실을 우연히 발견했다. 그 덕분에 공감의 토대가 되는 신경 기반을 찾아낼 수 있었다.

공감을 장려하는 거울 신경계는 CARE 중 세 번째 경로다. 공감이 다른 사람의 말을 이해하는 데 중요한 역할을 한다는 점을 생각하면, 공감을 둘러싼 이야기가 한층 더 놀랍게 느껴질 것이다. 주위에 친구와 깨끗한 연필이 있다면 10분쯤 여유를 가지고 아래에 소개된 실험을 한번 진행해보라. 위스콘신대학교 매디슨캠퍼스 니덴탈 감정연구소 Niedenthal Emotions Laboratory의 폴라 니덴탈Paula Niedenthal은 신경계가 서로를 이해하는 데 중요한 역할을 한다는 사실을 강조하기 위해 다음과 같은 연구를 진행했다.[2]

친구와 편안하게 마주 앉아 감정을 자극하는 이야기를 자세히 떠올려야 한다. 이야기를 듣는 사람은 상대가 이야기를 끝낼 때까지 연필이나 볼펜을 입에 가로로 물고 있어야 한다. 이야기가 끝나면 역할을 바꿔보자.

입 주위 근육을 이용해 볼펜을 물고 있을 때, 이야기를 듣는 태도가 달라진다는 사실을 눈치챘는가? 워크숍 참가자들을 상대로 이 실험을 진행할 때마다 매번 비슷한 반응이 돌아온다. 참가자들은 가장 먼저 입에 펜을 물고 있는 사람과 대화하려고 애쓰는 일이 얼마나 우스꽝스럽고 산만하게 느껴지는지 이야기한다. 그리고 어떤 이야기를 들었는지 기억해보라고 하면 대개 같은 반응을 보인다. 펜을 무는 데 집중한 탓에 상대가 하는 말을 이해하기 힘들었다는 것이다. 직접 경험해보지 않은 사람들은 뜻밖이라는 반응을 보인다. 펜을 귀에 꽂아서 귀를 막은 것도 아닌데 도대체 무슨 일이 벌어진 걸까?

스티븐 윌슨Stephen Wilson은 UCLA에서 연구원으로 지내던 중 말하기와 듣기의 관계를 연구하기 시작했다. 당시 윌슨은 fMRI를 이용해 뇌 기능을 관찰했다. 그는 연구 참가자들이 다른 사람의 이야기를 들을 때 활성화되는 부분이 직접 말할 때 활성화되는 부분과 정확하게 일치한다는 사실을 발견했다.[3] 독일 신경학자 잉고 마이스터Ingo Meister도 말하기와 듣기 사이에 어떤 관계가 있는지 알아보기 위한 연구를 진행했다. 마이스터는 경두개 자기자극법transcranial magnetic stimulation이라는 새로운 기술을 활용해 뇌에서 말하기를 담당하는 영역을 차단했다. 마이스터는 말하기를 조절하는 운동뉴런이 차단되면, 듣는 내용을 이해하는 데 어려움을 겪는다는 사실을 발견했다.[4] 이는 곧 대화를 나눌 때 상대의 말을 내적으로 모방해야만 제대로 이해할 수 있다는 것을 뜻한다.

그렇다면 얼굴이 마비되면 어떻게 될까? 입에 연필을 물어 얼굴 근육이 움직이지 못하도록 만든 것이 아니라 실제로 얼굴 근육을 움직일 수 없는 상태라고 가정하자. 실생활에서 이런 문제를 탐구하려면 뇌 신경에 영향을 미치는 희귀질환인 뫼비우스 증후군Moebius syndrome 환자를 살펴보면 된다. 뫼비우스 증후군을 앓는 사람은 얼굴이 경직되어 있어 다른 사람에게 감정을 전달하는 데 어려움을 겪는다. 타인에게 감정을 전달할 때 표정이 중요한 역할을 한다는 점을 생각하면, 충격적인 일은 아니다. 그러나 놀랍게도 연구진은 뫼비우스 증후군을 앓는 사람은 다른 사람의 감정을 읽는 데도 어려움을 느낀다는 사실을 알아냈다. 치아 사이에 연필을 가로로 물고 있으면 뇌가 다른 사람의 말을 모방하는 데 어려움을 겪듯이 뫼비우스 증후군을 앓는 사람은 얼굴 근육이 마비된 탓에 내적으로 다른 사람을 모방하지 못한다.

모방은 상대의 말을 이해하는 데 무엇보다 중요한 역할을 한다. 따라서 이런 장애가 있는 사람은 다른 사람의 감정을 이해하는 데 훨씬 어려움을 겪는다. 얼굴 주름을 없애기 위해 보톡스 주사를 맞는 사람 역시 다른 사람을 이해하는 데 어려움을 느낀다.[5] 보톡스 주사가 일시적으로 근육을 마비시키기 때문에 예전과 같은 방식으로 다른 사람을 내적으로 모방할 수 없기 때문이다.

인간의 뇌는 다른 사람의 동작뿐 아니라 그보다 훨씬 많은 것을 모방한다. 리졸라티의 원숭이 연구 결과가 공개된 이후, 거울 신경계가 심층적 차원에서 작동한다는 사실이 여러 연구를 통해 드러났다. 예를 들어 다른 사람이 고통을 겪는 모습을 본 뇌는 그 경험을 모방한다. 다른 사람이 웃거나 찡그리는 모습을 보면 당신의 뇌에서도 같은 영역이 활성화된다. 물론 상대방만큼 뇌 활동이 강렬하지는 않을 것이다. 그뿐 아니라 다른 사람이 무엇을 하려는지 짐작하는 것만으로도 거울 신경계가 활성화된다. 예를 들어, 스타벅스에서 줄을 서 있다고 상상해보자. 당신은 앞에 있는 남자가 팔을 움직이기 시작했을 때 그 남자가 레몬 케이크를 가리킬 것이라는 사실을 자연스럽게 '알게' 된다. 남자가 실제로 케이크를 가리키기도 전에 그렇게 판단하는 것은 당신의 뇌가 그 경험을 모방하고 주어진 정보를 바탕으로 그의 행동과 감정을 읽어 어떤 행동을 할지 예상하기 때문이다. 다른 사람들 역시 당신의 행동을 보며 같은 생각을 한다.

거울 신경계는 공감에 관한 복잡한 행동에서 중요한 역할을 한다. 거울 신경계는 다른 사람의 행동이나 감정에 관한 정보를 인식하고, 그 정보는 뇌섬엽insula을 통과한다. 뇌 깊은 곳에 자리한 뇌섬엽은 감정과 정보가 연결되도록 도와준다. 그 결과, 받아들인 정보가 다른 사람의 감정과 연결된 자신의 감정으로 전환된다.

물론 한계는 있다. 우리가 다른 사람의 모든 행동을 모방하거나 주변 사람들이 느끼는 모든 감정을 느끼는 것은 아니다. 그렇게 되면 너무 피곤하고 무기력해질 수 있다. 모든 감정이 여과되지 않고 쏟아지면 악몽이 될 수도 있다! 다행스럽게도 생물학은 다른 사람들을 이해하는 원대한 설계에서 중요한 역할을 하는 '초거울 신경계super mirroring system'를 만들어냈다.

초거울 신경계는 공회전 중인 자동차의 브레이크 같은 역할을 한다. 자동변속기 차량을 운전할 때는 신호등 앞에 차를 세워도 최소한의 움직임이 유지된다. 가속 페달에서 발을 떼도 자동차는 앞으로 나간다. 차가 움직이지 않게 하려면 브레이크를 밟아야 한다. 마찬가지로, 거울 신경계는 주변 사람들의 감정과 행동을 쉴 새 없이 감지한다. 그런 탓에 때때로 감지 활동을 멈추고 중립 상태를 유지해야 한다. 이때 초거울 신경계가 필요하다. 누군가가 우는 모습을 보더라도 반드시 울음을 터뜨리지 않을 수 있는 것은 모두 초거울 신경계 덕이다. 누군가가 커피숍에서 페이스트리를 집으려고 손을 뻗는 모습을 보면서 자동으로 팔을 뻗지 않는 것도 같은 이유 때문이다.

앞서 언급한 마르코 야코보니 교수는 초거울 신경계가 거울 신경계를 규제하고 억제하기 때문에 우리가 타인의 모든 행동이나 감정을 실제로 따라 하지 않는다고 주장한다. 야코보니는 각 뇌세포에 전극을 심는 방식으로 뇌전증 연구를 진행한 이즈하크 프리트Itzhak Fried와 협력해 뇌 전두엽의 초거울 신경계를 지도로 표현했다. 두 신경계, 즉 전통적인 거울 신경계와 초거울 신경계가 어떻게 상호작용하는가에 따라 실제로 어떤 동작을 하게 될 수도 있고, 그저 누군가가 그런 동작을 했다는 사실을 인지하는 데서 끝날 수도 있다. 전통적인 거울 신경계는 우리가 직접 팔을 움직이든 방 건너편이 있는 다른 누군가가 팔을 움직이는 모습을 보든 상관없이 활성화된다. 그러나 전통적인 거울 신경계를 억제하는 초거울 신경계는 다른 누군가가 팔을 움직이는 모습을 지켜볼 때 더욱 활성화되고 직접 팔을 움직일 때 덜 활성화된다.

제시카의 사례를 살펴보면, 전통적인 거울 신경계와 초거울 신경계가 어떻게 협업해 공감 반응을 일으키는지 확인할 수 있다. 상담 예약이 잡혀 있던 전날 밤, 제시카가 내게 문자를 보냈다. 1년 동안 사귀었던 남자친구, 그러니까 제시카 본인을 비롯한 모든 사람이 제시카와 결혼할 거라고 믿었던 남자가 이별을 고했다는 내용이었다. 헤어지기 전 2주 동안 제시카는 레이가 유난히 멀게 느껴졌다. 그러나 연휴가 가까워지고 있었던 데다 방문한 가족을 대접하느라 바빠서 시간을 내기 힘든 것이라고 여겼다. 새해가 되면 모든 것이 정상으로 돌아올 것이라고 스스로를 안심시키려 애썼다. 두 사람이 만나기로 약속한 날, 제시카는 다른 날과 다르지 않은 저녁 식사 자리를 예상했지만 레이는 그 자리에서 헤어지자고 말했다. 문자의 내용은 단순했다. "레이가 헤어지자고 하네요. 너무 충격적이에요."

다음 날 대기실에서 제시카를 본 즉시 나의 거울 신경계가 활성화되었다. 제시카의 슬퍼 보이는 붉은 눈과 아래로 축 처진 입술을 바라보는 순간, 전두엽의 뉴런들이 자극을 받았고 내적으로 제시카의 비극적인 상황을 모방했다. 내 체성감각 피질somatosensory cortex 내 신경세포들의 작용 덕에 내 눈 역시 밤새 울어서 가렵고 부풀어 오른 느낌이었다. 뇌섬엽이 이 정보를 내장계visceral system에 전송하자 속이 답답하고 가슴이 무거워졌다. 나는 순식간에 제시카가 느끼는 고통에 공감했다.

다행스럽게도 나의 초거울 신경계(상담사의 가장 좋은 친구)도 활성화되었다. 그런 덕에 내담자가 느끼는 감정에 완전히 몰입하지 않고, 어느 정도 같은 감정을 느끼는 수준에 그칠 수 있었다. 제시카가 자리에 앉아 양손으로 머리를 움켜쥐고 우는 동안 내 눈에 눈물이 고이는 기분이 들었다. 그러나 울지는 않았다. 건강한 관계를 유지하려면 이런 조절 능력이 무엇보다 중요하다. 생각해보라. 우리가 항상 모든 것을 모방한다면, 단 하나의 감정이 거대한 강도로 전 인류를 휩쓸게 될 것이다. 다행히도 그런 일은 일어나지 않는다.

거울 신경계가 공감 반응을 보인다고 해서 상대방의 경험을 정확하게 복제하거나 다양한 감정을 완전히 통합할 수 있는 것은 아니다. 그러나 제시카의 슬픔은 매우 강렬하고 분명했다. 물고기가 무리를 지어 다니면서 동시에 방향을 바꾸듯 제시카와 나는 이 마법 같고 상호적인 순간에 서로 가까워지는 방법을 본능적으로 알게 되었다. 단순히 신체적으로나 감정적으로 가까워지는 것이 아니라 생물학적으로, 신경세포까지 연결되는 방법이었다. 우리 두 사람은 인간으로 태어난 이상 결코 혼자가 아니라는 사실을 다시 깨달았다.

안타깝게도, 인간의 발달을 설명하는 분리-개별화 모델은 거울 신경계와 서로 연결된 상태에서 느끼는 따뜻한 친밀감에 관해 생각할 여지를 많이 남기지 않는다. 불과 얼마 전까지만 해도 정신 건강을 다루는 직종에 종사하는 사람들은 치료 시간에 공감을 표현해서는 안 된다고 배웠다. 공감에는 전염성이 있어서 실제 치료 활동('홀로서기'를 방해하는 정신적 방해물을 찾도록 돕는 일)을 왜곡한다고 생각했기 때문이다.

이제 공감이 건강한 치료 관계에서 가장 중요한 요인이라고 생각하는 상담사가 많다. 그러나 다른 사람과 행복, 고통을 공유할 필요가 없다거나 건강한 개인은 다른 사람의 감정에 '사로잡혀서는' 안 된다는 구태의연한 주장을 펼치는 사람도 아직 있다. 매일 치열한 경쟁이 벌어지는 일상 속에서도 그런 태도를 확인할 수 있다. 우리는 타인을 친구가 아닌 경쟁자로 보며, 끝없이 이어지는 스트레스 속에서 살아간다. 우리 사회는 성공을 동경한다. 이런 사회에서는 다른 사람에게 어떤 영향을 주든 필요한 일을 해낼 수 있어야 존경받는다. 이런 긴장감에서 벗어나기 위해 사람들은 폭력적인 비디오 게임을 하거나 폭력적인 텔레비전 프로그램을 시청한다.

이런 환경은 인간이 타고난 관계의 생리학을 심각하게 훼손한다. 경쟁이 치열하고 시각적인 폭력이 난무하는 세상에서는 거울 신경계가 다른 사람의 감정, 행동, 의도를 제대로 모방하지 못한다. 물론 모방 행동은 의지와 상관없이 나타난다. 그러나 우리는 다른 사람이 보내는 신호를 의식적으로 무시할 수 있다. 이대로 시간이 더 지나면, 자기 몸이 보내는 신호까지도 무시하게 된다. 연필을 입에 물어 얼굴 근육을 마비시키는 것을 한 단계 더 발전시킨 버전이다. 그렇게 되면 다른 사람의 감정을 해석하기가 한층 더 힘들어진다. 몸이 보내는 신호를 놓치기 시작하면 자신이 느끼는 감정을 알리는 감각도 놓치게 된다.

몇 년 전, 어릴 때 학대를 당했던 여성을 상담한 적이 있다. 그녀는 고통을 느끼지 않기 위해 몸이 보내는 신호와 생각을 분리하는 법을 익혔다. 그러나 몸이 보내는 신호를 너무 오랫동안 무시하며 자란 그녀는 배고픔도 느끼지 못하는 지경이 되었다. 아침에 잠에서 깰 때 흉골에서 가벼운 통증을 느껴본 적이 있는가? 우리는 배가 고파서 그런 통증이 느껴진다는 사실을 잘 알고 있다. 그러나, 그녀는 배고픔을 제대로 느끼지 못했다. 배가 불편할 때면 허기가 아니라 복통 때문이라고 여겼다. 그런 탓에 아침은 거의 먹지 않았고, 이후에도 필요한 음식을 충분히 섭취하지 않았다. 그녀는 그동안 본능적으로 느꼈던 신체 메시지를 제대로 이해하기 위해 몸에 집중하는 법을 배워야 했다.

고통처럼 공감하기 불편한 메시지가 느껴지면 물러나는 쪽을 택할 수 있다. 하지만 이런 선택을 자주 하면 거울 신경계가 타격을 입는다. 거울 신경계는 뇌 전반, 그중에서도 특히 행동, 감각, 느낌을 관장하는 영역에 흩어진 신경세포로 이루어져 있어 반복해서 사용해야만 제대로 활성화된다. 3장에서 확인할 수 있듯이, 복잡한 신경 경로는 '함께 연결되어' 계속 자극받아야 강해진다. 서로 다른 여러 뇌 영역이 함께 연결되어야 타인의 세계에서 일어나는 3차원적 경험을 입체적으로 구성할 수 있다.

이런 과정을 통해, 우리가 수집한 정보가 한층 더 명확하고 복잡해지며 우리가 느끼는 공감 반응과 상대가 실제로 느끼는 감정이 더 잘 들어맞게 된다. 신경을 잇는 경로는 충분히 자극을 받지 못하면 점점 약해져 신호를 전달하는 능력이 떨어지게 된다. 서로를 이해하는 능력이라는 감사한 재능을 잘 유지하려면 복잡한 거울 신경계를 계속 자극해야 한다.

비대면 만남이 늘어나고 있는 시대에 서로 소통하고 이해하는 능력이 사라지는 것을 당연하게 여겨야 할까? 그렇지 않다. 남녀노소를 불문한 모든 사람에게 인간관계에서 거울 신경계가 매우 중요한 역할을 한다는 사실을 가르치고 거울 신경계를 튼튼하게 유지하는 법을 일깨워야 한다.

지금 나는 파네라(미국의 베이커리 카페 체인점)에 앉아 2장의 원고를 쓰고 있다. 가게 안에는 많은 사람이 옛날 방식으로 흥겹게 대화를 나누고 있다. 나이가 지긋한 어르신들은 커다란 테이블에 둘러앉아 웃고 떠들며 커피를 마시고 머핀을 먹는다. 이 모든 행동이 이들의 거울 신경계를 자극한다. 동료처럼 보이는 또 다른 사람들은 업무에 관해 대화를 나누고, 그중 둘은 컴퓨터 앞에서 작업을 하고 있다. 이들은 자판을 치고, 웃고, 커피를 마시며 서로의 거울 신경계를 자극한다.

내 아이들은 지금 학교에 있다. 평범한 날이면 아이들은 대개 과학실에서 소규모로 팀을 이루어 업무를 분담하고 힘을 합쳐 보고서를 작성하는 법을 배운다. 점심시간에는 친구들과 바보 같은 장난을 치며 즐거워하거나 교사와 이야기를 나눈다. 이런 상호작용이 거울 신경계를 자극한다. 디지털 기기가 넘쳐나는 세상이지만, 이와 같은 사람 사이의 상호작용을 어디에서나 찾아볼 수 있다. 인간에게 영향을 미치는 것은 우리가 사용하는 기기 그 자체가 아니라 그 기기가 사용되는 문화다. 이 사회의 구성원으로 살아가는 우리가 인간관계를 삶의 중요한 부분으로 여겨야 한다. 또한 계속 거울 신경계를 자극해야만 다른 사람의 마음을 이해하고 서로 협력하는 능력을 잃지 않는다는 사실을 이해해야 한다. 그러면 우리가 사용하는 기기도 그와 같은 방향으로 발전할 것이다.

활력: 도파민 보상 체계

:

네 번째로 우리 삶의 만족감을 높여주는 신경전달물질인 도파민에 관해 이야기해보자. 많은 신경전달물질이 그렇듯 도파민은 어떤 신경 경로를 따라 이동하는가에 따라 우리 몸과 뇌에서 다양한 역할을 한다. 관계와 가장 직접적으로 연결된 도파민 경로는 우리 뇌에서 보상 체계와 연결된 경로다. 중뇌변연계 경로mesolimbic pathway라고 알려진 이 경로는 뇌간에서 시작된다. 중뇌변연계 경로는 뇌간을 지나 기분, 감정과 관련된 편도체에 신호를 보낸 뒤, 일종의 중계 기지 역할을 하는 시상을 통과한다. 중뇌변연계 경로는 일부 의사결정 과정이 진행되는 안와내측 전전두엽orbitomedial prefrontal cortex에서 끝난다. 그런 다음, 중뇌변연계 경로는 다시 뇌간으로 돌아가 도파민 생성을 조절한다.

중뇌변연계 경로에 도파민이 유입되면 기분이 좋아진다. 성장 촉진 관계는 '열정으로 가득하다zestful'라는 정신의학과 교수 진 베이커 밀러의 말을 기억하는가? 이 열정을 제공하는 것이 바로 도파민이다. 도파민이 분비되면 따뜻하게 달아오르고 용기가 솟아나며 에너지가 차오른다. 바람직한 식생활, 섹스, 좋은 인간관계 같은 건강한 성장 촉진 활동을 하면 도파민이 분비되어 기분이 좋아진다. 그로 인해 행복감이 밀려들면 사람들은 이와 같은 건강한 활동에 더 적극적으로 참여하고 싶은 욕구를 느낀다. 이런 과정을 통해 사람들은 살아가는 데 도움이 되는 일을 하게 된다.

훌륭한 시스템이다. 그러나 제대로 작동할 때만 그렇다. 이상적인 세상에서는, 모두가 인간관계에서 건강한 도파민을 얻는 뇌를 갖고 태어난다. 유아기를 거치는 동안 적절한 보상이 뒤따르는 건강한 관계가 발달하고, 도파민 보상 체계가 인간관계와 좋은 기분을 더 긴밀하게 연결하는 법을 익힌다. 어느 연구를 통해 선조체(전뇌의 일부)의 도파민 수용체가 많을수록 사회적 지위가 올라가고 사회적 지지를 더 많이 받게 된다는 사실이 밝혀졌다.[6] 한마디로, 도파민 분비가 늘어날수록 상호연결이 늘어난다.

하지만 유년기나 아동기에 포근하고 긍정적인 관계를 경험하지 못하면, 이 경로에 어떤 일이 벌어질까? '독립적인' 사람이 되는 것이 무엇보다 중요하다고 배운 아이들은 어떻게 될까? 다른 사람에게 기대는 사람은 약한 사람이라고 믿으며 자라는 아이들은 어떻게 될까? 이런 아이들의 도파민 보상 체계는 인간관계와 점차 분리된다. 뇌의 관점에서 보면, 이는 보호를 위한 논리적 조치다. 인간관계가 위협적이거나 건강하지 않은 것으로 여겨지면, 도파민이라는 보상과 연결되지 않는다. 이런 아이들은 결국 관계에서 그다지 기쁨을 느끼지 못하는 성인으로 자란다. 우정에서 에너지를 얻지 못하고 사람을 만나면 만날수록 지치고 고갈된다. 심지어 친구 관계가 좋을 때조차 인간관계에서 에너지를 얻지 못한다.

도파민 신경계가 건강한 관계와 분리되면, 뇌는 좋은 기분을 느끼기 위해 도파민 신경계를 자극할 다른 방법을 찾는다. 여기서 말하는 '다른 방법'이란 과식, 약물 남용, 과음, 강박적인 성행위, 쇼핑, 위험한 활동, 도박처럼 우리에게 익숙한 것들이다.

도파민이나 중뇌변연계 경로가 부당한 비난을 받는 것은 바로 이런 이유 때문이다. 최근, 모든 중독성 약물이 중뇌변연계 경로를 자극하고 도파민을 분비한다는 사실이 밝혀졌다(약물을 기반으로 하지 않는 다른 중독도 마찬가지다). 특정 약물이나 활동이 이 경로를 자극할수록 중독은 점점 더 강해진다.

건강한 인간관계를 장려하는 경로가 어떻게 약물중독을 일으키는지 이해하는 것이 중요하다. 코카인, 헤로인, 마리화나 같은 중독성 약물은 중추신경계를 두 가지 방식으로 공격한다. 약물이 신체에 가장 먼저 미치는 영향은 약물마다 다르다. 코카인은 자연 발생 신경전달물질인 노르에피네프린이 다량 분비되도록 신경을 자극해 쾌감과 과대망상 상태를 유발한다. 반면, 헤로인은 신체에서 자연적으로 발생하는 '오피오이드 효과'를 모방한다.

약물을 복용했을 때 가장 먼저 찾아오는 쾌감도 매우 매력적이지만, 결국 약물에 중독되는 것은 두 번째 작용 때문이다. 다시 말해, 약물을 복용할 때 도파민 보상 체계가 자극되기 때문이다. 약물을 반복적으로 복용하면 신체는 도파민을 덜 생성하거나 수용체의 반응을 약화시키는 방식으로 적응한다. 이런 일이 벌어지면 약물을 복용해도 처음만큼 강렬한 '쾌감'을 얻기 힘들다. 즉, 보상이 약해진다. 시간이 흐르면, 내성이 생겨 더 많은 약물을 복용해야만 이전처럼 쾌감을 느낄 수 있다. 정신 상태의 변화와 도파민 보상 체계 자극이라는 이중 불행은 중독으로 이어지는 더할 나위 없이 나쁜 조건을 만들어낸다.

약물 남용이 중독을 초래하는 대표적 행위다. 그러나 약물 남용만 중독을 일으키는 것은 아니다. 실제로, 다른 의미 있는 활동에 방해가 될 정도로 반복적으로 이루어지는 모든 활동이 중독이다. 도파민 경로의 본래 목적이 왜곡되면, 뇌는 건강하지 않은 활동과 도파민을 연결하는 법을 배운다. 중독으로 강력한 화학 반응이 작용하기 시작하면, 인간은 굶어 죽어가면서도 흥분제를 얻기 위해 레버를 누르는 실험실 쥐 신세가 되고 만다. 도파민 생성이 그 어떤 생명 유지 활동보다 우선시되는 것이다.

중독의 과학은 구체적이고 파괴적이다. 그러나 어떤 면에서 생각하면, 우리는 모두 도파민을 갈망한다. 우리는 모두 도파민이 분비되는 순간을 좇으며 살아간다. 좋은 기분을 원하는 것은 자연스러운 일이다. 중요한 것은 도파민의 출처다. 이 출처는 물을 마시거나 갓 태어난 아기를 안는 것만큼 긍정적일 수도 있고, 마약중독만큼 파괴적일 수도 있다. 도파민을 갈망하는 것은 인간 생리학의 본질이자, 도파민 보상 체계에 내재한 행동이다.

타인과 분리된 채로 매우 독립적인 개인이 되어야 한다는 압박을 받으면, 도파민을 공급하는 건강한 요인과 멀어질 위험이 있다. 그러나 인간관계에서 더 많은 즐거움을 얻을 수 있도록, 건강하지 않은 대체재 대신 인간과의 접촉을 갈망하도록 뇌의 신경 경로를 수정할 수 있다. 루이스 코졸리노Louis Cozolino가 저서 『인간관계의 신경과학The Neuroscience of Human Relationship』에서 설명하듯 "치유를 위해서는 우리의 도파민 보상 체계를 인간관계와 다시 연결해야 한다"라는 사실을 이해하는 것이 무엇보다 중요하다.[7] 도파민 보상 체계가 어떻게 작동하는지 이해하고 꾸준히 연습하면, 엉뚱한 곳에서 도파민을 얻지 않도록 뇌를 훈련할 수 있다. 또한, 안전한 타인과 어울리는 것이 기분이 좋아지는 가장 쉬운 방법이라는 사실도 깨달을 수 있다.

과학은 분명히 경고한다. 사회적 단절은 뇌의 고통 경로와 스트레스 반응계를 자극해 건강하지 않은 방식으로 도파민을 좇게 만든다. 그뿐 아니라 인간의 경험, 감정과 기분의 깊이 및 넓이와 복잡하게 얽혀 있는 공감 관계에서 맛볼 수 있는 풍요를 놓치게 된다.

그러나 신경과학적으로 연결 경로를 강화할 방법은 많다. 당신은 손상된 연결 경로를 다시 치유할 수 있다. 방치된 연결 경로도 다시 강화할 수 있다. 아무리 큰 스트레스라도 이를 진정시킬 수 있다. 3장에서는 더 좋은 방향으로 뇌를 수정하는 방법에 관한 과학적 근거를 살펴보자.

3장

당신의 뇌를 바꾸는
3가지 규칙

이제 그동안 우리가 생각했던 것만큼 인간이 독립적이고 분리된 존재가 아니라는 사실이 분명해졌다. 좋든 나쁘든, 인간관계는 우리 뇌에 깊숙이 파고들어 감정과 생각, 반응에 영향을 미친다.

인간관계가 원만하고 좋은 기분이 든다면, 다시 말해 그 속에서 평온하고 수용감을 느끼고 공감을 주고받고 활력이 넘친다면 더할 나위 없다. 이런 경우, 더 많은 인간관계를 갈망하게 되고 더 다양한 사람들로 이루어진 사회 연결망을 만들어가게 된다. 또한 이 연결망 내에 있는 사람들은 우리가 더 복잡한 관계를 맺을 수 있도록 도와준다. 당신과는 거리가 먼 이야기라고 생각하는가? 그런 사람이 당신 뿐만은 아니다. 사람은 누구나 따뜻한 인간관계 속에서 살아가도록 타고났다. 그러나 우리가 살고 있는 세상은 이런 생물학적 필요를 외면한다. 그런 탓에 대다수는 상당히 나쁜 인간관계 때문에 고통받거나 고립되어 고독감을 느낀다. 이는 우리의 뇌 역시 고통받는다는 뜻이다. 그러면 평온함, 수용감, 공감, 활력과 반대되는 듯한 기분이 든다. 짜증스러운 기분, 거부당한 기분, 혼란스러움, 피로에 사로잡힌다. 심지어 '나는 남들과 잘 어울리지 못하는 사람이야' 혹은 '나는 인간관계를 즐기지 못하도록 타고났어'라고 생각할 수도 있다.

다르게 생각해야 할 관점이 또 있다. 그동안의 인간관계가 힘들었던 것은 모두 성격적 결함 때문이고, 성격은 절대로 바뀌지 않는다는 관점이다. 이런 생각은 사실이 아니다. 유전자와 환경은 오랜 세월 동안 특정한 관계 패턴을 뇌에 새겨넣었다. 그러나 이 패턴이 항상 우리 영혼에 새겨지는 것은 아니다. 이런 문제를 건강한 인간관계를 가능하게 하는 CARE 경로를 따르지 않고 그 경로에서 이탈한 전기적 자극으로 보는 것이 더욱 유용하다. 이해와 노력, 지원이 뒷받침되면 엇나간 자극의 방향을 다시 돌릴 수 있다. 우리는 인간관계를 망가뜨리는 바람직하지 않은 신경 경로를 축소하고 더 유익한 다른 경로를 강화할 수 있다. 더 나아가 완전히 새로운 신경 경로를 발전시킬 수도 있다. 새롭게 만들어진 더 건강한 경로는 우리가 타고난 대로 만족스러운 관계를 즐기며 성장하는 데 도움이 된다.

입장을 완전히 바꾼 신경학계

:

남자친구에게 거짓말하는 습관 때문에 나를 찾아온 샐리의 사례를 보면, 이미 다 자란 성인이 어떻게 뇌 경로를 재설계할 수 있는지, 이 변화에서 인간관계가 얼마나 중요한지 알 수 있다.

엄마는 항상 우리 형제들에게 이렇게 얘기하곤 했다. "왜 거짓말을 하니? 진실이 훨씬 더 재미있는데." 샐리는 그렇지 않았다. 샐리에게 실제 삶은 거짓말만큼 흥미롭지 않았다. 어느 토요일 밤, 데이트를 나가고 싶지 않다고 솔직하게 말하지 못했던 샐리는 남자친구에게 런던으로 주말여행을 간다고 말했다. 데이트에 늦을 때면 타이어가 찢어졌다는 거짓말도 서슴지 않았다. 다른 거짓말도 했다. 남자친구가 액션 영화를 좋아한다고 하면, 실제로는 다른 영화를 좋아하면서도 액션 영화도 좋아하는 척 굴었다. 남자친구가 차를 살 수 있도록 돈을 보탰고, 그에게 집세 한 푼 받지 않고 자기 집에 들어와 살게 해주었다.

인간관계에서 무엇보다 중요한 것은 유연성이다. 연인 관계에서는 특히 더 중요하다. 상대가 살면서 마주한 경험을 상상할 수 있어야 하고, 두 사람의 서로 다른 필요에 적절히 공감하며 협상할 줄 알아야 한다. 그러나 샐리는 인간관계 속에서 자신의 모습을 마음대로 바꾸는 곡예사처럼 굴었다. 마치 프레첼처럼 자신을 비틀어 데이트 상대가 원하는 모습으로 바뀌려 했다. 상대가 원하는 것에 완벽하게 부합하는 여자라는 인상을 주고 싶어 했다. 절대 무뚝뚝하게 구는 법이 없고, 이유 없이 늦지 않고, 남자친구가 원하는 것과 다른 일이라면 절대로 하지 않는 사람이라는 인상을 주고 싶어 했다. 샐리의 거짓말은 단순한 거짓말이 아니라 연애 관계를 지속해가기 위한 전략이었다.

이는 즐거운 에너지를 만드는 신경전달물질인 도파민의 원천이기도 했다. 터무니없는 거짓말을 하고 나면 흥분감을 느꼈다. 이번에는 들킬

지도 모른다는 흥분감에 사로잡힌 것이다. 샐리는 가장 최근에 겪은 비극적인 사건을 꾸며내서 들려주거나 언제나 남자친구가 원하는 대로 맞춰주면 남자친구가 다정한 태도를 보여줄 것이라고 기대했다. 그러나 연애는 늘 뻔한 결말을 맞았다. 너무 많은 거짓말을 하고 자신을 숨긴 연애 관계는 늘 몇 달을 넘기지 못했다. 샐리는 이 패턴을 끊고 싶어 나를 찾아왔다. 그러나 이미 10년 넘게 거짓말을 해온 샐리가 변화할 수 있을까?

습관성 거짓말 같은 문제를 해결할 때 흔히 분리-개별화 모델을 적극 활용해 '자기 통제를 강화해야 한다'라는 식으로 접근하는 경우가 많다. 이런 생각에 따르면, 문제를 해결하기 위해 샐리가 스스로 마음을 다잡고 관계를 해치는 행동을 멈춰야 한다. 거짓말하고 싶은 충동이 들 때 그 충동을 외면해야 한다. 힘들더라도 유혹이 지나갈 때까지 견뎌내야 한다. 이 방법도 어느 정도 타당하다. 변화를 꾀하려면 반드시 자기 통제력을 발휘해야 하기 때문이다.

그러나 이런 접근법에서는 샐리를 둘러싼 문제에서 그 관계가 얼마나 복잡한 역할을 하는지, 거짓말이 도파민 보상 체계와 어떻게 연결되는지를 충분히 고려하지 않는다. 그뿐 아니라 뇌 변화에 관한 신경학적인 방법을 활용하지 못한다(예를 들면, 건강한 관계에서 나오는 신경화학물질은 나쁜 습관을 유발하는 경로를 없애고 바람직한 새로운 경로를 강화하는 데 도움이 된다). 자기 통제 접근법이 대개 우울한 악순환을 초래한다는 사실은 말할 것도 없다. 만약 샐리가 혼자서 모든 것을 해내고 자신을 잘 통제하는 능력이 성숙함의 척도라고 여긴다면, 유혹에 굴복해 거짓말을 했을 때 미성숙한 실패자가 되었다고 느낄 수밖에 없다. 결국 확실하게 도파민을 얻을 수 있는 기존 방법에서 위안을 찾게 된다. 즉 더욱 인상적인 거짓말로 흥분감과 사랑을 얻는 방법을 택하게 된다.

몇몇 치료사는 샐리가 현재와 과거에 어떤 관계를 맺었는지 살펴보며 거짓말하는 습관을 고치려 할 수도 있다. 예를 들면, 정신역동 치료사는 샐리의 가족사를 조사하고, 부모님이 진정한 샐리의 모습을 받아들이지 않고 기대에 부응하기 위해 거짓으로 만들어낸 모습을 좋아했다는 사실을 일깨워줄 것이다. 또는 샐리가 왜 무엇이든지 자신에게 맞춰주는 여자를 찾는 남자친구만 골라서 만나는지 살펴볼 수도 있다. 이런 치료에서는 이해와 수용이 매우 중요하다. 이 둘은 치유와 치료를 위한 관계에 꼭 필요한 훌륭한 자질이다. 그러나 이런 접근이 뇌의 변화를 유도하기에 항상 충분한 것은 아니다. 충분하다고 해도, 실제 효과를 확인하는 데까지 오랜 시간이 걸린다. 나는 샐리와 상담하며 툭하면 남자친구에게 거짓말을 하는 버릇이 과거와 현재에 맺은 관계의 본질과 관련이 있을 것이라고 생각했다. 그러나 전통적인 대화 치료만으로는 샐리를 뿌리 깊은 습관에서 벗어나게 할 수 없을지도 모른다는 생각이 들었다.

습관과 관계의 패턴을 바꾸기 위해 자기를 통제하거나 긴장을 완화하고 수용하는 단 두 가지 방법만 고집하는 이유가 무엇일까? 첫 번째 이유는 사람들 대부분이 관계 신경과학에 관해 제대로 알지 못하기 때문이다. 상담사들 역시 마찬가지다. 두 번째 이유는 수 세기 동안 뇌는 고정되어 있어서 바뀌지 않는다고 여겼기 때문이다. 그러나 뇌가 변할 수 있다는 압도적인 근거가 있다. 사실 그냥 변하는 것도 아니고 항상 변화하고 있다는 증거가 넘쳐난다.

뇌는 살아 있다

:

얼마 전까지만 해도 뇌를 실제로 보거나 뇌를 구성하는 각 부위를 관찰할 방법이 없었다. 머리뼈 속 뇌의 본질은 오랫동안 감춰져 있었다. 뇌가 어떻게 작용하는지 직접 볼 수 없었던 과학자들은 뇌의 엄청난 능력을 설명할 모델과 이론을 만들어내기 위해 수 세기 동안 분투했다. 뇌는 그동안 각 칸이 여러 구획으로 나뉘어진 서랍장, 여닫을 수 있는 서류 캐비닛, 커튼 뒤에서 도시를 조종하는 오즈의 마법사, 회로를 따라 끝없이 작전을 수행하는 슈퍼컴퓨터에 비유되었다. 이들은 모두 본질적으로 생명력이 없고 기계적인 물체다. 이런 물체들은 살아 있지 않다. 성장하지 않고, 변하지도 않는다.

과학자들은 인간의 뇌도 그렇다고 생각했다. 다만 한 가지 예외가 있었다. 바로 어린 시절의 뇌다. 과학자들은 인간의 뇌가 어린 시절에만 성장하고 적응한다고 믿었다. 아이는 여러 환경에서 신호를 흡수하고 좋든 나쁘든 그 환경에 적응한다. 안토니오 바트로Antonia Battro는 저서 『절반의 뇌면 충분하다: 니코 이야기 Half a Brain Is Enough: The Story of Nico』에서 한 소년의 사례를 소개한다. 의사는 발작 치료를 위해 소년의 우뇌엽을 제거했다. 뇌의 중요한 조직이 사라졌지만, 니코는 어떤 장애도 없이 성장했다. 좌뇌와 관련된 기능이 제대로 발달했을 뿐 아니라 우뇌가 관장하는 음악 역량 및 수학 능력 또한 문제 없이 발달했다. 바트로는 유년기에 뇌가 계속 성장하기 때문에 남은 절반의 뇌가 사라진 뇌의 기능까지 해낼 수 있었다고 전통적인 설명을 따라 이야기했다.[1]

옛날 과학자들은 이처럼 뇌에 결손이나 손상이 있는 상태에서 일어나는 극단적인 보상 작용은 성장 중인 아동기에만 관찰된다고 믿었다. 물론 이런 극단적 보상 작용은 아주 드물게 일어난다. 과학자들은 아이가 사춘기에 접어들면 뇌의 형태가 고정되어 어떤 외부 압력으로도 바꿀 수 없다고 믿었다. 성장이 끝나면, 적응도 끝난다고 여긴 것이다. 성장이 끝난 후에는 외부 자극 때문에 뇌에 손상이 가도 그 손상을 회복할 수 없다고 생각했다. 아이의 요구에 적절히 대응하거나 관심을 기울이지 않는 부모 밑에서 자란 아이들은 절망감이 묻어나는 행동 패턴을 보인다. 기존의 뇌 발달 모델에 의하면, 어릴 때 적절한 보살핌을 받아 뇌를 재형성하는 것만이 이 아이의 유일한 희망이다. 이런 개입이 없다면, 이 아이의 정서적 운명은 이미 결정되었다고 봐야 했다. 신체적·정서적 트라우마 역시 아이의 뇌에 흔적을 남긴다.

과학자들은 뇌를 하드웨어에 비유해 언젠가는 망가진다고 믿었다. 삶을 살아가는 동안 뇌를 구성하는 요소들이 조금씩 타격을 받다가 결국 녹슬고 망가진다고 생각했던 것이다. 사고나 감염, 뇌졸중 등으로 뇌의 상당 부분에 문제가 생겨 심각한 기능 장애가 생길 수도 있다. 이런 관점에서 보면, 중추신경계 내의 세포들은 도자기 조각과 같다. 일단 도자기가 깨지면, 깨진 조각을 쓸어내고 남은 조각들로 가능한 한 잘 살아가는 수밖에 없다.

뇌세포가 자가 치유되거나 재생되거나 여러 뇌세포를 잇는 새로운 연결 고리를 만들 수 있다고 믿는 사람은 없었다. 이 우울한 신경학적 '사실'은 뇌에 영향을 미치는 부상을 입거나 질환을 겪는 사람들에게 심각한 영향을 미쳤다. 약 15년 전까지만 해도 뇌 손상이 생긴 후 첫 몇 주나 몇 달 동안 적극적으로 치료하는 것이 재활 병원의 표준 치료 방식이었다. 의사들은 뇌의 부기가 가라앉고 증상이 호전되는 속도가 정체되면 더 이상 할 수 있는 일이 없다고 여겼다. 재활이란 무엇이든 뇌 손상에서 비롯된 결손을 보완하는 방법을 배우는 과정을 뜻했다. 시신경의 자극을 인지하는 시각 영역visual cortex이 손상되면 피질맹(두 눈이 정상적으로 기능하더라도 뇌 손상 때문에 앞을 보지 못하는 질병)을 얻게 된다. 이런 논리라면, 왼팔의 기능을 한번 상실하면 그 팔은 영원히 쓸 수 없게 된다. 재활 치료사는 앞을 보지 못하는 상태로 살아가는 방법이나 오른팔만으로 식료품을 집 안으로 들고 들어가는 방법을 가르칠 것이다. 마찬가지로, 어린 시절에 겪은 문제적 관계가 타인과 관계를 맺는 능력에 지워지지 않는 상처를 남긴다고 가정했다.

이제 뇌에 관한 이런 지식은 사혈, 흑담즙(히포크라테스가 암을 비롯한 각종 질병을 일으킨다고 믿었던 '체액') 같은 구시대적인 발상과 함께 의료사 기록 보관소에 넣어두어도 된다. 여전히 뇌는 보호받아야 하며, 함부로 다룰 대상이 아니다. 그러나 우리가 생각했던 것처럼 한번 형성되면 절대 바뀌지 않고 쉽게 망가지는 기관은 아니다. 이 책 전반에서 이야기하듯이 세 가지 뇌 변화의 규칙을 활용하면 얼마든지 문제를 해결하고, CARE 경로를 복구하고, 인간관계를 강화할 수 있다.

사용하지 않으면 사라진다
:

귀에 이명이 생긴 친구가 있었다. 이명이란 외부 자극이 없는데도 소리를 '듣는' 장애를 뜻한다. 일하거나 아이들과 함께 있는 낮에는 고음의 이명이 배경소리처럼 작게 들렸지만, 잠자리에 들 무렵에는 소리가 커졌다. 귓속에서 들리는 소리를 상쇄할 만한 소리가 없는 조용한 밤은 점차 악몽이 되었다. 이명이 몇 달간 지속되자 친구는 만성적인 수면 부족에 시달렸고, 결국 우울증에 빠졌다. 의사는 친구에게 경쟁 가소성 competitive neuroplasticity(새로 강화된 신경 경로를 선호하고 자주 사용되지 않는 신경 경로를 약하게 만드는 성질—옮긴이)이라는 새로운 치료법을 제안했다. 실재하지 않는 소리를 내는 뇌 영역을 약하게 만드는 치료였다. 치료에는 시간이 오래 걸렸다. 의사는 친구에게 매일 몇 시간씩 노래를 듣게 했다. 친구가 좋아하는 노래에서 이명과 일치하는 주파수의 소리만 삭제한 버전이었다. 치료 이후 병증이 상당히 호전되었다. 친구는 문제없이 잠들 수 있었고, 서서히 바쁘고 정상적인 예전의 삶을 회복했다.

몇 년 전만 해도 "이명은 치료할 수 없다"라고들 했다. 그러나 1997년부터 뇌에 관한 연구 결과가 쏟아져 나온 덕에 이명뿐 아니라 신경 문제로 발생한 여러 장애를 치료하는 방법들이 발견되었다. 뇌의 신경 경로를 변화시키는 방법들이다. 재활 병원이나 작업치료사의 진료실에서는 이런 치료법을 사용하는 경우가 늘고 있지만, 심리 치료 분야에서는 아직 널리 사용되지 않는다. 그럼에도 관계 경로가 원하는 대로 작동하지 않을 때, 이를 변화시킬 수 있다는 점은 매우 중요하다.

1997년에 한 가지 획기적인 사건이 벌어졌다. 스웨덴 신경학자 피터 에릭손Peter Eriksson이 성인의 뇌도 새로운 뉴런을 만들어낼 수 있다는 사실을 입증한 것이다. 그때까지만 해도 성인의 뇌는 나이가 들수록 점점 벗어지는 머리카락과 같다는 생각이 일반적이었다. 나이가 들수록 뉴런이 손상되는 것은 질병의 징후가 아닌 노화의 자연스러운 과정이라고 여겼고, 새로운 뉴런을 만들어내는 것은 불가능하다고 생각했다. 에릭슨의 연구는 새로운 연구 분야가 등장하는 토대가 되었다는 점에서 특히 중요한 의미를 지닌다. 이 새로운 분야가 바로 '신경 가소성neuroplasticity' 연구다. 신경 가소성이란 부드러운 플라스틱 폴리머를 밀고 당겨서 원하는 모양을 만드는 것처럼 성인의 뇌도 얼마든지 새로운 모양으로 만들 수 있다는 개념이다. 이로써, 더 이상 뇌를 하드웨어에 비유할 수 없게 되었다. 뇌는 고정되어 있지 않다. 뇌는 그 누구도 짐작하지 못했을 정도로 다재다능하고 회복력이 뛰어나며, 생명력이 넘치는 기관이다.

신경 경로는 변화하는 환경에 끊임없이 반응한다. 뇌 경로는 자극을 받을수록 더욱 강해진다. 반복된 자극은 더 많은 미엘린(뇌 속의 신경섬유를 감싼 물질―옮긴이)을 만들어내고, 전기 자극은 더 빠르게 이동한다. 그럴수록 더 많은 뇌 가지가 생겨나 경로가 더욱 넓어진다(현미경으로 보면 사용 빈도가 높은 신경 경로에는 가지가 많이 붙어 있어 아인슈타인의 머리카락처럼 덥수룩하다). 그뿐 아니라 뇌 경로는 한정된 공간을 놓고 서로 경쟁한다. 따라서 특정한 경로를 자주 활용하면 다른 경로가 상대적으로 약해진다. 이런 현상 때문에 전기 자극이 이동하는 경로의 수는 점차 줄어들고, 여러 개의 작은 경로로 자극이 분산되기보다 더 많은 자극이 많이 사용되는 경로를 따라 함께 이동하게 된다.

반대로 오랫동안 자극이 주어지지 않고 뇌가 기능할 필요를 감지하지 못하면 그 경로는 약해진다. 특정 신체 부위가 절단되거나 마비된 사람의 뇌를 들여다보면, 뇌가 그리는 '지도' 위에 해당 부위로 이어지는 경로가 더 이상 존재하지 않는다. 그러나 이 경로가 지나가던 부위

자체가 비어 있는 것은 아니다. 근처에 있던 다른 경로들이 그 버려진 공간을 침범했을 뿐이다.

소리를 이용해 이명을 치료할 수 있었던 것도 이런 원리 때문이었다. 서로 상충하는 소리 때문에 전기 자극이 기존 신경 경로에서 벗어나 해당 신경 경로가 더 이상 사용되지 않았다. 그 대신 새로운 신경 경로가 점차 발달했다. 재활 전문가들은 뇌졸중 환자를 위한 새로운 치료 계획을 세울 때 '용불용 원칙use-it-or-lose-it rule'을 활용한다. 단순히 상실한 기능을 다른 방법으로 대체하는 법을 알려주는 대신, 반복 훈련으로 장애가 있는 신체 부위의 신경 경로를 자극하는 방법이다.

사람들이 오래된 관계 패턴에 갇혀 옴짝달싹하지 못할 때도 '용불용 원칙'이 작용한다. 결혼 생활을 오래 한 부부가 말다툼이나 비난 없이 서로 대화하는 법을 '잊는' 경우를 볼 수 있다. 결혼 생활을 유지하는 동안 말다툼으로 이어지는 신경 경로가 굳어졌기 때문이다. 또는 항상 과음하는 남자를 만나는 여자를 떠올려보자. 이런 선택의 주된 요인은 심리적 익숙함일 수 있다. 어쩌면 부모님이 그와 비슷한 성향을 지녔을지도 모른다. 그러나 신경학적인 요인도 무시할 수 없다. 중요한 관계를 술과 연결하는 신경 경로가 어린 시절 뇌에 형성된 것이다. 어른이 되어서도 해당 신경 경로는 계속 강화되고 다른 경로는 사용되지 않은 탓에 약화된다. 중대한 성격 변화처럼 보이는 사건이 벌어질 때도 '용불용 원칙'이 작용한다. 조용한 사람이 대도시로 이주해 더 대담하게 행동하는 경우도 있고, 이기적인 사람이 힘든 일을 겪은 후 예전보다 뛰어난 공감 능력을 발휘하는 경우도 있다. 환경이 변하면 뇌의 경로도 달라진다.

남자친구한테 습관적으로 거짓말을 했던 내담자 샐리는 거짓말에 사용되는 신경 경로가 매우 빠르고 튼튼했다. 오랜 기간 거짓말을 반복하면서 이 경로가 강화되었기 때문이다. 우리는 문제를 해결하기 위해 이명 치료와 비슷한 방법을 활용했다. 거짓말로 이어지는 경로를 의도적으로 약하게 만들고 거짓말을 대체할 수 있는 경로, 즉 관계 경로를 자극하기 위해 노력했다. 관계 경로가 충분히 발달하면, 거짓말 경로가 작동하지 못하도록 막을 수 있기 때문이다.

동시에 활성화되는 뉴런은 서로 연결된다

:

뇌 변화의 두 번째 규칙은 "동시에 활성화되는 뉴런은 서로 연결된다"라는 것이다. 사람과 마찬가지로 뉴런 역시 함께 있을 때 더 강해진다. 서로 가까이 있는 뉴런이 동시에 활성화되는 일이 반복되면, 결국 서로 연결되어 신경망이나 신경 경로의 일부를 구성하게 된다.

뉴런은 핵, 축삭, 가지돌기로 이루어져 있다. 축삭$_{axon}$은 다른 뉴런에 메시지를 보내고 가지돌기$_{dendrite}$는 다른 뉴런의 메시지를 받는다. 축삭과 가지돌기가 각기 다른 뉴런에서 뻗어 나와 서로 손을 잡는 모습을 상상해보라(시냅스$_{synapse}$라고 불리는 공간에서 이 같은 상황이 벌어진다. 이로써 신경전달물질이 시냅스에서 방출한 화학 신호가 뉴런에서 뉴런으로 전달된다). 미성숙한 신경계에서는 축삭과 가지돌기가 만나는 과정이 깔끔하고 단순하다. 뉴런 B와 뉴런 C가 손을 잡고 있는데, 뉴런 B가 뉴런 A와도 손을 잡는 상황을 상상하면 된다. 아이들이 팀을 이루어 서로 손을 잡고 레드 로버(두 팀으로 나눠 팀끼리 손을 잡고 늘어선 후 번갈아 가며 한 명씩 지명해 상대 팀의 열을 돌파하는 놀이—옮긴이) 놀이를 하는 모습을 떠올려보자. 하지만 오랫동안 계속 자극을 주면 뉴런이 축삭과 가지돌기를 더 많이 만들어낸다. 새로 만들어진 축삭과 가지돌기는 다시 다른 뉴런들과 결합해 복잡한 신경망을 만든다.

이러한 신경 경로들이 어떤 방향으로 형성되고, 얼마나 복잡해지는지는 부분적으로 개별 뉴런의 DNA로 결정된다. 그러나 새로운 연구 분야인 후성유전학epigenetics은 DNA의 발현이 환경 자극에 큰 영향을 받는다는 사실을 알려준다. DNA와는 별개로, 환경 자극이 뉴런과 신경 경로에 직접적으로 영향을 미치는 셈이다.

뇌의 운동피질에서 오른손 집게손가락까지 이어지는 경로를 생각해보자. 사람은 누구나 이런 경로를 가지고 태어난다. 어릴 때 피아노 치는 법을 배운 아이가 반복해서 그 신경 경로를 자극하면, 축삭과 가지돌기가 늘어나고 그 경로가 점차 강화된다. '용불용' 원칙이 실제로 발휘되는 것이다. 그러나 이런 축삭과 가지돌기가 아무런 역할도 없이 뻗어가기만 하는 것은 아니다. 축삭과 가지돌기는 점점 뻗어나가 다른 뉴런과 손을 잡는다. '신경과학'적인 방식으로 표현하면, 근처에 있는 다른 신경 경로의 뉴런을 모집한다.

전문 피아니스트의 뇌를 촬영한 영상을 보면, 손가락에 관련된 신경망이 매우 촘촘한 것을 알 수 있다. 축삭과 가지돌기가 매우 긴밀하게 연결된 상태로 발달해 손 전체가 다섯 개의 손가락과 손바닥, 손목으로 이루어진 신체 부위가 아니라 하나의 통합된 조직처럼 움직인다. 손을 구성하는 모든 부위가 서로 밀접하게 연결된 것은 각기 다른 부위를 동시에 반복적으로 자극한 결과다. 시간이 흐를수록 손의 신경망은 더 많은 뉴런을 경로로 끌어들인다. 각 신경세포에서 많은 가지가 뻗어 나오기 때문에 신경세포의 크기는 점점 더 커진다. 동시에 이 신경세포들이 합쳐지면서 신경 경로는 점점 두꺼워진다. 이런 신경 경로들이 더해져 신경망을 이룬다.

신경 경로를 충분히 자주 사용하면, 실제로 뇌 안에서 차지하는 물리적 공간은 오히려 줄어든다. 그렇다고 해서 이 경로가 약해졌다는 뜻은 아니다. 오히려 이 신경 경로가 효율적으로 변하고 간결해진 결과다. 뚱뚱했던 몸이 튼튼해질수록 점점 더 날씬해지는 것과 같은 이치다.

샐리 이야기로 다시 돌아가보면, '동시에 활성화되는 뉴런은 서로 연결된다'라는 뇌 변화의 규칙 때문에 습관적인 거짓말로 이어지는 복잡하고 강한 신경 경로가 탄생했다. 샐리는 거짓말을 할 때마다 롤러코스터를 탄 아이처럼 짜릿한 기분에 사로잡혔다. 게다가 남자친구가 더 이해심 있고 다정한 반응을 보여주어서 위로를 느꼈다. 이런 감정들이 거짓말에 관련된 신경 경로와 연결되었다(기분을 좋게 만드는 신경전달물질인 도파민과 뉴런에 관해서는 뒤에서 더욱 자세히 설명한다). 샐리의 뇌는 피아니스트의 뇌와 같았다. 다만 뉴런들이 손에 관련된 신경 경로 대신 거짓말, 흥분, 사랑, 위안과 관련된 신경 경로에 모여 날이 갈수록 촘촘하게 연결되고 풍성해졌을 뿐이다.

샐리의 뇌에서 함께 연결되고 활성화되는 뉴런을 바꿔야 한다는 생각이 들었다. 이는 피아니스트에게 라크로스 선수가 되라고 요구하는 것이나 다름없었다. 샐리는 한 무리의 신경 경로를 점차 약하게 만드는 동시에 완전히 다른 무리의 신경 경로를 키워야 했다.

반복, 반복, 도파민

:

거의 20년 전, 뉴욕에서 PTSD(외상 후 스트레스 장애)에 관한 신경생물학을 주제로 하는 첫 콘퍼런스에 참여했다. 당시 나는 트라우마와 학대에 관한 내용을 익히고 있었고, 해당 분야에서 활약하는 우수한 연구자들이 이 신경생물학적 퍼즐을 어떻게 풀어나가는지 들을 수 있다는 사실에 너무도 신났다. 콘퍼런스는 흥미로웠다. PTSD를 겪는 사람들은 HPA 축(시상하부-뇌하수체-부신 축)이 조절되지 않고, 편도체가 과도하게 활성화되고, 노르에피네프린이 지나치게 자극되고, 코르티솔이 충분히 분비되지 않았다. 더 이상의 전문용어는 언급하지 않을 생각이다. 그러나 한마디로 이야기하면, 뇌에서 분비되는 호르몬이 이렇게 바뀌어 쉽게 화를 내고 민감한 사람이 된다는 뜻이다.

우리는 PTSD로 고통받는 사람들을 돕고 싶었다. 그러나 당시에는 PTSD 치료에 대한 이해도가 낮았고, 치료를 진행하기도 힘들었다. 그때, 한 연구팀이 뛰어난 성과를 냈다. 펜실베이니아대학교 임상의이자 연구자인 에드나 포아Edna Foa는 학대당한 경험이 있는 여성들을 대상으로 한 집단 치료에서 새로운 치료법을 채택해 평균 이상의 성과를 냈다. 집단 치료 방법을 택한 다른 상담사들과 비교해도 성과가 훌륭했다. 콘퍼런스 참석자들은 의아해했다. 그러던 중 누군가가 에드나를 "남다른 여성"이라고 언급했다. 환자와 거리를 두는 일반적인 치료 방식과는 다르게, 따뜻하고 관계 중심적인 방법을 사용한다는 의미였다. 그러나 나를 비롯한 그 누구도 에드나가 환자들과 맺는 관계 또는 환자들이 집단 치료에 함께 참여하는 다른 환자들과 맺는 관계가 연구와 치료에서 성과를 낸 주요 요인이라고 명확하게 말하지 못했다.

지금에 와서 생각하면, 에드나의 치료에서 에드나와 환자의 관계 그리고 환자들 간의 관계가 성공에 직접적인 영향을 미쳤을 가능성이 크다. 건강한 관계에서 비롯된 화학 반응은 기존에 형성된 패턴을 바꾸는 데 도움이 된다. 변화는 새로운 학습의 한 형태이며, 미시적인 차원에서 보면 새로운 뉴런을 만들어내는 것이 곧 학습이다. 우리는 시냅스 간의 새로운 연결 고리도 만들어낸다. 무언가를 배울 때 축삭과 가지돌기가 다른 뉴런을 향해 뻗어가게 되고, 결국 뇌의 구조 자체가 바뀐다.

타인과 단절되어 있다고 느낄 때는 이런 변화가 거의 일어나지 않는다. 고립은 뇌를 비롯한 신체에 스트레스를 안긴다. 누군가로부터 거절당하거나 평가받는 듯한 기분이 들면 스트레스가 특히 커진다. 우리 몸은 고립을 위험한 상황으로 받아들인다. 그리고 이렇게 묻는다. "앞으로 몇 시간을 어떻게 버텨내야 하지?" 교감신경계가 활성화되면, 아드레날린이 온몸으로 퍼진다. 에너지가 팔다리로 흘러가고 심장과 폐에서 공급되는 산소가 투쟁-도피 반응에 불을 지핀다. 이럴 때 우리 몸은 학습에 도움이 되는 새로운 시냅스를 만드는 데 관심을 기울이거나 에너지를 쏟지 않는다. 그저 생존하기에 급급하다.

주변과의 연결 고리가 탄탄해지면, 생리 기능이 안정되고 학습 역량 또한 높아진다. 물론 약간의 '바람직한 스트레스'는 신경계를 자극하고 에너지 수준을 올리는 데 도움이 된다. 숙련된 코치가 어떻게 선수에게 딱 적당한 압박을 가해 최고의 기량을 발휘할 수 있도록 도와주는지 생각해보면 쉽게 이해할 수 있다. 그러나 기본적으로 안전하지 않다고 느낄 때는 시냅스 간의 연결 고리를 새롭게 늘릴 수 없다. 인간관계가 건강할 때 학습에 도움이 되는 다양한 화학물질이 분비된다. 뇌의 일부 영역에서 진정 작용을 하는 세로토닌, 소량만 분비되어도 집중력을 높이는 데 도움이 되는 노르에피네프린 등이 바로 그것이다. 특히 옥시토신은 인간관계와 학습에 도움이 된다. 사랑에 빠지거나 아이가 새로 태어나면 옥시토신이 온몸에 흘러넘친다. 옥시토신은 말 그대로 다른 사람을 향해 손을 뻗고, 안고, 만지고 싶게 만든다.

정신과 의사 노먼 도이지Norman Doidge는 저서 『기적을 부르는 뇌』(지호, 2008)에서 옥시토신이 기존의 뇌 경로 일부를 녹이고 새로운 경로를 위한 공간을 만들어 뇌 변화를 촉진한다고 설명한다.[2] 이 역시 인간관계와 깊은 관련이 있다. 옥시토신은 우리가 이전 방식에서 벗어나, 새로운 파트너나 아이와 함께하는 다른 형태의 삶을 준비할 수 있도록 도와준다. 비록 분비되는 양이 더 적긴 하지만, 우정을 비롯한 다른 따뜻한 관계에서도 옥시토신을 얻을 수 있다. 옥시토신의 도움을 받으면, 새로운 신경 경로를 더 빠르게 만들 수 있다.

뇌 변화를 유도하는 가장 강력한 신경화학물질은 도파민이다. 성장 촉진 관계 역시 도파민을 분비한다. 앞서 도파민 보상 체계는 매우 강렬해서 도파민 경로가 엉뚱한 활동과 연결되면 중독까지 유발한다고 설명했다. 그러나 건강한 인간관계에서 도파민을 얻으면 강화하고 싶은 활동과 몸이 갈망하는 대상 사이에 강력한 연결 고리가 생겨난다. 뇌가 새로운 모습으로 바뀌도록 보상을 제공하는 셈이다. 신경과학자 마사 번스Martha Burns는 교사들에게 도파민을 뇌의 '저장 버튼'으로 여겨야 한다고 이야기한다. 번스는 도파민이 학습과 연결되면 새로운 정보와 관련된 신경 경로가 강화되고 유지된다고 설명한다.[3]

이런 이유로, 변화를 원하는 이에게 건강한 인간관계는 가장 큰 자산이다. 건강한 인간관계를 유지하면서 새로운 신경 경로를 계속 자극하지 않으면, 이미 뇌에 자리 잡은 신경 경로와 이 경로 때문에 생겨나는 문제성 행동을 줄이기 힘들다. 이것이 바로 뇌 변화를 위해 전문적인 치료를 받든 전문가의 도움 없이 혼자 노력하든 '반복, 반복, 도파민'이 중요한 이유다.

세 가지 규칙을 실천하는 방법

:

뇌 변화에 도움이 되는 세 가지 규칙을 어떻게 실생활에 적용할지 알아보기 위해 비유를 들어보려고 한다. 최근 뉴잉글랜드에서 보낸 겨울은 정말 혹독했다. 메인주에서 어린 시절을 보낸 이후로 그렇게 눈보라가 잦았던 날은 처음이었다. 단 한 주 만에 세 번째 대형 눈 폭풍이 불어닥치던 날, 친구의 차가 우리 집 진입로 끝부분에서 빙판에 갇혀버렸다. 자동차 뒷바퀴 두 개가 얼음판 위에서 헛돌기 시작했다. 가속 페달을 밟을 때마다 바퀴는 더 빠르게 돌았다. 바퀴가 계속 구르자, 처음에는 미끄러운 빙판이었던 구간이 점점 깊게 파였다. 엔진이 과열될수록 자동차는 점점 더 깊이 박혀 빠져나오기 힘들어졌다. 습관과 인간관계의 패턴도 이와 같다. 처음에는 사소한 습관에서 출발하지만, 특정한 행동이 계속 반복되면 해당 신경 경로가 점점 두꺼워진다. 습관이 고착되는 것이다.

차가 빙판에 갇혀 헛돌 때 필요한 것은 새로운 길이다. 얼음판이 아닌 다른 곳에 바퀴를 올려놓아야만 했다. 나는 친구가 차를 뺄 수 있도록 깊이 파인 얼음 홈에 소금과 모래를 채워 넣어 새로운 길을 만들었다. 그 위에서 바퀴가 마찰력을 얻었다. 차가 휘청거리며 새로운 길로 올라섰고, 차는 마침내 무사히 빠져나올 수 있었다.

뇌와 오래된 습관을 바꿀 때도 이와 비슷한 방법이 필요하다. 건강을 해치는 옛 신경 경로에서 벗어나 새로운 습관을 만드는 도파민을 자극해야 한다. 또한 고립감을 줄이고 학습 효과를 강화하는 건강한 대인관계를 만들도록 신경 경로를 활성화해야 한다. 이를 위해 원치 않는 옛 신경 경로 위에 장애물을 세워두었다고 상상하는 사람도 있다. 이런 상상을 하면서 자극이 해당 경로를 지나가지 못하도록 차단하는 것이다. 뇌에서 시작된 자극을 다른 경로로 옮겨두는 상상을 하는 사람도 있다. 이런 이미지는 뇌에서 실제로 벌어진 일을 지나치게 단순화한 것이지만, 단순함이 오히려 도움이 될 때도 있다. 나쁜 습관에 빠져들 때는 그 습관의 힘이 너무 강렬해서 어떤 것부터 시도해야 하는지 모를 때가 많다. 그러나 마음속에 강렬하고 분명한 이미지를 만들어두면 이전과 다르게 행동하기가 훨씬 쉬워진다.

다시 샐리 이야기로 돌아가보자. 샐리는 남자친구에게 더는 거짓말하지 않기 위해 상상 속에서 장애물을 만들었다. 나는 샐리한테 정답이나 오답은 없다고 얘기했다. 거짓말하고 싶은 유혹이 느껴질 때, 단 1초라도 멈추게 만드는 장애물이라면 무엇이든 괜찮았다. 나는 샐리에게 작은 변화를 두려워하지 말라고 조언했다. 작게 시작할수록 변화에 대한 부담이 덜어진다.

또 다른 조언도 했다. 사람들은 대개 자신의 나쁜 습관이나 실패를 기준으로 자신을 정의한다. 나쁜 습관과 자신은 별개라는 인식이 중요한 첫 단계이자, 장애물이 되어준다. 샐리는 거짓말하고 싶은 충동을 느낄 때, 그것이 자신의 생리적 상태를 바꾸고 관계에서 좋은 기분을 느끼고 싶은 욕구 때문이라는 사실을 인식함으로써, 거짓말 경로에 작은 장애물을 세웠다. 즉, 거짓말과 그로 인한 관계의 문제로 자신을 규정하지 않았다. 어떤 사람들은 "이건 그냥 말도 안 되는 내 생각일 뿐이야"라거나 "이건 단지 내 몸이 도파민을 원해서 보내는 신호일 뿐이야"라는 말로 비슷한 장애물을 만든다.

샐리는 거짓말하고 싶은 충동이 들 때, 잠깐 멈춰 서서 그런 충동이 나쁜 습관이자 연인 관계에서 친밀감을 느끼기 위한 비효율적인 방법일 뿐이라는 사실을 떠올렸다. 그러자 오랫동안 자신을 괴롭혀온 습관보다 자신이 더 큰 존재라는 사실을 떠올릴 수 있었다. 그 덕분에 자신이 성공한 전문직 종사자이자 세련된 문화 취향을 가진 성인, 배려심 있는 사람이라는 다른 이미지를 떠올릴 수 있을 정도로 생각이 유연해졌다. 이는 바람직한 관계에 도움이 되는 긍정적인 이미지였다. 샐리는 집중할 대상을 수정해 뇌에 주어지는 자극을 바꾸었다.

또한 충동을 곧장 행동으로 옮기는 대신 멈춤을 택한 덕분에 거짓말하고 싶은 충동이 실제로는 충동이 아니라는 사실을 깨달았다. 사실 거짓말은 훨씬 작은 것부터 시작되었다. 외로운 기분이 들 때 남자친구와 함께 시간을 보내며 사랑받는다는 기분을 느끼고 싶었던 마음이 출발점이었다. 그러나 오래된 습관 때문에 이런 긍정적인 기대가 거의 사라져버렸다. 샐리는 버려질지도 모른다는 강한 공포에 휩싸였다. 자신의 진짜 모습을 알면 남자친구가 자신을 좋아하지 않을지도 모른다는 두려움 때문이었다. 그녀는 남자친구의 관심과 공감을 잃지 않기 위해 더 많은 거짓말을 하게 되었다. 하지만 이제 그녀는 이런 생각에 '습관의 일부'라는 이름표를 붙이기 시작했고, 이런 생각이 어떻게 자신을 거짓 말 경로로 끌고 가는지 이해하게 되었다.

샐리는 실제 거짓말에 앞서 나타나는 생각을 찾아내는 데 점점 능숙해졌다. 그러자 마음을 가다듬고 한층 긍정적인 신경 경로로 이동하기 위해 노력하게 되었다. 외로움이 사무치고 누군가와 연결된 듯한 기분을 느끼고 싶은 열망이 찾아올 때는 남자친구와 진심으로 연결되었던 순간을 상상하려고 애썼다. 효과가 없으면 남자친구에게 전화를 걸어서 보고 싶다거나 기분이 좋지 않다는 사실을 솔직하게 털어놨다. 시간이 지나면서, 한 다른 친구에게 습관적으로 거짓말을 한다고 솔직하게 고백하게 되었다. 그리고 거짓말하고 싶은 기분이 들면 친구에게 문자로 그런 기분을 솔직하게 털어놓기로 했다.

어느 날, 샐리는 고등학생 때 자신을 소중히 대해주던 남자친구가 있었다는 사실을 떠올렸다. 그 관계에서는 어떤 거짓말도 할 필요가 없었다. 이런 활동이 장애물 역할을 했고 건강한 관계 경로를 단련시켰다. 그동안 사용되지 않은 탓에 점점 약해져왔던 경로였다. 죽은 듯 보였지만 조금씩 물을 받아 먹는 사막 식물처럼 조그마한 자극에도 금세 되살아났다. 샐리는 긍정적인 활동을 할 때마다 도파민이 터져 나오는 듯한 쾌감을 느꼈다.

거짓말하고 싶은 충동을 느낄 때 매번 긍정적인 이미지를 떠올리거나 긍정적인 활동을 할 수 있었던 것은 아니다. 초반에는 특히 어려웠다. 남자친구한테 할머니가 돌아가셨다거나 지난 해외여행 때 강도를 당했다는(여행을 갔다는 사실을 포함해 모두 거짓말이었다) 등의 거짓말을 하기도 했다. 그러나 더욱 정직한 관계를 발전시키기 위해 꾸준히 연습한 덕에 관계 경로가 한층 강화되었고, 원하는 방향으로 생각을 옮기기가 점점 더 수월해졌다.

물론 가야 할 길이 여전히 멀었다는 사실을 강조하고 싶다. 아주 오래된 습관을 바꾸기는 쉽지 않다. 특히 샐리처럼 건강한 관계를 거의 경험해본 적이 없다면 더욱 그렇다. 하지만 변화는 분명히 가능하다. '나'라는 사람 자체와 '내 일'을 지지해주는 안전한 관계가 하나라도 있으면 얼마든지 변화할 수 있다. 예상대로 샐리는 결국 남자친구와 헤어졌다. 그리고 단 몇 주 만에 새로운 사람을 만났다. 나는 이 관계가 걱정이 되었다. 실제로 관계 초기에는 경고 신호가 번쩍였다. 샐리가 새 아파트로 이사했을 때 남자친구는 냉장고에 넣어두라며 자신이 가장 좋아하는 바비큐 소스를 집들이 선물로 갖고 왔다. 샐리와 나는 받는 사람이 아니라 주는 사람을 위한 '선물'을 받는 것이 얼마나 당황스러운지 이야기했다. 그다음 주, 샐리는 새 남자친구에게 선물을 줘서 고맙지만, 자신은 바비큐 소스를 좋아하지 않는다고 이야기했다. 우리는 샐리가 이룬 작은 성공을 기뻐했다. 하지만 사실 이는 결코 사소한 성공이 아니었다. 샐리가 남자친구를 사귄 지 얼마 되지 않았을 때 자신의 생각을 솔직히 밝힌 적은 처음이었다. 놀랍게도 상대는 샐리와 자신의 취향이 다르다는 사실을 전혀 불편하게 받아들이지 않았다. 그녀는 한층 가까워진 친구한테 놀라운 마음을 전했고, 친구는 건강한 인간관계를 맺으려면 서로 다른 의견과 생각을 존중해야 한다고 말했다. 안전한 우정과 거짓말하지 않는 연습이 더해지자 샐리의 뇌가 점차 정직한 관계를 맺는 데 도움이 되는 방식으로 바뀌어갔다.

이 내용을 통해 우리가 기억해야 할 메시지는 무엇일까? 뇌가 변할 수 있다는 사실이다. 특히 이 책의 목적과 걸맞은 가장 중요한 사실은 뇌가 다른 사람과 관계를 맺는 패턴도 얼마든지 바꿔놓을 수 있다는 사실이다. 새롭게 태어난 당신의 뇌를 더 평온하고, 수용감을 느끼고, 공감하고, 활력이 넘치도록 가르칠 수 있다. 그래야 성장 촉진 관계와 관련된 네 가지 신경 경로를 모두 강화할 수 있다. 지금부터 소개할 CARE 프로그램과 함께 변화를 만들어보자.

4장

관계를 변화시키는
CARE 프로그램

지금까지 우리는 관계 신경과학의 기초 내용을 살펴봤다. 과학적인 근거를 소개하는 1~3장을 건너뛰고 바로 이 장을 펼친 분도 있을 것이다. 원한다면 앞의 설명을 건너뛰어도 괜찮다. 나는 인간관계 속에 숨어 있는 과학을 좋아하지만, 과학적인 내용을 좋아하지 않는 분이라면 4장에서 시작해도 괜찮다. 4장에도 CARE 프로그램의 근간이 되는 네 가지 신경 경로에 관한 간단한 내용을 비롯해 실천 전 미리 알아두어야 할 내용이 모두 담겨 있다.

이제 앞서 살펴본 내용을 실천으로 옮겨보자. 이 책의 후반부에서는 CARE 프로그램을 활용해 당신의 뇌와 관계를 더욱 건강하게 만들 방법을 찾을 것이다.

CARE 프로그램은 총 네 부분으로 구성되어 있다. 각 부분은 건강한 관계를 맺는 데 필요한 신경 경로를 나타낸다. 이 신경 경로들은 인간관계를 풍성하게 만든다. 이 경로가 원활하게 작동하면 관계 속에서 다음과 같은 감정을 느끼게 된다.

- 평온함: 스마트 미주신경이 조절하는 신경 경로
- 수용감: 배측 전대상피질이 지배하는 신경 경로
- 공감: 거울 신경계
- 활력: 도파민 보상 체계

5~8장에는 각 신경 경로를 강화하는 다양한 훈련 방법과 제안이 담겨 있다. 프로그램 전체를 순서대로 따라가면 가장 효과적이겠지만, 내담자의 상황에 따라 순서를 바꿀 때도 많다. 여러분도 필요에 따라 얼마든지 순서를 바꿀 수 있다. 네 가지 경로 전체를 활용하기보다 한두 개의 신경 경로에 집중하는 편이 나을 수도 있다. 필요한 곳에 집중하는 것 역시 좋은 방법이다.

그러나 어떤 경우든 먼저 4장에 소개된 CARE 관계 진단에서 출발해야 한다. CARE 관계 진단은 영화관에서 3D 안경을 착용하는 행위나 다름없다. 자신의 관계와 마음 상태를 입체적으로 살피는 데 도움이 되기 때문이다. 4장을 읽는 동안 적어도 한 번은 깨달음의 순간이 찾아올 것이다. 대부분은 한 번 이상 그런 순간을 맞이한다.

CARE 관계 진단은 다음 질문의 답을 찾는 데 도움이 된다.

- 어떤 관계가 현재 당신의 뇌에 가장 큰 영향을 미치는가?

- 당신의 뇌에서 어떤 변화가 나타나고 있는가?
- 분명히 존재하지만, 지금까지 알아차리지 못했던 관계 패턴은 무엇인가?
- 가장 치유가 필요한 신경 경로를 바로 수정하려면, CARE 프로그램을 어떻게 활용해야 할까?

이 진단으로 관계에 관한 통찰력을 얻는 동시에 마음이 불편해질 수도 있다. 솔직하게 말하면, 불편해지게 마련이다. 그러나 4장을 끝까지 읽고 나면, 더욱 깊이 있고 만족스러운 인간관계를 위한 실천 계획을 세울 수 있다.

준비가 되었다면, 이제 시작해보자.

관계를 진단하는 5단계 방법

:

외부 환경에 방해받지 않고 집중할 수 있는 시간이 15~20분 정도 있을 때 관계 진단을 실시하는 것이 좋다. 관계 진단은 총 5단계로 진행된다.

1단계: 뇌에 영향을 미치는 관계 파악
2단계: CARE 관계 진단표 작성
3단계: 인간관계를 안전 그룹으로 분류
4단계: CARE 경로 평가
5단계: CARE 프로그램 최적화

1단계: 뇌에 영향을 미치는 관계 파악

인간관계는 신경 경로에 영향을 미친다. 먼저 어떤 관계가 당신의 뇌에 가장 큰 영향을 주는지 찾아보자. 이 과정을 모두 끝낸 뒤에는 그 관계들이 '어떻게' 뇌에 영향을 주는지 알게 될 것이다.

맨 처음 관계 진단 방법을 시도했을 때, 사람들에게 인생에서 가장 중요한 관계를 꼽아보라고 이야기했다. 가장 중요한 사람을 떠올리라고 하면 사람들은 본능적으로 질적으로 가장 우수한 한두 개의 관계를 꼽았다. 그러나 이런 관계만이 우리에게 가장 큰 영향을 미치지는 않는다. 실제로 우리는 그보다 훨씬 다양한 관계에 영향을 받는다. 사이가 좋든, 나쁘든, 껄끄럽든, 평범하든 누군가와 많은 시간을 보내면 그만큼 그 관계가 뇌에 많은 영향을 미친다.

어떤 관계가 자신에게 가장 큰 영향을 주는지 제대로 이해하고 싶다면, 가장 많은 시간을 함께 보내는 성인들을 떠올려보자. 여기서 말하는 '시간'에는 두 가지 의미가 있다. 첫 번째는 '얼굴을 마주하는 시간'이다. 즉 가장 자주 마주치는 사람을 떠올려야 한다. 친구, 가족도 모두 여기에 포함된다. 그러나 직장 동료, 이웃, 카풀 파트너, 아이 친구의 부모, 철물점에서 항상 마주치는 아는 얼굴 등 전혀 가깝게 생각하지 않았던 사람들의 이름이 떠올라도 놀라지 않기를 바란다. 그다음으로 '생각하는 시간'을 가장 많이 차지하는 사람도 떠올려보기 바란다. 이들은 좋든 싫든 신경이 쓰이는 사람이다. 이들을 생각하고, 걱정하고, 이들에게 애정 어린 이메일을 쓰고, 이들 때문에 불편한 감정을 느끼느라 많은 시간을 소모한다. 가장 좋아하는 사람의 이름만 적는 실수를 저질러서는 안 된다.

인간관계를 맺는 방식은 사람마다 다르다. 그러니 떠올린 사람이 몇 명이든 걱정하지 않아도 된다. 예를 들면, 나는 지인은 많지만 아주 친한 친구는 소수에 불과하다. 내가 내향적이라고 이야기하는 사람도 있다. 관계 진단을 했을 때 나는 총 일곱 명을 떠올렸다. 반면, 내 가장 친한 친구는 내가 일주일 치 장을 볼 때 적어두는 목록보다 더 많은 이름을 적었다. 외향적이었던 그는 너무 많은 사람과 친분을 유지하고 있는 탓에 떠오른 이름을 다 쓰려면 종이가 부족할 지경이었다.

이제 떠올린 이름들을 해당 인물과 보내는 시간의 총합을 기준으로 정렬해보자. 직접 얼굴을 보는 시간과 머릿속으로 생각하는 시간을 모두 더해야 한다. 가장 많은 시간을 함께 보내는 사람의 이름을 목록 가장 위에 적고, 가장 적은 시간을 함께 보내는 사람의 이름을 목록 제일 아래에 적으면 된다. 목록 가장 위에 있는 다섯 명의 이름 옆에 별표를 치자. 이들과의 관계가 바로 당신의 뇌에 가장 극적인 영향을 미친다.

117쪽에 있는 관계 진단표를 펼쳐보자. 미리 별표를 쳐둔 다섯 명의 이름을 진단표 상단 공간에 적어보자.

주의사항

인간관계에서 큰 충격을 받은 사람들은 인간관계와 고통을 동일시하기도 한다. 다른 사람들이 너무 두려워서 혼자 지내는 것이 낫다고 느끼기도 한다. 또는 심각할 정도로 무시당한 탓에 이와 비슷한 생각을 할 수도 있다. 만약 자신이 이런 경우라고 판단되고 어떤 관계도 떠올리기 어렵다면, 과거에 중요했던 관계를 떠올려도 좋다. 과거에 사랑하고 믿었던 반려동물을 떠올려도 괜찮다. 관계의 세상을 부드럽고 안전하게 확장하는 법을 배우는 것이 이 프로그램의 목표라는 사실을 기억하자. 뇌가 있는 한 누구든 얼마든지 변화하고 연결될 수 있다.

관계 진단표에 아이는 적지 않는 까닭은 무엇인가?

아이와의 관계도 중요하다. 그러나 건강한 성인이라면 정서적인 필요를 채우기 위해 아이에게 의지해서는 안 된다. 그런 이유로 아이는 관계 진단표에 적지 않는다. 대부분의 시간을 아이와 함께 보낸다면, 그만큼 힘이 되는 성인과 더 많이 연락하고 함께 시간을 보내야 한다. 아이가 질풍노도의 시기를 지나고 있다거나 하는 이유로 아이와의 관계가 쉽지 않은 부모에게는 힘이 되는 다른 성인과의 관계를 유지하는 것이 두 배로 중요하다. 그렇지 않으면, 스트레스가 쌓여 뇌에 부정적 영향을 미칠 수밖에 없기 때문이다.

2단계: CARE 관계 진단표 작성

CARE 관계 진단표에는 관계에 관한 20개의 문장이 적혀 있다. 위에 적어놓은 다섯 명에게 각 문장이 얼마나 부합하는지 1에서 5까지의 척도를 사용해 평가한다.

1 = 전혀 그렇지 않다
2 = 그런 경우가 드물다
3 = 가끔 그렇다
4 = 그럴 때가 많다
5 = 늘 그렇다

CARE 관계 진단표

항목	1	2	3	4	5	총점	CARE 코드
1. 이 사람에게 내 감정을 솔직하게 털어놓는다.							C(평온함)
2. 이 사람은 내게 감정을 솔직하게 털어놓는다.							C(평온함)
3. 이 사람과 갈등을 겪을 때도 안전하다고 느낀다.							C(평온함)
4. 이 사람은 존중하는 태도로 나를 대한다.							C(평온함)
5. 이 관계에서 나는 평온함을 느낀다.							C(평온함) A(수용감)
6. 위기 때 이 사람이 도와줄 것이라고 믿는다.							C(평온함) A(수용감)
7. 이 사람과는 서로의 차이를 인정해도 안전하다.							C(평온함) A(수용감)
8. 이 사람과 함께 있으면 소속감이 든다.							A(수용감)
9. 서로 역할이 다르지만, 동등하게 대한다.							A(수용감)
10. 이 관계에서는 내가 소중하게 느껴진다.							A(수용감)
11. 이 관계에서는 서로 무언가를 주고받는다.							A(수용감)
12. 이 사람은 내 기분이 어떤지 느낄 수 있다.							R(공감)
13. 나는 이 사람의 기분이 어떤지 느낄 수 있다.							R(공감)
14. 이 관계에서는 내가 어떤 사람인지 더 분명해진다.							R(공감)
15. 우리가 서로를 이해한다고 느낀다.							R(공감)
16. 내 기분이 이 사람에게 영향을 미친다.							R(공감)
17. 이 관계는 나의 생산성을 높여준다.							E(활력)
18. 이 사람과 함께 보내는 시간이 즐겁다.							E(활력)

19. 이 관계는 나를 웃게 한다.						E(활력)
20. 이 관계 속에서 활력을 느낀다.						E(활력)
안전 그룹 점수						

(1 = 전혀 그렇지 않다, 2 = 그런 경우가 드물다, 3 = 가끔 그렇다, 4 = 그럴 때가 많다, 5 = 늘 그렇다)

지나치게 오래 생각하지 말고 본능적으로 판단해야 한다. 일부 문장에 정확하게 답하려고 애쓰다 보면 관계의 참모습을 '속이게' 된다. 방법은 다음과 같다. 먼저 해당 인물과 최근에 어떤 관계를 맺었는지 떠올리거나 그 사람과 당신의 전형적인 대화 상황을 머릿속에 그려보자. 그런 다음 머릿속에 떠오르는 대화뿐 아니라 몸에서 일어나는 감정 변화에도 주목하자. 모든 관계에는 머리와 몸이 얽힌 복잡한 이미지가 각인되어 있다. 그런 탓에 각 문장의 점수를 매길 때 뇌뿐 아니라 몸이 속삭이는 소리에도 귀를 기울여야 한다(몸이 들려주는 소리가 말 그대로 직감인 경우가 있다).

관계 진단표를 분석하는 방법은 잠시 후에 설명하겠다. 그러나 대부분은 분석을 하기도 전에 즉각적인 반응을 보인다. 이제 잠깐 시간을 갖고 자신의 응답을 점검해보자. 특정한 패턴이 보이는가? 관계 진단표에는 당신의 뇌에 영향을 미치는 관계가 잘 나타나 있다. 뇌 변화의 두 번째 규칙을 기억하자.

동시에 활성화되는 뉴런은 서로 연결된다. 이는 곧 상호 보완 관계든 학대 관계든 특정한 관계를 맺고 있는 사람과 더 많은 시간을 보낼수록 그 관계가 중추신경계에 큰 영향을 미친다는 뜻이다. 1점이나 2점을 준 사람과 많은 시간을 보내는가? 그렇다면 고통으로부터 자신을 보호하기 위해 뇌가 만성적인 단절 상태로 바뀔 수도 있다. 반면 4점이나 5점을 준 사람과 대부분의 시간을 보내고 있다면 당신의 뇌(스마트 미주신경, 배측 전대상피질, 거울 신경계, 도파민 보상 경로)는 건강한 관계를 기대하고 그 안에서 잘 발달할 것이다. 인간관계에서 기쁨을 느끼고 위안을 얻는 능력이 더욱 발전하는 선순환이 이루어지는 셈이다.

관계 점수가 대개 낮다면 관계에 서툴다는 뜻일까? 전혀 그렇지 않다. 사람은 누구나 관계 때문에 어느 정도 어려움을 겪는다. 때로는 자신의 선택과 무관하게 그런 일을 겪기도 한다. 어떤 관계가 한층 더 강하고 힘이 되는 관계로 발전할지, 어떤 관계는 최종적으로 거리를 두어야 할지 잘 판단해야 한다. 아예 새로운 관계를 만들 수도 있다. 최종적으로는 떠날 수도 없고 바꿀 수도 없는 직장 내 인간관계처럼 스트레스 가득한 관계로부터 자신을 보호하는 법을 배울 수 있다.

이 단계에서는 분명히 학대당하고 있는 것이 아니라면, 어떤 관계도 포기해서는 안 된다. 대신, 책을 계속 읽어나가자. 그리고 진단표를 활용해 CARE 프로그램에서 어떤 단계를 가장 먼저 활용할지 결정해보자. CARE 프로그램을 잘 활용하면 성장 촉진 관계에 도움이 되는 신경 경로를 만들어갈 수 있다. 모든 관계가 4점 이상이 될 수 있도록 함께 노력해보자.

3단계: 인간관계를 안전 그룹으로 분류

CARE 프로그램을 진행하다 보면, 관계와 관련된 신경 경로를 강화하는 훈련을 하게 된다. 혼자서 할 수 있는 것도 많지만 다른 사람과 새롭게 관계를 맺는 방법을 연습해야 할 때도 있다. 너무 이상하거나 어려운 요구는 하지 않을 생각이다. 한 걸음씩 나아가야 원하는 곳에 도달할 수 있다고 확신하기 때문이다. 아무리 작은 것이라도 관계에 변화가 생기면 사람들은 감정적으로 불안해지고 불편해진다. 왜 그럴까? 인간의 뇌는 대부분 다름과 변화를 두려워하도록 설계되었기 때문이다. 또 우리 문화에서는 서로에게 마음을 열고 변화를 받아들이는 기술을 가르치지 않기 때문이다.

하지만 이미 상당히 견고하고 유연한 관계 내에서 작은 위험을 감수하면 그 과정에서 기분 좋은 경험을 하게 된다. 먼저 어떤 관계에서 새로운 방식을 시도할 수 있을지 파악하기 위해 인간관계를 안전 그룹으로 분류해야 한다.

관계 진단표로 돌아가 각 관계 아래에 적힌 20개의 숫자를 모두 더해보자. 각 관계당 최대 총점은 100점이다. 그리고 인간관계를 아래와 같은 세 개의 안전 그룹으로 분류해보자.

높은 안전성(75~100점): 이 범주에 해당하는 관계는 대부분의 문항에서 4점과 5점을 받을 정도로 상당히 견고하다. 이 그룹에 해당하는 관계는 새로운 관계 기술을 시도하거나 서로를 지지할 구체적 방법을 논의하기에 상대적으로 안전하다.

중간 안전성(60~74점): 까다로운 감정을 표현하거나 새로운 인간관계의 기술을 가장 먼저 시도할 만한 관계는 아니다. 다른 안전한 관계에서 먼저 연습을 하면서 습득한 기술을 활용해 이 관계를 개선해야 한다. 두 사람의 관계 개선을 위해 당신이 노력할 준비가 되어 있다는 사실을 상대에게 알리는 방법도 추천한다. 상대방이 다른 방식으로 관계를 맺는 방법을 더 많이 알고 있다면, 먼저 시도해볼 수도 있다.

낮은 안전성(60점 미만): 점수가 대개 1점과 2점인 관계, 즉 안전성 점수가 낮은 관계에서는 솔직한 감정을 드러내거나 갈등을 다루기 힘들다. 이 그룹에서 새로운 관계 기술을 시도하는 것은 현명하지 않다. 적어도 당장 새로운 시도를 하는 것은 좋지 않다. 대개 신뢰할 수 있어야 한다고 여겨지는 대상, 즉 가족이나 오랜 친구라 하더라도 안전성 점수가 낮다면 무턱대고 새로운 관계 기술을 시도하지 않는 편이 좋다.

정서적·신체적·성적 학대를 당하고 있다면, 그 관계에서 벗어날 수 있도록 외부 전문가의 도움을 받아야 한다. 예를 들어, 의사나 심리 치료사, 상담사, 종교 지도자, 가정 폭력 전문가 등에게 전문적인 조언을 구해야 한다.

안전성이 낮은 관계 중 학대 관계까지는 아니더라도 문제성 관계가 있을 수 있다. 한 사람은 지배적이고 다른 한 사람은 종속적인 권력의 불균형 때문에 나쁜 관계가 생기는 경우도 많다. 물론 이런 상황을 바로잡을 수 있을지도 모른다. 그러나 덜 위험한 다른 관계에서 이런 시도를 먼저 해보는 편이 훨씬 수월하다.

안전성에 따라 그룹을 나누고 나니 당신을 둘러싼 관계가 다르게 보이는가? 새로운 관점을 받아들일 시간이 필요하다면, 충분히 시간을 갖길 바란다. 이 훈련의 목표가 당신에게 잘못을 저지른 사람을 찾거나 부모님의 양육 방식을 비난하는 것이 아니라는 사실을 기억해야 한다. 이 훈련의 목표는 현재 당신이 맺고 있는 관계에 불편함을 느끼게 하는 것이 아니다. 그러니 훈련을 진행하다가 불편한 기분이 느껴지더라도 계속 훈련을 이어나가야 한다. 모든 관계의 안전성을 낮게 평가했더라도 괜찮다. 앞으로 관계를 개선하는 여러 방법을 배우게 될 것이다.

다섯 명과의 관계가 전부 가장 안전한 그룹에 속해 있는가? 독자 여러분 중에 이런 드문 경우에 속하는 행운아가 있다면, 이 책을 내려놓아도 좋다. 지금처럼 인생을 즐기고 내게 전화를 걸어주기를 바란다. 나도 그런 친구가 있었으면 좋겠다!

4단계: CARE 경로 평가

관계 진단표를 이용해 관계에 관련된 신경 경로 정보를 수집할 수 있다. 신경 경로에 관해 알아갈수록 인간관계에 관한 완전히 새로운 사실을 알게 된다. 몇몇 관계가 그토록 좋은 이유와 몇몇 관계가 그토록 어려운 이유도 이해할 수 있다. 더 좋은 것은, 이런 정보를 근거로 CARE 프로그램을 자신에게 알맞게 수정할 수 있다는 것이다. 이 단계를 완료한 후에는 건강한 관계를 맺도록 타고난 능력과 관계망을 강화하는 잠재력을 긍정적으로 여기게 된다.

아래와 같은 네 가지 CARE 경로를 기억해두자.

- 평온함: 스마트 미주신경이 조절하는 신경 경로
- 수용감: 배측 전대상피질이 지배하는 신경 경로

- 공감: 거울 신경계
- 활력: 도파민 보상 체계

다시 완성된 진단표로 돌아가 20개의 문장 옆에 가로로 적힌 다섯 개의 숫자를 모두 더하자. 그 숫자를 '총점'란에 기록하자. 각 문장 옆에 기록할 수 있는 점수의 최대치는 25점이다(최고점 5점 × 각기 다른 다섯 관계). 이와 같은 총점은 네 가지 주요 연결 신경 경로의 강도를 파악하는 데 도움이 된다.

평온함: 스마트 미주신경

스마트 미주신경은 스트레스를 감소하라는 신호를 전달하는 신경이다. 관계에 대한 감각과도 연결되어 있어 편한 친구를 볼 때 마음을 편안하게 만드는 메시지를 자율신경계에 전송한다. 이 메시지가 전달되면 온몸에서 긴장이 사라진다. 그러나 스마트 미주신경이 혼란스러워할 때도 있다. 선천적으로 미주신경 긴장도가 좋지 않은 상태로 태어난 경우에는 상황에 따라 적절한 메시지를 보내지 못한다. 어린 시절이나 이후 삶에서 스트레스가 많았던 경우에도 미주신경 긴장도가 나빠질 수 있다. 그렇게 되면 사회적인 상황에서 위협이나 불안을 느끼고 다른 사람을 신뢰하기 어려워진다.

스마트 미주신경의 기능을 평가하려면 CARE 코드에 'C(평온함)'가 들어 있는 문장의 점수를 모두 더해야 한다. 1~7번 항목이 여기에 해당한다. 스마트 미주신경 관련 질문의 최대 점수는 175점(총 7개의 문장, 각각의 최고점은 25점)이다.

평온함 점수가 135~175점이라면, 미주신경 긴장도의 상태가 좋다고 볼 수 있다. 스마트 미주신경이 주된 관계에서 메시지를 제대로 받아들인 뒤, 마음을 평온하게 하고 긴장을 풀어주는 신호로 바꿀 수 있다는 의미이기도 하다. 건강한 인간관계는 일상생활의 스트레스를 관리하는 데 도움이 된다.

평온함 점수가 100~134점이라면, 필요 이상으로 자주 스트레스와 불안함을 느낀다는 것을 뜻한다. 불편한 관계 때문에 자연스럽게 이런 긴장감이 생길 수도 있다. 그 관계가 교감신경계의 반응을 자극하기 때문이다. 미주신경 긴장도 상태가 좋지 않아서 힘든 시간을 보내고 있을 수도 있다. 현재 맺고 있는 관계 자체는 좋지만 스마트 미주신경이 스트레스를 줄여주는 메시지를 보내지 못하기 때문이다. 이런 경우라면, CARE 프로그램 중 C(평온함) 분야를 깊이 파고들어보자.

평온함 점수가 100점 미만이라면, 인간관계에서 안전하지 않다는 느낌을 받을 때가 많다는 것을 뜻한다. 이런 경우라면 인간관계 때문에 스트레스가 줄어들기보다 오히려 늘어날 때가 많다. 현재 유지 중인 인간관계에 심각한 문제가 있을 수도 있다. 관계가 안전하지 않고 관계를 통해 아무런 유익을 얻지 못하면, 스마트 미주신경이 제 역할을 하지 못하고 결국 스트레스 반응계만 활성화된다. 유전적으로 미주신경 긴장도가 나쁘거나 과거의 학대 관계 때문에 스마트 미주신경이 제 기능을 하지 못해서 점수가 낮게 나올 수도 있다. 이유가 무엇이든 미주신경의 긴장도 상태가 좋지 않으면 신경계가 항상 긴장 상태를 유지하며 다음 공격을 받아칠 준비를 한다. 안전하지 않지 않은 관계가 많아지면 미주신경 긴장도와 관계가 주로 제 기능을 하지 못한다.

수용감: 배측 전대상피질

배측 전대상피질은 신체적 고통 및 정신적 고통과 모두 관련이 있다. 소외감을 느끼면 배측 전대상피질이 고통스럽다는 신호를 보낸다. 사회적으로 소외당하는 경험이 반복되면 배측 전대상피질이 스트레스를 받아 늘 '사격' 태세를 갖추고 고통을 느끼게 된다. 실제로는 사람들이 환영할 때조차 이런 느낌을 받는다. 배측 전대상피질의 상태를 진단하려면 5~11번 문장의 점수를 더해야 한다. CARE 코드에 A(수용감)가 들어 있는 문장의 총점이다. 최대 점수는 175점(총 7개의 문장, 각각의 최고점은 25점)이다.

수용감 점수가 135~175점이라면, 배측 전대상피질의 기능이 원활하다고 볼 수 있다. 관계 속에서 위협이 없고 안전하다고 느끼지만, 소외당할 때는 배측 전대상피질이 고통과 괴로움 신호를 보낸다. 이는 언제 사람들을 신뢰해도 되는지, 언제 신뢰해서는 안 되는지 알려주는 유용한 신호다.

수용감 점수가 100~134점이라면, 정서적인 경보 시스템이 어느 정도 작동한다는 것을 뜻한다. 종종 소외되거나 소속되지 않았다는 기분이 들 수도 있다. 다른 사람과 함께 있을 때조차 근원적 외로움을 느끼기도 한다. CARE 프로그램에서 수용감은 실제로 무리에서 소외된 상황인지 파악하고, 더욱 힘이 되는 관계를 만들어가는 데 도움이 된다. 그뿐 아니라 배측 전대상피질이 과잉 반응하며 잘못된 신호를 보내는 것은 아닌지 파악하도록 돕는다. 배측 전대상피질이 보낸 잘못된 신호 때문에 실제로는 사람들이 우호적인데도 안전하지 않다거나 공격받고 있다는 착각에 빠질 수 있기 때문이다. 배측 전대상피질을 평온하게 만들면, 더욱 정확한 피드백을 얻을 수 있다.

수용감 점수가 100점 미만이라면, 관계와 관련된 경보 시스템이 항상 자극받고 있을 가능성이 크다. 경보 시스템이 과활성화되는 것은 아마도 과거나 현재에 파괴적인 관계를 맺었기 때문일 것이다. 경보 시스템을 지나치게 활성화된 상태로 내버려두면 모든 관계를 바라보는 방식을 왜곡하게 된다. 심지어 서로 친근함과 지지를 주고받는 관계마저도 왜곡된 시선으로 바라보게 된다.

공감: 거울 신경계

거울 신경계는 다른 사람의 행동, 의도, 감정을 정확하게 읽어내는 데 도움이 된다. 거울 신경계가 제대로 작동하면 다른 사람에게 공감할 수 있다. 거울 신경계가 제 기능을 하지 못하면 자신과 다른 사람 사이에 벽이 있는 듯한 기분이 들 수도 있다.

거울 신경계가 제대로 작동하는지 파악하려면 12~16번 문장, 즉 CARE 코드가 R(공감)에 해당하는 문장의 점수를 모두 더하자. 최대 점수는 125점(총 5개의 문장, 각각의 최고점은 25점)이다.

공감 점수가 95~125점이라면, 거울 신경계가 제대로 작동한다고 볼 수 있다. 이런 상황에서는 관계를 감정적으로 편안하게 느낀다. 친구와의 관계에서 서로를 설명하는 데 많은 시간을 쏟을 필요가 없다. 당신은 타인을 깊이 이해하고, 당신과 가까운 사람들 역시 당신의 진짜 모습을 '볼' 수 있다.

공감 점수가 70~94점이라면, 다른 사람들을 대할 때 혼란스러울 것이다. 삶에서 중요한 사람들이 당신을 '이해하지' 못하는 것 같은 느낌이 들 때가 있고, 당신이 다른 사람의 의도나 반응을 잘못 이해할 때도 있을 것이다. CARE 프로그램에서 R(공감) 부분에 나와 있는 훈련을 하면, 거울 신경계를 활성화할 수 있다.

공감 점수가 70점 미만이라면, 다른 사람들을 이해하기 어렵다고 생각할 가능성이 크다. 친구나 동료들을 대할 때 어리둥절해질 일이 많고 자주 "난 정말 이해가 안 돼"라고 말한다. 공감 점수가 낮은 사람 중 일부는 지나치게 의심이 많아서 곤경에 빠지고, 또 다른 부류는 너무 순수해서 주변 모든 사람의 의도가 좋을 것이라고 순진하게 가정한다. 그뿐 아니라 다른 사람의 오해를 사기도 한다. 친절하게 행동하려다가 교활하다거나 오지랖을 부린다는 비난을 받기도 한다. 또는 의도와 상관없이 연애 감정을 품은 듯한 신호를 줄 수도 있다. 감정이 불편해지거나 감정에 압도된다는 생각이 들 수도 있다. 자신의 이야기처럼 들린다면 곧장 공감 파트로 넘어가서 거울 신경계가 어떻게 활동하는지 제대로 알아보자. 자신과 타인의 감정을 미묘하게 구분하는 방법을 익힐 수 있을 것이다.

활력: 도파민 보상 경로

도파민은 쾌락을 주는 신경전달물질이다. 바람직한 도파민 보상 경로는 건강한 관계와 연결되어 있다. 이럴 경우, 다른 사람과 연결되어 있을 때 활력과 동기를 느끼게 된다. 그러나 건강하지 못한 인간관계 때문에 고갈되고, 마비되고, 불행한 상태가 되면 다른 곳에서 도파민을 갈구하게 된다. 음식, 술, 마약, 무의미한 성관계, 다른 중독성 행동을 하면서 도파민을 얻는다. 나쁜 습관과 중독을 없애는 한 가지 방법은 최악의 습관이 아닌 최고의 관계를 통해 쾌락을 얻도록 도파민 경로를 수정하는 것이다.

활력 점수를 파악하려면 17~20번 문장의 점수를 모두 더해야 한다. CARE 코드에 E(활력)가 들어 있는 문장의 총점을 구하자. 최대 점수는 100점(총 4개의 문장, 각각의 최고점은 25점)이다.

활력 점수가 75~100점이라면, 도파민 경로가 인간관계와 직접 연결되어 있다고 볼 수 있다. 다른 사람들과 맺은 좋은 관계에서 활력과 동기, 자신과 친구들을 위해 행동하는 능력을 자연스럽게 얻게 된다.

활력 점수가 55~74점이라면, 이따금 인간관계가 보람 없게 느껴진다. 한두 관계에서는 열정을 느낄 수도 있지만, 다른 관계는 그저 그렇게 느낄 뿐 흥미를 갖기 어렵다. 음식이나 술, 도파민이 분비되는 다른 방법으로 위안을 얻을 가능성이 크다. CARE 프로그램에서 활력 부분에 해당하는 훈련을 반복하면 중독(음식 섭취, 쇼핑 같은 '심각하지 않은' 중독 포함) 활동이 아닌 건강한 인간관계에서 도파민을 얻도록 뇌 신경 경로가 수정된다. 이런 노력으로 상당한 활력을 얻을 수 있다.

활력 점수가 55점 미만이라면, 인간관계가 오히려 당신을 고갈시키고 있다는 것을 뜻한다. 적어도 하나 이상의 친밀한 우정을 갈망하지만, 보람 없는 관계를 위해 애쓰기보다 혼자 있는 쪽을 택할 수도 있다. 도파민을 얻기 위해 약물이나 쇼핑 같은 중독성 있는 반복적 행동에 의존할 수도 있다.

5단계: CARE 프로그램 최적화

진단표와 점수, 결과를 모두 확인했다. 이제 무엇을 해야 할까? 먼저 어떤 부분이 약하고 어떤 부분이 강한지 솔직하게 성찰해야 한다. 그런 다음 CARE 프로그램을 어떻게 실천할지 결정하자. 순서대로 할 것인 가, 순서를 바꿔서 할 것인가? 모든 단계를 다 진행할 것인가 아니면 몇 단계만 진행할 것인가?

나를 찾아온 세 내담자가 이 결과를 토대로 어떻게 자신의 인간관계 현황을 명확하게 파악하고, CARE 프로그램을 자신의 상황에 맞게 수 정했는지 살펴보자.

제니퍼: 절망을 딛고 명쾌하게

무엇이 인간관계에서 우리를 가장 괴롭게 하는지 명확하게 찾아낼 수 있다는 점이 이 진단의 최대 장점이다. 원인을 알면 해결을 위한 구 체적인 방법을 찾을 수 있다.

제니퍼는 몹시 힘든 한 주를 보낸 뒤 내게 전화를 걸어 약속을 잡았 다. 남자친구 제이컵과는 만났다 헤어지기를 반복하는 사이였다. 제니 퍼가 제이컵이 친구 결혼식에 입고 온 정장을 장난스럽게 놀린 뒤에 두 사람은 크게 다투었다. 바로 그 시기에 언니 클레어는 침묵으로 일관 하며 제니퍼를 투명 인간 취급했다. 그녀의 가족은 특정한 행동을 벌하 기 위해 이런 수법을 자주 이용했다. 그러나 그녀는 도대체 언니가 왜 화를 내는지 전혀 갈피를 잡지 못했다. 자신이 인간관계에 '서투른' 사 람일지도 모른다는 두려움에 사로잡힌 그녀는 도움을 구할 유일한 장 소인 인터넷에 접속했다. 인터넷에서 '인간관계'라는 단어를 검색했고,

'진 베이커 밀러 훈련연구소'라는 단어를 발견했다.

일주일 후, 제니퍼가 잔뜩 긴장한 모습으로 나를 찾아왔다. 친절하고 예의 바른 모습이었지만, 나와 거의 눈을 마주치지 못했다. 그녀는 제이컵과의 다툼에 관해 설명했고, 평소와 같은 방식으로 갈등을 봉합했다고 말했다. 더 구체적으로 이야기하면, 다툼이 있었던 날로부터 며칠이 흐른 뒤, 제이컵이 제니퍼에게 문자를 보내 사람을 함부로 판단하는 속물이라고 말했다. 그런 말을 들어도 마땅하다고 느낀 그녀는 딱히 반박하지 않았다. 두 사람은 금세 지난 일을 잊고 몇몇 친구들과 금요일 밤을 신나게 보낼 계획을 세웠다. 다시 대화가 시작되었지만, 둘의 신뢰를 다지는 데 도움이 되는 대화는 아니었다.

제니퍼는 언니와의 갈등 역시 만족스럽지 않은 방식으로 해결될 것이라고 예측했다. 클레어가 그녀를 투명 인간 취급한 지 일주일이 지났고 이런 태도는 정확히 일주일 더 계속될 것이라고 설명했다. 너무 직설적인 화법을 쓰거나 가보로 내려오는 도자기를 깨는 등 누군가가 잘못된 행동을 하면 피해를 본 사람이 2주 동안 그 사람을 외면하는 것이 제니퍼 가족의 불문율이었다. 2주가 지나면 냉랭했던 분위기가 누그러들었고 마치 아무 일도 없었던 것처럼 관계가 다시 시작되었다.

제니퍼는 인간관계를 둘러싼 구체적인 내용을 솔직하게 털어놓았다. 그러나 이런 내용을 모두 종합해도 일관된 문제점이나 해결책을 찾지 못해 좌절했다. 자신의 문제를 이해할 더 나은 방법을 찾지 못하자 자신이 관계에 서투른 사람이라는 우울한 생각으로 되돌아갔다.

이 대목에서 나는 제니퍼에게 관계 진단표를 권했다. 단순히 '인간관계에 서투른' 사람이라는 낙인을 찍어버리는 것만으로는 상황을 개선하고 싶다는 목표에 가까워지기 힘들다고도 설명했다. 제니퍼와 나, 우리 두 사람 모두 그녀의 뇌와 몸에 영향을 미치는 관계 패턴을 더욱 명확하게 인식할 필요가 있었다.

제니퍼는 이 활동을 좋아했다. 그녀는 분석적인 사고 능력을 타고난 사람이었다. 사실 가장 친한 사람들로부터 생각이 너무 많다는 비난을 들을 정도였다. 그런 성격 덕분인지 자기 생각을 더욱 정확하게 분석하는 활동을 좋아했다. 제니퍼는 일주일 동안 만나는 사람들을 목록으로 정리했다. 어머니, 언니, 옆자리에서 일하는 동료 짐, 상사 프랭크, 애매하긴 하지만 남자친구라고 볼 수 있는 제이컵이 목록에 올라갔다.

제니퍼에게 가만히 앉아서 이들과 각각 관계를 맺는 모습을 떠올리면서 감정에 집중하라고 했다. 제니퍼는 진단표를 완성했다.

제니퍼의 안전 그룹

- 높은 안전성: 없음
- 중간 안전성: 제이컵, 클레어
- 낮은 안전성: 엄마, 짐, 프랭크

자신의 관계 안전 그룹을 살펴본 뒤 제니퍼가 가장 먼저 보인 반응은 "제가 관계를 잘 맺지 못한다는 사실이 증명되었네요"였다. 나는 관계를 '잘 맺지 못하는' 사람은 없다는 중요한 진실을 제니퍼에게 알려주었다. 나쁜 관계가 생기려면 항상 적어도 두 명 이상이 필요하다. 혼자서는 나쁜 관계를 만들 수 없다! 우리는 제니퍼가 사용하는 자기비하적인 표현을 더 나은 표현, 즉 그녀의 삶을 지배했던 관계들이 실망스럽지만 상호적이지 않았다는 문장으로 바꾸기로 했다.

그런 다음, 우리는 제니퍼의 관계 안전 그룹을 자세히 살펴봤다. 안전성이 중간 정도인 관계가 두 개고 위험도가 높은 관계가 세 개였다. 제니퍼에게는 안전하고 상호적인 관계가 없었다. 전혀 놀랄 일이 아니었다. 그녀는 이미 누구도 믿지 않으며 인생에서 성공하려면 모든 것을 혼자 해내야 한다고 말한 바 있다. 그러나 몇 가지 놀라운 사실이 있었다. 어머니와의 관계는 특별한 이유가 없는데도 안전성이 낮았다. 제니퍼는 어머니를 사랑했다. 하지만 더 깊이 생각해보니 어머니와의 관계는 한층 복잡했다. 어머니는 친근하지만 엄격했다. 따라서 그 관계에서는 실수가 용납되지 않았다.

제니퍼의 CARE 관계 진단표

항목	1. 짐	2. 프랭크	3. 클레어	4. 제이컵	5. 엄마	총점	CARE 코드
1. 이 사람에게 내 감정을 솔직하게 털어놓는다.	1	1	2	3	2	9	C(평온함)
2. 이 사람은 내게 감정을 솔직하게 털어놓는다.	2	1	3	4	3	13	C(평온함)
3. 이 사람과 갈등을 겪을 때도 안전하다고 느낀다.	2	1	2	2	2	9	C(평온함)
4. 이 사람은 존중하는 태도로 나를 대한다.	3	1	3	3	2	12	C(평온함)
5. 이 관계에서 나는 평온함을 느낀다.	2	1	3	4	3	13	C(평온함) A(수용감)
6. 위기 때 이 사람이 도와줄 것이라고 믿는다.	2	1	3	3	3	12	C(평온함) A(수용감)
7. 이 사람과는 서로의 차이를 인정해도 안전하다.	2	1	3	4	2	12	C(평온함) A(수용감)

8. 이 사람과 함께 있으면 소속감이 든다.	2	1	3	3	3	**12**	A(수용감)
9. 서로 역할이 다르지만, 동등하게 대한다.	2	1	4	4	2	**13**	A(수용감)
10. 이 관계에서는 내가 소중하게 느껴진다.	2	1	4	4	3	**14**	A(수용감)
11. 이 관계에서는 서로 무언가를 주고받는다.	1	1	3	3	2	**10**	A(수용감)
12. 이 사람은 내 기분이 어떤지 느낄 수 있다.	2	1	3	3	2	**11**	R(공감)
13. 나는 이 사람의 기분이 어떤지 느낄 수 있다.	3	1	4	3	3	**14**	R(공감)
14. 이 관계에서는 내가 어떤 사람인지 더 분명해진다.	2	1	3	3	2	**11**	R(공감)
15. 우리가 서로를 이해한다고 느낀다.	2	1	3	4	2	**12**	R(공감)
16. 내 기분이 이 사람에게 영향을 미친다.	2	1	3	3	2	**11**	R(공감)
17. 이 관계는 나의 생산성을 높여준다.	2	1	3	3	2	**11**	E(활력)
18. 이 사람과 함께 보내는 시간이 즐겁다.	2	1	4	4	3	**14**	E(활력)
19. 이 관계는 나를 웃게 한다.	2	1	3	3	3	**12**	E(활력)
20. 이 관계 속에서 활력을 느낀다.	2	1	3	4	2	**12**	E(활력)
안전 그룹 점수	**40**	**20**	**62**	**67**	**48**		

(1 = 전혀 그렇지 않다, 2 = 그런 경우가 드물다, 3 = 가끔 그렇다, 4 = 그럴 때가 많다, 5 = 늘 그렇다)

짐과 프랭크의 점수가 매우 낮게 나온 것을 보니 안도감에 가까운 감정이 밀려들었다. 이 점수를 보면 제니퍼가 소규모 소프트웨어 회사로 출근하면서 매일 아침 얼마나 큰 두려움을 느꼈는지 알 수 있다. 웃음기 하나 없이 언제나 비판적인 태도를 보이는 상사가 있는 곳으로 출근할 생각을 할 때면 제니퍼는 실제로 몸이 경직되었다. 프랭크는 생산성을 높이기 위해 직원들을 끝없는 경쟁으로 내몰았다. 제니퍼가 매긴 프랭크의 점수를 살펴보면, 이 관계가 정서적 학대 관계라는 사실을 알 수 있다. 짐과 제니퍼의 관계는 그보다 약간 나았다. 제니퍼보다 직위가 낮은 짐은 대체로 말이 없었고 제니퍼를 무시했다.

함께 치료를 시작한 지 얼마 되지 않았을 무렵, 심지어 관계 진단표 해석을 끝내기도 전에 제니퍼는 자신이 겪고 있는 문제 중 한 개 이상을 새로운 측면으로 바라보기 시작했다. 직장에서의 인간관계가 뇌와 신체의 스트레스 경로를 자극한다는 사실을 깨달은 것이다. 일주일 내내 초조한 느낌이 계속 들었던 것도 바로 이 때문이었다. 그때까지만 해도 제니퍼는 자신이 특이한 사람이거나 정상적인 인간관계에 어울리지 않는 사람이라고 느꼈다.

제니퍼한테 관계 진단표에 있는 다섯 명이 자신의 인간관계에서 모든 시간을 차지한다고 상상한 다음, 각 인물이 얼마만큼의 비중을 차지하는지 생각해보라고 요청했다. 이런 상상 훈련은 패턴과 추세를 명확하게 파악하는 데 도움이 된다. 제니퍼가 각 인물에게 할애하는 시간은 다음과 같았다.

이름	관계에 할애하는 시간(%)
짐	30
프랭크	30
클레어	15
제이컵	15
엄마	10

이 표를 보면 제니퍼는 전체 시간의 70퍼센트를 안전하지 않다고 느끼는 관계(짐, 프랭크, 엄마)에 할애한다. 심지어 그중 하나는 정서적 학대 관계다. 이렇게 많은 시간을 까다로운 관계에 할애하면 나머지 관계 역시 암울해질 수 있다. '정상적인' 관계의 기준이 바뀌기 때문이다. 존중과 따뜻함이 어떤 느낌인지 잊어버리거나, 심지어는 제대로 된 대우를 받고 싶다는 마음까지 사라질 수 있다.

관계 면에서는 직장을 옮기는 것이 제니퍼에게 가장 좋은 방법이다. 그 시점도 빠를수록 좋다. 그러나 제니퍼는 직장을 관두는 것은 어리석은 일이라고 생각했다. 그녀는 마땅히 옮길 만한 직장이 없다는 사실에 풀이 죽었다.

"누구든 좋으니 회사에서 사이좋게 지낼 만한 사람 없어요?"라고 물었다. 프랭크와 짐이 그대로 회사에 있더라도 그들과 보내는 시간의 비중을 줄이면 나쁜 관계가 제니퍼에게 미치는 영향을 희석할 수 있다고 설명했다.

제니퍼는 곧장 고개를 저었다가 잠시 멈추었다. 그녀는 회사에 새로 들어온 에밀리를 떠올렸다. 한 주 전에 잠깐 봤을 뿐이지만, 에밀리에게서 느껴지는 에너지가 좋았다. 에밀리와 점심을 같이 먹거나 사적으로 친분을 쌓을 수 있다고 생각하니 기분도 조금 나아졌다. 또한 짐과의 관계를 개선할 방법이 있을지도 모른다는 생각이 들었다. 어쩌면 짐 역시 제니퍼와 마찬가지로 사무실 분위기가 너무 위협적이어서 입을 닫고 책상 앞만 지키는 것인지도 몰랐다. 만약 그렇다면 짐 역시 제니퍼처럼 안전한 관계를 원할 수도 있다.

이 무렵에도 짐은 여전히 수수께끼에 싸여 있었다. 제니퍼는 매일 짐에게 인사하고 말을 건네며 기분이 어떤지 묻기로 했다. 업무 관계를 넘어서지 않는 선에서 그를 알아가며, 짐의 태도가 누그러지는지 확인할 계획이었다.

제니퍼를 둘러싼 관계 중 안전성이 높은 관계는 언니와의 관계와 남자친구와의 관계였다. 이 두 관계를 되돌아보던 제니퍼는 제이컵과 있을 때 가장 자기가 자기다워진다고 느꼈다. 놀라운 깨달음이었다. 두 사람은 툭하면 싸우는 사이였기 때문이다. 싸움과 결별이 반복되는 것은 관계에 무언가 문제가 있다는 신호일 때가 많다. 그런데도 다른 사람과 함께 있을 때보다 제이컵과 함께 있을 때 마음이 편했다. 제이컵은 제니퍼를 믿는 듯했고, 그녀는 그런 느낌을 좋아했다. 제니퍼는 다름을 견디지 못하는 사람들에게 에워싸여 있었다. 주변인들은 문제가 생기면 갑자기 그녀를 모르는 사람처럼 굴었다. 하지만 제이컵과는 적어도 유연한 관계를 맺고 있었다. 양쪽의 의견이 다를 때는 서로 멀어졌다가도 다시 돌아와 관계를 회복했다. 우리는 제이컵과의 관계가 어느 정도의 변화와 성장을 가장 쉽게 견뎌낼 수 있는 관계라고 결론내렸다. CARE 프로그램에서 관계 기술을 발달시키는 데 도움이 되는 훈련 방법을 찾아낸 제니퍼는 제이컵과의 관계에서 그 기술을 연습했다.

제니퍼의 CARE 경로

- C(평온함): 80점 (낮음)
- A(수용감): 86점 (낮음)
- R(공감): 59점 (낮음)
- E(활력): 49점 (낮음)

제니퍼의 CARE 신경 경로 점수를 확인하니 모든 영역에서 큰 변화가 필요한 것이 분명했다. 상사 프랭크와의 관계 같은 학대적인 관계가 있으면 중추신경계에 지워지지 않는 흔적이 남는다. 이런 변화는 다른 사람을 신뢰하고 관계에서 안전하다는 느낌을 받기 어렵게 만든다. 제니퍼는 대화를 하던 중 할아버지를 떠올렸다. 그녀가 다섯 살이었을 때 할아버지가 세상을 떠났다. 할아버지는 까다롭고 심술궂은 데다 주변 모두를 비난하는 사람이었다. 할아버지가 남긴 흔적이 제니퍼 가족의 삶 전반에 영향을 미친 것일까? 제니퍼의 신경 경로는 처음부터 까다로운 관계에 영향을 받았을지도 모른다. 그러나 그것은 나중에 다시 깊이 살펴봐야 할 문제였다.

제니퍼의 모든 신경 경로는 혹사당하고 있었다. 평온함 점수가 낮은 것은 스마트 미주신경이 활성화되지 않았기 때문일 가능성이 컸다. 교감신경계의 스트레스 반응은 스마트 미주신경을 손쉽게 망가뜨린다. 수용감 점수가 낮은 것을 보면, 배측 전대상피질 경보 시스템도 지나치게 민감한 상태일 것이다. 몸에서 늘 불쾌한 떨림이 느껴지는 것도 이 때문이다. 낮은 공감 점수를 보면 가족들이 행동을 통제하기 위해 그녀를 투명 인간 취급했던 탓에 거울 신경계가 타격을 받은 것이 틀림없었다. 관계를 이어나가려면 상대와 눈을 맞춰야 하는데 제니퍼는 눈을 맞추는 것을 힘들어했고, 모든 측면에서 점수가 낮았다.

네 가지 신경 경로 중 가장 해석하기 힘든 것은 도파민 보상 체계였다. 활력 총점은 49점이었지만 같은 직장에서 일하는 프랭크와 짐의 점수가 매우 낮은 탓에 언니나 제이컵과의 관계를 설명하는 적당한 점수까지 왜곡되었다. 적어도 제니퍼가 일부 관계에서는 즐거움을 느낀다는 증거가 명백했다. 게다가 제니퍼는 도파민을 얻기 위해 다른 것에 지나치게 의존하지 않았다. 술, 약물, 쇼핑, 음식 등에 대해서는 가벼운 중독 증세도 없었다.

종합적으로 제니퍼의 관계 지도를 보면, 프로그램 전체를 모두 수행하는 것이 제니퍼에게 큰 도움이 될 것으로 보였다. 각 단계에 속한 훈련으로 연결 경로를 진정시키고 강화하는 것이 목적이었다. 또한 건강한 관계가 어떤 모습과 느낌인지 알아갈 예정이었다. 그뿐 아니라 나는 제니퍼가 장기적으로 직장 내 관계 문제를 해결할 방안을 고민하기를 바랐다. 제니퍼가 상호 우호적인 관계가 어떤 것인지 알게 되고 외롭게 살 수밖에 없다는 자아 개념을 벗게 되었으니, 인맥을 활용해 한층 수월하게 새 직장을 구할 수 있으리라 기대했다. 만약 이직을 하지 못한다고 해도 최소한 프랭크의 부적절한 행동으로부터 자신을 지킬 수 있게 될 것이라는 사실은 틀림없었다.

도티: 업무 스트레스를 줄이기 위한 간단한 해결방안

대학교수이자 활동가인 도티는 아웃사이더도 아니고 누군가를 괴롭히는 사람도 아니었다. 자신감 넘치고, 침착하고, 재치도 있어서 다양한 상황에서 자신의 의견을 잘 표현했다. 그녀는 순전히 호기심으로 내가 진행하는 워크숍에 참석했는데, CARE 진단표를 보고는 이렇게 생각했다고 한다. '재미있네. 그런데 굳이 이런 걸 왜 해야 하지? 내 주변 사람들은 이미 충분히 나를 지지해주는데?'

어쨌든 도티는 진단을 시작했고 동거 중인 남자친구, 친구, 가족, 친한 동료의 이름을 고민 없이 적었다. 그러나 누가 되었든 많은 시간을 함께 보내는 사람의 이름을 적어야 한다고 설명하자 눈이 동그래졌다. 가장 자주 만나는 사람 중 둘은 도티에게 가장 큰 고통을 주는 사람이었다. 그중 하나가 켄이었다. 도티는 학과장인 켄을 매일 만날 수밖에 없었다. 오랜 세월이 지나며 두 사람의 관계는 긴장감이 넘치는 불편한 관계가 되었다. 서로에게 예의를 갖추었지만, 교수 회의나 연례 평가에서 이따금 긴장감이 터져 나왔다. 도티가 진단표에 추가한 다른 사람은 선배 신시아였다. 신시아는 오만불손하고 잘난 체하는 태도로 도티를 대했다.

도티의 CARE 진단표

항목	1. 루카	2. 켄	3. 신시아	4. 리사	5. 킴	총점	CARE 코드
1. 이 사람에게 내 감정을 솔직하게 털어놓는다.	4	2	2	4	5	17	C(평온함)
2. 이 사람은 내게 감정을 솔직하게 털어놓는다.	4	2	2	4	5	17	C(평온함)
3. 이 사람과 갈등을 겪을 때도 안전하다고 느낀다.	4	2	3	4	5	18	C(평온함)
4. 이 사람은 존중하는 태도로 나를 대한다.	5	2	3	4	5	19	C(평온함)
5. 이 관계에서 나는 평온함을 느낀다.	5	2	2	4	4	17	C(평온함) A(수용감)
6. 위기 때 이 사람이 도와줄 것이라고 믿는다.	5	3	3	5	5	21	C(평온함) A(수용감)
7. 이 사람과는 서로의 차이를 인정해도 안전하다.	5	3	3	4	5	20	C(평온함) A(수용감)
8. 이 사람과 함께 있으면 소속감이 든다.	5	2	2	5	5	19	A(수용감)
9. 서로 역할이 다르지만, 동등하게 대한다.	5	2	3	4	5	19	A(수용감)

10. 이 관계에서는 내가 소중하게 느껴진다.	5	3	3	5	5	**21**	A(수용감)
11. 이 관계에서는 서로 무언가를 주고받는다.	5	2	2	4	5	**18**	A(수용감)
12. 이 사람은 내 기분이 어떤지 느낄 수 있다.	4	2	2	4	4	**16**	R(공감)
13. 나는 이 사람의 기분이 어떤지 느낄 수 있다.	4	2	3	5	4	**18**	R(공감)
14. 이 관계에서는 내가 어떤 사람인지 더 분명해진다.	5	3	1	4	5	**18**	R(공감)
15. 우리가 서로를 이해한다고 느낀다.	5	2	2	4	5	**18**	R(공감)
16. 내 기분이 이 사람에게 영향을 미친다.	4	2	2	4	5	**17**	R(공감)
17. 이 관계는 나의 생산성을 높여준다.	5	2	2	4	5	**18**	E(활력)
18. 이 사람과 함께 보내는 시간이 즐겁다.	5	2	2	4	5	**18**	E(활력)
19. 이 관계는 나를 웃게 한다.	5	2	2	5	5	**19**	E(활력)
20. 이 관계 속에서 활력을 느낀다.	5	2	2	5	5	**19**	E(활력)
안전 그룹 점수	**94**	**44**	**46**	**86**	**97**		

(1 = 전혀 그렇지 않다, 2 = 그런 경우가 드물다, 3 = 가끔 그렇다, 4 = 그럴 때가 많다, 5 = 늘 그렇다)

도티의 안전 그룹

- 높은 안전성: 루카, 리사, 킴
- 중간 안전성: 없음
- 낮은 안전성: 켄, 신시아

도티의 CARE 경로

- C(평온함): 129점 (중간)

- A(수용감): 135점 (높음)
- R(공감): 87점 (중간)
- E(활력): 74점 (중간)

진단표를 살펴보니 도티의 직감이 옳았다는 생각이 들었다. 그가 생각한 대로 그녀에게는 대체로 상호 우호적인 관계들로 구성된 튼튼한 지지 시스템이 있었다. 전체적인 CARE 경로 점수는 중간 정도였지만, 좋은 관계에서는 점수가 높았는데도 두 명의 까다로운 직장 동료 때문에 총점이 내려갔다. 이 점수를 보면, "숫자가 현실을 제대로 반영하지 못하는군. 이 여자분 주위에는 성가신 동료들이 좀 있을 뿐이야. 누군들 그런 동료가 없겠어. 저 정도면 괜찮은 거지 뭐"라고 말하고 싶은 생각이 들 수도 있다.

그러나 이런 생각은 옳지 않다. 뇌 변화와 관련된 두 원칙을 생각해보자.

1. 사용하지 않으면 사라진다.
2. 동시에 활성화되는 뉴런은 서로 연결된다.

이 원칙들을 달리 설명하면, 가장 자주 노출되는 환경이 뇌에 영향을 미치고 뇌를 새롭게 형성한다는 뜻이다. 또한 가장 덜 상호적이고, 덜 안전하고, 스트레스가 많은 관계가 매일 도티의 뇌에 영향을 미쳤다는 사실을 뜻하기도 한다. 직장 동료인 켄과 신시아는 도티와 함께 일하려 하지 않고 끊임없이 권력을 휘두르려고 했다. 평생 많은 사람과 좋은 관계를 맺었어도 까다로운 두 관계가 도티의 생각과 감정에 강력한 영향을 미쳤다. 대체로 둔감한 편인 도티는 서열을 따지는 동료들의 방식을 감정적으로 받아들이지는 않았지만, 이들을 '견뎌야'할 때는 산만하고 피곤해졌다. 자유 시간이 생겨도 남자친구나 친구들과 함께 시간을 보내는 대신 집에 가서 혼자 시간을 보내는 경우가 늘어났다. 아이스크림 같은 달달한 음식을 평소보다 많이 먹기도 했다. 도티는 나와 대화를 나누면서 이런 고립이 상황을 악화시킨다는 사실을 깨달았다. 까다로운 동료들과 보내는 시간의 비중이 늘어났기 때문이다.

제니퍼와 달리 인간관계 전체를 대대적으로 수정할 필요는 없었다. 대신 부정적인 영향을 미치는 두 관계를 집중 공략해야 했다. 우리는 2단계 계획을 세웠다. 도티는 동료들과의 관계를 바꿀 수 없다는 사실을 잘 알고 있었다. 사실 이미 예전에도 변화를 시도한 적이 있었다. 이들과 함께 보내는 시간의 비중을 줄이기 위해 서로 도움이 되는 관계에 있는 사람들과 함께하는 시간을 늘렸다. 한마디로, 바람직한 관계의 순위를 끌어올리려 했다.

하지만 약속을 제대로 지키기가 어려웠다. 너무 바빠서 친구들한테 다시 전화를 걸지 못하거나 만나기로 했던 약속을 취소해야 할 때가 많았다. 그러나 부정적인 관계가 자신의 뇌에 영향을 미친다는 깨달음은 당장 몇 건의 점심 약속을 잡기에 충분한 자극이 되었다. 게다가 자신을 둘러싼 관계 중 남자친구 루카와의 관계가 성장과 지지에 가장 큰 보탬이 되는데도 그 관계를 충분히 활용하지 못하고 있다는 사실을 깨달았다. 도티는 힘든 하루를 보내고 나면 밤에 홀로 서재에 틀어박혀 누군가를 만나지 않아도 된다는 데 안도감을 느꼈다. 침대에서도 도티와 루카는 졸린 목소리로 서로 몇 마디만 주고받고 금세 잠들어버리기 일쑤였다. 도티는 루카에게 세미나에서 배운 내용을 설명했고, 두 사람은 자기 전에 더 많은 시간을 함께 보내려고 노력했다. 단순히 문제를 털어놓는 데서 그치지 않고 서로의 존재를 만끽했다. 결국 도티는 까다로운 동료들과의 회의를 피할 수 없을 때도 평온함 단계에 나와 있는 전략을 활용하면 도움이 된다는 결론을 내렸다. 또한 힘든 하루를 보낸 후 도파민이 필요할 때 단 음식을 먹지 않고 활력 단계의 전략을 몇 가지 활용하기로 했다.

직장으로 돌아가고 몇 주 후, 도티는 평온함과 활력 전략을 동시에 활용하는 방법이 큰 도움이 되고 있다는 메시지를 보냈다. 그녀는 더욱 활력이 넘치는 듯한 기분을 느꼈고 스트레스가 줄어든다는 사실을 깨달았다.

루퍼스: 활력 중독

루퍼스는 자신에게 큰 문제가 있긴 하지만, 그래도 자신이 평범한 사람이라고 여겼다. 1년 전 대학을 졸업한 지 3개월 만에 생명공학 회사에 취직한 그는 자신이 하는 일을 좋아했다. 그러나 일은 돈을 벌고 청구서 요금을 내기 위한 수단일 뿐이었다. 꿈꾸던 일도 아니었고 앞으로도 그렇게 될 일은 없었다. 그는 별다른 기복 없이 익명의 삶을 사는 것을 좋아했다(본인이 이렇게 설명했다). 누구에게서도 극단적인 반응을 일으키지 않는 사람이었고, 삶 속에 자연스럽게 녹아드는 배경의 일부 같은 존재였다. 그는 늘 주말을 기다렸다. 친구들과 함께 어울리며 가볍게 맥주를 즐기고 텔레비전에 나오는 게임을 보는 시간을 즐겼다. 가끔 데이트도 했지만, 정신없이 빠져든 사람은 없었다.

3년 전, 18살이었던 루퍼스는 인터넷 포르노를 발견했다. 축구 게임을 하던 중 다음 선수를 선발하기 위해 인터넷을 뒤지던 그의 눈앞에 선정적인 젊은 여자의 사진이 등장했다. 그 화면을 클릭한 이유는 확실하지 않았다. 단지 지루해서 그랬을지도 모른다. 이로써 이전에는 미처 존재하는 줄도 몰랐던 가상의 세계를 발견했다. 친구들이 종종 온라인에서 본 이미지를 설명하곤 했지만, 친구들이 구체적인 내용을 지어낸다고만 생각했다.

그날 밤, 루퍼스는 새벽 4시까지 포르노를 보고 또 봤다. 새로운 포르노를 볼 때마다 활력이 도는 듯한 느낌을 받았다. 처음 경험해보는 느낌이었다. 평소의 예측 가능하고 온화한 삶과는 매우 달랐다. 처음에는 그런 느낌을 좋아하는지도 확실치 않았다. 낯설고 불편한 느낌이었다. 그러나 다음 날 밤에도, 그다음 날 밤에도 그 사이트로 되돌아갔다.

금세 루퍼스는 밤마다 새로운 포르노 사이트를 몇 시간씩 뒤지게 되었다. 이런 상황을 그 누구에게도 알리지 않았다. 이 삶의 유일한 단점은 잘 시간이 점점 줄어드는 것뿐이라고 여겼다. 밤늦도록 깨어 있다가 아침에 힘겹게 출근하는 생활을 3개월간 이어간 후 자신이 중독되었다는 사실을 깨닫고, 포르노를 보지 않기로 마음먹었다. 그러나 그럴 수가 없었다. 포르노 사이트가 뇌와 몸을 장악한 것 같았다. 그는 점심시간이나 지루한 시간에 포르노 사이트를 보고 싶은 충동을 이기기 힘든 지경이 되었을 때 나를 찾아왔다. 회사 컴퓨터로 포르노를 보다가 들키기 전에 자신을 통제하고 싶었다.

나는 포르노 중독은 빨리 해결해야 할 문제이지만, 다른 상황이 모두 괜찮은데 중독만 문제가 되는 경우는 드물다고 설명했다. 우리는 CARE 진단표를 이용해 루퍼스를 둘러싼 환경을 더 깊이 살펴보았다. 가장 많은 시간을 함께 보내는 사람이 누구인지 묻자, 루퍼스는 금세 카드 게임을 같이 하는 친구인 드루와 케빈의 이름을 언급했다. 어머니, 여동생 앤절라와도 좋은 관계를 유지하고 있었다. 평소에도 자주 연락하는 사이였기에 엄마와 여동생도 목록에 올렸다. 그러나 그다음에는 마땅히 고를 사람이 없었다. 회사 사람들을 떠올려보라고 권했다. 그러나 루퍼스는 동료들과 관계를 맺고 있다고는 생각하지 않는 듯했다. 그들은 그저 직장 사람일 뿐이었다. 잠시 생각한 뒤에 회사에서 대각선 자리에 앉아 있는 웬디를 떠올렸다. 주위에 다른 동료도 많았지만, 루퍼스에게 영향을 미치는 사람은 웬디뿐이었다. 웬디는 종종 미소를 띠고 루퍼스의 최신 프로젝트가 어떻게 진행되는지 물었다.

다섯 관계를 떠올리는 것은 어려웠지만, 관계 진단표는 쉽게 작성했다. 사실 루퍼스는 특이할 정도로 명확하게 답했다. 대부분의 사람들은 답변을 할 때 조금씩 머뭇거리며, 자신의 답변을 고치고 싶은 충동을 느낀다. 그러나 루퍼스는 그렇지 않았다. 다른 사람들과 맺고 있는 관계를 미묘하게 왜곡해서 생각할 정도로 자신의 감정을 제대로 이해하지 못하는 것일지도 모른다는 생각이 들었다. 어쩌면 단순히 결단력 있는 사람일 수도 있었다.

루퍼스를 단순히 중독으로 고통받는 환자라고 여기고 싶은 마음도 있다. 이런 경우라면 중독만 없애면 문제도 해결되기 때문이다. 그러나 관계 진단표를 확인해보니 다른 분야에도 함께 주의를 기울이지 않으면 중독 문제를 해결할 수 없다는 사실이 명확해졌다.

루퍼스의 안전 그룹

- 높은 안전성: 없음

- 중간 안전성: 없음

- 낮은 안전성: 드루, 케빈, 엄마, 웬디, 앤절라

루퍼스는 스스로를 '자신만의 방식으로 살며, 인생의 풍경 속에 자연스럽게 녹아드는 사람'이라고 정의했다. 그런 만큼, 관계 진단표의 총점을 봤을 때 루퍼스가 성장 촉진 관계를 전혀 맺지 못하고 있다는 사실은 놀라운 일이 아니었다. 그가 각 관계를 평가한 방식은 거의 다르지 않았다(점수는 모두 47~53점이었다. 총점 변화는 6점에 불과했다). 모든 분야에서 관계 안전성이 낮았다. 루퍼스가 변화를 시도해볼 만한 관계를 찾는 데 어려움을 겪을 뿐 아니라 어떻게 이 과정을 진행해야 할지조차 제대로 알지 못할 것이라는 내 짐작이 맞았다. CARE 프로그램은 항상 위협적이지 않은 작은 변화를 꾀하는 데서부터 출발한다. 그러나 루퍼스의 경우에는 신중을 기할 수밖에 없었다.

루퍼스의 CARE 관계 진단표

항목	1. 드루	2. 케빈	3. 엄마	4. 웬디	5. 앤절라	총점	CARE 코드
1. 이 사람에게 내 감정을 솔직하게 털어놓는다.	2	2	2	2	2	10	C(평온함)
2. 이 사람은 내게 감정을 솔직하게 털어놓는다.	2	2	2	2	2	10	C(평온함)

3. 이 사람과 갈등을 겪을 때도 안전하다고 느낀다.	3	2	2	2	2	**11**	C(평온함)
4. 이 사람은 존중하는 태도로 나를 대한다.	3	2	3	4	3	**15**	C(평온함)
5. 이 관계에서 나는 평온함을 느낀다.	3	3	3	3	2	**14**	C(평온함) A(수용감)
6. 위기 때 이 사람이 도와줄 것이라고 믿는다.	3	2	4	4	4	**17**	C(평온함) A(수용감)
7. 이 사람과는 서로의 차이를 인정해도 안전하다.	2	2	2	2	3	**11**	C(평온함) A(수용감)
8. 이 사람과 함께 있으면 소속감이 든다.	3	3	4	2	4	**16**	A(수용감)
9. 서로 역할이 다르지만, 동등하게 대한다.	3	3	3	3	3	**15**	A(수용감)
10. 이 관계에서는 내가 소중하게 느껴진다.	3	3	4	3	3	**16**	A(수용감)
11. 이 관계에서는 서로 무언가를 주고받는다.	2	2	3	3	2	**12**	A(수용감)
12. 이 사람은 내 기분이 어떤지 느낄 수 있다.	2	2	3	2	3	**12**	R(공감)
13. 나는 이 사람의 기분이 어떤지 느낄 수 있다.	2	2	3	2	3	**12**	R(공감)
14. 이 관계에서는 내가 어떤 사람인지 더 분명해진다.	2	2	2	2	2	**10**	R(공감)
15. 우리가 서로를 이해한다고 느낀다.	3	3	2	3	2	**13**	R(공감)
16. 내 기분이 이 사람에게 영향을 미친다.	2	2	2	2	2	**10**	R(공감)
17. 이 관계는 나의 생산성을 높여준다.	2	2	2	3	2	**11**	E(활력)
18. 이 사람과 함께 보내는 시간이 즐겁다.	4	3	3	3	3	**16**	E(활력)
19. 이 관계는 나를 웃게 한다.	3	3	2	3	2	**13**	E(활력)
20. 이 관계 속에서 활력을 느낀다.	3	2	2	2	2	**11**	E(활력)
안전 그룹 점수	**52**	**47**	**53**	**52**	**51**		

(1 = 전혀 그렇지 않다, 2 = 그런 경우가 드물다, 3 = 가끔 그렇다, 4 = 그럴 때가 많다, 5 = 늘 그렇다)

루퍼스의 CARE 경로

- C(평온함): 88점 (낮음)
- A(수용감): 101점 (중간)
- R(공감): 57점 (낮음)
- E(활력): 51점 (낮음)

의사들은 겉으로 드러나는 문제, 즉 환자가 자신의 주된 문제라고 생각하는 문제는 결코 진짜 문제가 아니라고들 이야기한다. 물론 항상 그런 것은 아니다. 포르노 중독은 실제로 큰 문제였고, 루퍼스의 직장 생활과 행복을 심각하게 위협했다. 그러나 그것이 전부는 아니었다. 정확하게 표현하지는 못했지만, 루퍼스는 자신의 삶이 기이할 정도로 무미건조하다는 사실을 말하고 싶은 듯했다. 물론 그는 반복되는 일상을 좋아한다고 주장했다. 그러나 실상은 전혀 만족스러워 보이지 않았다. '무기력'이 그의 삶을 묘사하기에 더 알맞은 표현이었다. 포르노는 성적인 만족감뿐 아니라 그동안 잊고 살았던 활력을 안겨주었다. 사실 루퍼스가 계속 포르노를 보는 것은 포르노를 볼 때 느끼는 활력 때문이었다. 관계 진단표를 완성할 때까지 루퍼스는 자신의 활력에 문제가 있다는 사실을 거의 알아차리지 못했다. 진단표를 모두 작성한 후 숫자를 보고 나서야 문제를 명확하게 파악할 수 있었다.

도파민이 건강한 활력을 주고 동기를 불어넣는다는 사실을 기억하자. 루퍼스와 나는 함께 관계 진단표를 살펴보며, 활력 점수가 매우 낮다는 사실을 발견했다. 이는 곧 인간관계에서 도파민을 얻는 능력이 매우 낮다는 것을 의미한다. 전혀 놀라운 일이 아니었다. 활력 점수가 낮은 사람 중 일부는 끝없이 좌절감만 주는 골치 아픈 관계를 이어간다. 그 외에 인간관계가 전혀 없다시피 한 사람도 있다. 당연한 일이다. 인간관계가 나쁘거나 아예 인간관계가 없으면 도파민 수치가 낮을 수밖에 없다. 그러나 루퍼스의 실제 인간관계는 괜찮은 편이었다. 친밀하거나 만족스럽거나 진정으로 안전하지는 않았지만, 그래도 나쁘지는 않았다. 그는 친구나 가족과 어울리기를 좋아했다. 이런 관계에서는 적어도 보통 정도의 활력을 얻을 수 있다. 그러나 루퍼스는 어떤 활력도 얻지 못했다. 그러니 업무나 개인 생활에서 최소한의 동기 이상을 느끼지 못하는 것은 당연한 일이었다.

루퍼스가 인간관계를 필요로 하지 않는 사람이었을까? 그렇지 않다. 사람은 누구나 주위 사람들과의 관계에서 도파민을 얻는다. 다만 그의 도파민 보상 체계는 어딘가 연결이 끊어진 상태였고, 뇌는 전기 코드가 뽑힌 토스터와 같은 상태였다. 콘센트에 꽂기만 하면 얼마든지 활력을 얻을 수 있지만, 코드가 뽑혀 전기가 흐르지 못하는 상태인 셈이다. 이런 상태로는 토스트를 만들 수 없다. 루퍼스는 정신적으로 활력이 없는 상태였다.

낮은 활력 점수는 루퍼스의 삶이 무미건조한 이유를 어느 정도 설명해준다. 그러나 그것만으로는 충분하지 않았다. 루퍼스의 관계 진단표를 자세히 살펴보자. 관계 진단표를 보면 그가 불안해하거나 슬퍼하거나 쉽게 짜증 내는 사람이 아니라는 것을 알 수 있다. 이는 좋은 징조다. 사실 그는 감정 정보에 쉽게 접근하지 못했다. 예를 들면, 공감 점수 역시 활력 점수 못지않게 낮았다. 다른 사람의 마음을 이해하는 데 어려움을 느꼈고, 언제 다른 사람들이 자신을 정확하게 이해하는지 파악하지 못했다. 평온함 점수 역시 88점으로 낮았다. 평온함 점수가 낮게 나온 것은 감정 공유와 관련된 문장에 전부 2점을 주었기 때문이었다. 수용감 점수는 101점으로 중간 정도였다. 우리 두 사람은 이 작은 승리를 자축했다. 이는 곧 루퍼스가 안전하다고 느끼고 있으며 인간관계에서 지나치게 스트레스를 받지는 않는다는 사실을 의미했다. 루퍼스는 어머니나 여동생에게 확실한 소속감을 느꼈고, 친구 관계나 직장에서 소외될 수 있다는 생각은 하지 않았다. 루퍼스가 가족과 친밀한 관계를 유지하는 것이 기뻤다. 그러나 나머지 관계에서는 무언가가 빠진 듯했다. 다시 한번 설명하지만, 루퍼스는 친구나 동료들에게 나쁜 감정을 가진 것이 아니라 아예 별다른 감정 자체를 갖지 않았다.

뇌와 신체가 인간관계에서 자극을 얻지 못하는 상태는 무언가에 중독되기에 완벽한 조건이다. 물론 그가 포르노 자체를 좋아한 것도 맞았다. 그러나 실제로는 도파민 보상 체계가 마침내 자극받는 느낌에 중독된 것이었다. 그는 직접 이야기했듯이 포르노를 본 후 이전에 느껴본 적이 없는 새로운 방식으로 활력을 느꼈다.

도파민 보상 체계를 인간관계와 재연결하고 사람들과의 상호작용 방식을 제대로 이해하는 데 도움이 되는 계획이 필요했다. 프로그램 전체를 순서대로 진행하는 편이 도움이 될 것으로 보였다. 그러나 프로그램 진행 순서는 바꾸는 것이 좋을 듯했다.

- 활력: 활력(도파민) 문제가 가장 시급했기 때문에 활력 단계부터 시작하기로 했다. 활력 단계에서부터 접근하는 전략은 도파민 보상 체계를 포르노와 분리한 뒤 건강한 관계와 다시 연결하는 데 도움

이 된다.

- 공감: 거울 신경계를 강화하면 다른 사람과의 관계가 더욱 만족스러워진다. 타인과 만족스러운 관계를 맺으면 도파민 경로를 따라 좋은 기분을 흘려보낼 수 있고 더 많은 활력을 얻게 된다.
- 평온함: 평온함 점수가 낮으면 불안이나 스트레스를 느끼는 경우가 많다. 그러나 루퍼스는 상당히 차분해 보였다. 미주신경 긴장도 상태를 개선하면, 이미 익숙해진 공허하고 따분한 기분보다 한층 풍부한 감정을 느낄 수 있고 자연스럽게 만족감도 높아진다.
- 수용감: 배측 전대상피질 점수는 양호했고, 수용감 부분에서는 딱히 염려할 부분이 없었다. 이 단계에서는 우선 수용감에 집중하지 않기로 했다. 인간관계에 관한 더 세밀한 감각을 갖게 되면, 소속감이나 소외감을 염려할 수도 있다는 생각이 들었다. 그런 상황이 되면, 언제든 다시 돌아가 이 단계를 추가할 작정이었다.

이렇게 큰 그림을 그렸다. 물론 그렇다고 루퍼스가 섬세한 사람이 될 것이라고는 생각하지 않았고, 본인도 그렇게 되고 싶어 하지는 않았다. 그러나 인생을 더 다양한 관계의 색깔이 담긴 널따란 팔레트로 바라볼 때, 단순히 중독을 끝내는 차원을 넘어서서 훨씬 더 다채롭고 생동감 있고 활력 넘치는 삶을 살 수 있다.

CARE 프로그램을 시작할 준비가 되었는가? 5장에서는 첫 번째 단계, 즉 스마트 미주신경을 강화해 평온한 기분을 느끼는 방법을 자세히 살펴보자.

5장

평온함(Calm):
날뛰는 신경계 진정시키기

건강한 관계로 평온함 경로가 강화되면 어떤 일이 벌어질까? 다음 문장을 한번 살펴보자.

- 이 사람에게 솔직하게 내 감정을 털어놓는다.
- 이 사람은 내게 솔직하게 감정을 털어놓는다.
- 이 사람과 갈등을 겪을 때도 안전하다는 생각이 든다.
- 이 사람은 존중하는 태도로 나를 대한다.
- 이 관계에서 나는 평온함을 느낀다.
- 위기 상황이 닥치면 이 사람이 나를 도와줄 것이라고 믿는다.
- 이 관계에서는 서로의 차이를 인정해도 안전하다.

긴장되거나 짜증이 날 때는 몹시 끔찍한 기분이 들 수밖에 없다. 항상 극도의 긴장감과 짜증에 휩싸여 살았던 후안의 삶이 어땠을지 상상해보자. 나를 찾아오기 전 월요일 아침, 후안은 평소보다 더 불쾌한 기분으로 잠에서 깨어났다. 그는 일요일 밤 늦게까지 친구들과 함께 축구 경기를 시청했다. 술을 많이 마시고 음식도 너무 많이 먹은 데다 응원하던 팀은 연장전에서 졌다. 다음 날 아침, 마치 전기 충격기에 쏘인 것처럼 분노가 온몸을 휘감았다. 그는 경기뿐 아니라 대체로 모든 것에 화가 났다. 누군가 토스트를 먹을 때 입에서 나는 소리를 듣기만 해도 폭발할 것만 같았다. 컴퓨터 프로그래머로 일하는 회사에 전화를 걸어 병가를 내야겠다고 생각했다. 그러나 새로운 팀 프로젝트가 진행되고 있었고, 첫 회의가 10시로 잡혀 있었다. 결국 샤워를 하고 지하철을 탈 수밖에 없었다.

사무실에 도착한 후안은 긴장감이 쌓이는 것을 느꼈다. 주변 모든 사람이 믿을 수 없을 정도로 바보 같아 보였다. 질문에 답하고 싶지도, 동료들이 늘어놓는 주말 이야기를 듣고 싶지도 않았다. 그래서 그 누구도 말을 걸지 않기를 바라며, 이어폰을 낀 채 이메일만 뒤적거렸다. 그때 새로 입사한 베로니카가 뒤에서 다가와 어깨를 쳤다. 후안은 깜짝 놀라 의자에서 벌떡 일어났고 베로니카도 덩달아 놀랐다. 그는 재빨리 자리에 앉은 다음, 자신을 혼자 내버려두라고 말했다.

후안은 회의를 싫어했다. 새로운 프로젝트에 관한 다른 사람의 의견에 귀를 기울여야 하는 대규모 팀 회의는 특히 싫었다. 기분이 괜찮은 날에도 사람들이 아이디어를 '마구잡이로 내놓는' 회의를 견디는 일은 쉽지 않았다. 기분이 나쁜 날에는 눈을 굴리거나 코웃음을 치거나 멍하게 있었다. 상사는 인사고과 때마다 그의 예리한 분석력과 개발 능력을 칭찬하면서도 태도는 고쳐야 한다고 반복해서 지적했다. 대인 관계가 원만하지 못해서 승진에 어려움이 있다고도 말했다. 그는 이런 피드백마저 성가시게 여겼다. 그에게 이런 피드백은 피하고 싶은 다른 사람의 행동 중 하나일 뿐이었다.

후안은 회의를 시작할 때 주고받는 잡담을 피하려고 10분 늦게 회의실에 들어갔다. 동료들이 차례대로 프로젝트에 관한 의견을 개진하는 동안 인내심을 잃지 않으려고 애썼다. 모든 것이 감정을 너무 적나라하게 표현하는 상사를 기쁘게 하기 위한 불필요하고 소모적인 단계처럼 느껴졌다. 자신의 의견을 '공유'해야 할 때가 되자 그는 누구와도 눈을 맞추지 않은 채 프로젝트에서 자신이 맡은 역할을 간단하고 단조롭게 설명했다.

회의가 중간쯤 진행되었을 무렵, 누군가 후안에게 기존 시제품에 새로운 그래픽을 추가하는 방법을 물었다. 상사는 항상 동료들이 후안의 기술을 높이 평가한다고 말했다. 동료들은 까다로운 문제가 발생할 때마다 후안을 찾아와서 묻곤 했다. 그때마다 뛰어난 분석력을 활용해 까다로운 문제를 순식간에 해결하고, 동료들을 깜짝 놀라게 할 만한 계획을 내놓았다.

그런데 이번에는 팀 후배가 그의 의견에 의문을 제기하며 다른 방안을 제안했다. 다시 강한 충격이 온몸을 휘감았고 후안은 폭발했다. 화가 난 그는 자리에서 일어나 젊은 남자를 질책했다. 그가 말을 멈추자 회의실에는 적막이 흘렀다. 상사가 정적을 깨뜨리며 후안에게 회의실 밖으로 나가라고 말했다. 그는 문을 박차고 나왔다. 얼마 후, 상사가 그에게 하루 쉬고 다음 날 다시 출근하라고 이야기했다. 그는 회사를 나오며 이번에는 자신의 행동이 너무 과했고 회사에서 쫓겨날지도 모른다고 생각했다. 그러나 후안은 쫓겨나지 않았다. 다음 날 상사는 다시 회사에 출근한 그에게 나와의 상담을 권했다. 맨 처음 후안을 만났을 때, 그가 가만히 앉아 있지 못하는 모습을 보고 놀랐다. 어떤 부분이든 몸의 일부가 항상 움직였다. 나와 대화하는 동안에도 오른쪽 다리가 리듬감 있게 흔들렸다. 그는 손가락을 물어뜯었고 껌도 씹었다. 느긋하고 편안하게 씹는 것이 아니라 야구 선수처럼 거칠게 씹었다. 턱 근육이 계속 팽팽해지는 것이 눈에 보였다. 이렇게 끝없이 움직이는데도 그는 생기라고는 없이 그저 지쳐 보였다.

후안은 가족과 동료들이 자신을 불같은 사람으로 여긴다는 사실과 자신이 다른 사람들과의 관계에서 인내심 없게 굴 때가 많다는 사실을 알고 있었다. 그는 회사에서 사람이 아니라 컴퓨터와 함께 일하는 것이 더 좋았다. 동료와 점심을 함께 먹을 때도 있었지만, 대부분은 책상 앞에 앉아서 혼자 밥을 먹으며 일했다.

함께 대화를 나누는 동안 후안은 바닥에 눈을 고정한 채 자주 끙끙 소리를 내며 고개를 저었다. 나는 "끙끙거리는 소리를 자주 내시는데, 왜 그런 거죠?"라고 물었다. 후안은 이렇게 답했다. "저는 정말로 그런 사람이 되고 싶지 않습니다. 분노 조절 문제가 있는 컴퓨터 담당자가 되고 싶지 않다는 얘기입니다."

사실 의지와 상관없이 마음이 조마조마하고 쉽게 짜증이 나서 힘들어하는 사람들이 많다. 어떤 업종에나 이런 사람이 있다. 물론 이들 중에도 회사에서 폭발하지 않고 하루를 잘 보내는 사람이 있다. 하지만 그런 사람들은 온종일 쌓인 긴장감을 집에 있는 가족에게 분출할 때가 많다. 어떤 사람들은 분노를 느끼지는 않지만, 인간관계에서 너무 큰 스트레스를 받는 탓에 마트에만 다녀와도 침대에 뛰어들어 이불을 뒤집어쓰고 싶어 한다. 술을 마시는 사람도 있다. 아주 많다('긴장을 풀어야 하는' 사람들이다). 현실에는 이런 사람들이 많은데 치료를 받으러 오는 사람은 아주 드물다. 치료를 받기 위해 불편한 만남을 50분이나 견뎌야 하기 때문일 수도 있고, 자신에게 붙을 꼬리표가 두렵기 때문일 수도 있다. 이들은 내가 다음과 같이 말할 것이라 생각한다. "당신한테는 무언가 심각한 문제가 있군요. 다른 사람들과 잘 어울리지 못하는 사람을 위한 이 교과서를 보여드리겠습니다."

그러나 나를 찾아온 사람들은 하나하나 한없이 복잡하고 흥미로웠다. 짤막한 꼬리표, 심지어 진단명조차도 복잡한 한 영혼을 모두 담아낼 수 없었다. 겉으로 드러나는 증상만으로 누군가를 판단할 수는 없다. 인간관계에서 만성적으로 스트레스를 받는 사람들은 대개 성격적 결함이나 자신의 부족함 때문에 긴장을 느끼는 것이 아니라는 사실을 깨닫고 안도한다. 그것은 그저 평온함 신경 경로의 문제일 뿐이다. 구체적으로 이야기하면, 인간관계에서 끝없이 스트레스를 받는 것은 스마트 미주신경이 제대로 활성화되지 못했기 때문이다. 스마트 미주신경이 원활하게 작동하지 않으면, 다른 사람과 함께 있을 때 편안한 기분을 느끼기 어렵다.

자율신경계에는 위협에 적절히 반응하도록 돕는 세 가지 가지가 있다. 첫 번째는 위험에 처했을 때 투쟁-도피 반응 반응을 자극하는 교감신경계, 두 번째는 목숨이 위협받을 때 얼어붙게 만드는 부교감신경계, 세 번째는 안전하다고 느낄 때 투쟁, 도피, 경직 반응을 보이지 못하도록 막는 스마트 미주신경이다.

스마트 미주신경은 표정, 발성, 삼키기와 관련된 근육뿐 아니라 내이를 구성하는 작은 근육에도 직접 영향을 미친다. 한편, 스마트 미주신경은 심장과 폐에 있는 신경도 자극한다. 스마트 미주신경이 제대로 작동하면 주변 사람의 얼굴에서 친근한 표정을 '보고' 그들의 따뜻한 목소리를 '들을' 수 있다. 이런 신호를 포착하면 심장과 폐가 느긋하고 편안한 움직임을 보인다. 사실 스마트 미주신경은 교감신경계와 부교감신경계에 이렇게 말할 수 있는 힘을 갖고 있다. "내가 주위를 살펴봤고 모든 게 괜찮아. 지금은 스트레스 반응을 보일 필요가 없어. 편히 쉬어도 돼." 하지만 스마트 미주신경이 이런 정보를 받지 못하면 다른 메시지를 보낸다. "세상이 상당히 위험해 보여. 나쁜 일이 일어날 수도 있으니 미리 대비하는 게 좋을 것 같아."

어떤 관계를 맺는가에 따라 연결에 관련된 신경 경로가 끊임없이 변화한다. 그중에서도 가장 유연한 시기는 어린 시절이다. 시청각 정보로 안전한 상황인지를 파악하는 신경망과 스마트 미주신경을 연결하려면, 인자한 얼굴과 목소리에서 긍정적 자극을 얻어야 한다. 갈등 중에도 안전하다고 느끼는 능력이나 신뢰감처럼 평온함 경로를 강화하는 관계 특성도 경험해야 한다. 근육과 마찬가지로 스마트 미주신경 역시 꾸준한 관리를 필요로 한다. 바람직한 자극을 꾸준히 주지 않으면, 스마트 미주신경이 튼튼하게 발달하지 못하고 관계를 평정심이나 안전과 연결하는 법을 배울 수 없다. 스마트 미주신경이 제대로 작동하지 않는 사람은 용기를 북돋고 힘이 되는 사람이 주위에 많다는 사실을 머리로는 이해하면서도 바로 그 사람들과 함께 있을 때조차 끔찍한 위협을 느낀다. 스마트 미주신경이 스트레스 반응계에 긴장을 누그러뜨리라는 명령을 전달하지 못하기 때문이다.

스마트 미주신경 경로가 한창 만들어지는 시기였던 여섯 살, 후안은 끔찍한 자동차 사고로 엄마를 잃었다. 자동차 정비소 사업을 꾸려나가느라 정신없이 바빴던 아버지는 여섯 자녀를 키우고 돌볼 시간이 거의 없었다. 누나였던 블랭카가 후안을 돌보려고 애썼지만, 블랭카 역시 엄마가 세상을 떠났을 때 12살에 불과했다. 아버지는 아이들에게 소리를 지르고 가끔은 때리기도 했는데, 둘 다 아버지로부터 스스로를 보호하기에는 너무 어렸다. 후안은 자녀의 불안을 달래주는 부모의 표정이 아닌 다른 감정을 읽어내는 데 익숙해졌다. 아버지가 눈을 가늘게 뜨고 입을 꾹 다물면, 후안은 발소리를 죽이며 아버지 눈에 띄지 않으려고 애썼다. 아버지가 대문을 열기도 전부터 소리를 질러대면 숨어야 한다는 사실도 알게 되었다. 이런 밤이면 다시 아침이 찾아오리라는 확신이 사라졌다. 후안의 신경계는 이런 환경에 걸맞은 방식으로 발달했다. 교감신경계는 거의 항상 예민하게 반응했고, 이와 관련된 신경 경로는 점차 강인하고 효율적으로 변했으며, 스마트 미주신경은 사용되지 않고 둔화되었다.

후안이 긴장을 풀고 안전하다고 느낄 수 있는 시간은 혼자 있을 때뿐이었다. 컴퓨터 공부는 뜻밖의 선물이었다. 아주 작은 것까지 파헤치기를 좋아하는 성향 덕에 복잡한 컴퓨터에 매료되었다. 게다가 컴퓨터를 다룰 때는 사람과 교류할 일이 드물었다. 누군가 가까이 다가올 때, 심지어 대화를 위해 다가올 때조차 아드레날린이 치솟았고 금세 분노나 공포가 뒤따랐다. 후안은 스트레스가 치솟는 상황을 최소화하고 안전해지는 법을 터득했다. 바로 가능한 한 사람을 피하는 것이었다.

성인이 된 그는 자신을 둘러싼 세상을 더욱 강력하게 통제하는 법을 배웠다. 자신을 과잉보호하고 세상을 과도하게 두려워하는 반응은 건강한 관계를 맺는 데 커다란 장애물이 되었다. 그럼에도 모든 만남을 피하지는 않았다. 여전히 가족들과 시간을 보냈고 아버지를 만났으며 누나와는 상당히 친하게 지냈다. 친한 친구인 밥을 포함해 몇몇 친구와도 친하게 지냈다. 데이트도 제법 했지만, 오래 사귄 사람은 한 명뿐이었다. 여자친구가 그의 질책과 설교를 더는 참을 수 없다고 선언했을 때 둘의 관계는 끝났다.

후안의 CARE 관계 진단표는 뒷장에서 확인할 수 있다. 먼저 각기 다른 관계 안전 그룹이 평온함 경로와 어떻게 연결되어 있는지 살펴보자. 그의 안전 그룹이 어떻게 형성되어 있는지도 볼 수 있다.

관계 안전 그룹과 평온함 경로

:

평온함 경로가 약한 사람들한테서 흔히 관찰되는 패턴이 있다. 그중 일부는 다음과 같은 세 가지 안전 그룹으로 설명된다.

높은 안전성(75~100점): 스마트 미주신경이 제대로 작동하지 않으면, 옆에 다른 사람이 있을 때 안전하다고 느끼지 못한다. 후안은 짜증, 불안, 분노 등 스마트 미주신경이 활성화되지 않을 때 관찰되는 전형적인 징후들을 보였다. 이런 점으로 볼 때 후안이 안전하게 느끼는 인간관계가 없다는 사실은 전혀 놀랍지 않다.

중간 안전성(60~74점): 평온함 경로가 약하면, 가장 가까운 사람들과의 관계가 적당히 안전한 그룹에 머무른다. 이는 사람을 신뢰하는 데 어려움을 겪는다는 사실을 의미할 수도 있고 현재로서는 삶에서 진정으로 안전한 관계가 없다는 사실을 의미할 수도 있다. 후안의 누나 블랭카와 친구 밥의 점수가 60~74점 사이라는 사실이 상당히 반갑게 느껴졌다. 이 둘은 적어도 후안에게 안전한 존재처럼 느껴진다는 의미이기 때문이다. 그가 과잉 반응하는 교감신경계를 잘 관리하는 방법만 배운다면, 이 관계 개선될 가능성이 컸다. 이 관계가 더 안전하고 보람 있는 관계가 되면, 스마트 미주신경도 강화될 가능성이 컸다.

낮은 안전성(60점 미만): 후안의 삶에서 많은 시간과 공간을 차지하는 세 관계가 60점 미만을 기록했다. 이 관계들은 교감신경계를 지나치게 자주 자극해 그의 삶을 오히려 악화시켰다. 그중 둘은 회사 사람이었다. 첫 번째는 상사였고, 두 번째는 동료였다. 이들과 함께 있을 때 그는 자신이 그 자리에 어울리지 않는 듯한 느낌을 받았다. 후안은 다른 사람들처럼 사교적으로 굴어야 한다는 부담감을 느꼈다. 그리고 바로 그 기대에 부합하지 못한다는 생각에 짜증과 분노가 치밀었다. 후안이 내게 이 사람들에 관한 이야기를 할 때 실제로 상당히 좋은 사람들처럼 들렸다는 사실은 그리 중요하지 않았다. 스마트 미주신경 때문에 후안은 이 관계 속에서 안전하다는 느낌을 받지 못했다. 스트레스 경로가 계속 자극받으면서 그에게 좋지 못한 영향을 미쳤다. 그러나 과연 직장 동료들과의 관계가 개선될 수 있을지도 확신할 수 없었다.

후안의 CARE 관계 진단표

항목	1. 블랭카	2. 댄 (상사)	3. 밥	4. 샘 (동료)	5. 아버지	총점	CARE 코드
1. 이 사람에게 내 감정을 솔직하게 털어놓는다.	3	2	2	2	1	10	C(평온함)
2. 이 사람은 내게 감정을 솔직하게 털어놓는다.	2	2	2	2	2	10	C(평온함)
3. 이 사람과 갈등을 겪을 때도 안전하다고 느낀다.	2	2	2	2	1	9	C(평온함)
4. 이 사람은 존중하는 태도로 나를 대한다.	4	3	2	2	1	12	C(평온함)
5. 이 관계에서 나는 평온함을 느낀다.	3	2	2	2	1	10	C(평온함) A(수용감)
6. 위기 때 이 사람이 도와줄 것이라고 믿는다.	4	3	2	3	2	14	C(평온함) A(수용감)
7. 이 사람과는 서로의 차이를 인정해도 안전하다.	3	3	3	2	2	13	C(평온함) A(수용감)
8. 이 사람과 함께 있으면 소속감이 든다.	4	3	3	3	3	16	A(수용감)
9. 서로 역할이 다르지만, 동등하게 대한다.	3	4	4	3	2	16	A(수용감)
10. 이 관계에서는 내가 소중하게 느껴진다.	3	4	3	4	3	17	A(수용감)
11. 이 관계에서는 서로 무언가를 주고받는다.	3	3	3	3	2	14	A(수용감)
12. 이 사람은 내 기분이 어떤지 느낄 수 있다.	5	3	3	2	2	15	R(공감)
13. 나는 이 사람의 기분이 어떤지 느낄 수 있다.	3	2	3	2	3	13	R(공감)
14. 이 관계에서는 내가 어떤 사람인지 더 분명해진다.	4	3	3	2	1	13	R(공감)
15. 우리가 서로를 이해한다고 느낀다.	4	3	3	2	2	14	R(공감)

16. 내 기분이 이 사람에게 영향을 미친다.	3	4	3	3	2	**15**	R(공감)
17. 이 관계는 나의 생산성을 높여준다.	3	3	3	2	2	**13**	E(활력)
18. 이 사람과 함께 보내는 시간이 즐겁다.	4	2	5	2	2	**15**	E(활력)
19. 이 관계는 나를 웃게 한다.	4	2	5	2	2	**15**	E(활력)
20. 이 관계 속에서 활력을 느낀다.	3	2	4	2	2	**13**	E(활력)
안전 그룹 점수	67	55	60	47	38		

(1 = 전혀 그렇지 않다, 2 = 그런 경우가 드물다, 3 = 가끔 그렇다, 4 = 그럴 때가 많다, 5 = 늘 그렇다)

아버지와의 관계는 달랐다. 아버지는 몇 년 전에 술을 끊었지만, 여전히 가혹하고 비판적이었다. 후안은 더 이상 학대받는 어린아이가 아니었지만, 이 관계가 평온함 경로를 계속 약화시키고 교감신경계를 자극했다. 이런 상황을 바꾸어야만 했다.

짜증을 내는 것일까, 내향적인 것일까?

짜증을 잘 내는 것과 내향적인 성격을 헷갈려서는 안 된다. 내향적인 성격은 태어날 때부터 타고나는 정상적인 성격 특징이다. 내향적인 사람은 외향적인 사람보다 조용하고 신중한 편이다. 내향적인 사람에게는 혼자 있는 조용한 시간이 무엇보다 중요하다. 그래야 기운을 되찾을 수 있기 때문이다. 그러나 신경계가 건강한 내향인은 인간관계를 즐긴다. 다만 적당히 가까운 여러 친구와 떠들썩한 파티에 가는 것보다 소수의 친구와 깊이 있는 관계를 맺는 것을 좋아한다. 친구들과의 친밀한 우정은 CARE 경로에 좋은 자극을 주기 때문에 바람직한 관계를 유지하는 데 도움이 된다. 예민한 내향인은 많은 사람이 모인 자리에서는 최고의 기량을 발휘하지 못한다. 그러나 일대일로 대화할 때는 대개 불안해하거나 초조해하지 않는다. 편의점에서 점원과 일대일 대화를 나누는 정도는 내향인에게도 전혀 힘든 일이 아니다. 동료가 무언가를 부탁한다고 해서 화를 내지도 않는다. 내향적인 사람이든 외향적인 사람이든 짜증이 나고 불안하고 다른 사람 때문에 쉽게 화가 난다면 무언가가 잘못되었다는 신호다. 미주신경 기능이 저하되었을 때 이런 현상이 나타나기 때문이다.

평온함 점수에 대한 이해

·

CARE 코드에 '평온함'이 포함된 문장(1~7번까지)의 점수를 모두 더해보자. 각 총점은 아래와 같이 해석할 수 있다.

평온함 점수가 135~175점이라면, 미주신경 긴장도의 상태가 좋고, 평온함 경로가 튼튼하다는 뜻이다. 스마트 미주신경이 튼튼하며, 평온한 얼굴과 목소리를 떠올리는 신경 경로와도 잘 연결되어 있다. 새로 만난 사람이 우호적인지 그렇지 않은지 노련하게 감지해낸다. 힘이 되는 사람들과 함께 있을 때 교감신경계와 부교감신경계에 마음을 평온하게 만들어주는 메시지를 보낸다. 그 덕분에 친한 친구들 곁에 있으면 긴장을 풀고 느긋하게 굴 수 있다.

평온함 점수가 100~134점이라면, 친하게 지내는 사람들이 항상 편안함과 안정감을 주는 것은 아니다. 몇 가지 이유가 있다. 먼저, 가장 많은 시간을 함께 보내는 사람들이 그다지 신뢰할 만하지 않을 수도 있다. 스마트 미주신경이 튼튼하지 않은 것도 한 가지 원인이 될 수 있다. 이런 경우라면 신뢰할 수 있는 사람과 함께 있을 때조차 뇌가 느긋하게 있어도 된다는 메시지를 받지 못한다. 실제로 이 두 가지 이유가 함께 작용할 수도 있다. 신뢰할 수 없는 사람과 많은 시간을 함께 보내면 스마트 미주신경을 충분히 훈련시키기 힘들기 때문이다. 그 결과 스마트 미주신경이 나날이 약해진다. 관계 안전 그룹을 살펴보면 안전성이 낮은 그룹에 해당하는 사람들과 너무 많은 시간을 함께하는 것은 아닌지 파악할 수 있다.

평온함 점수가 100점 미만이라면, 낮은 점수로 간주한다. 후안의 점수가 여기에 해당한다. 후안은 네 가지 경로에 해당하는 점수가 모두 낮았지만, 평온함 점수가 78점으로 특히 낮았다. 툭하면 짜증을 내는 성격과 학대를 당하며 자란 양육 환경을 생각하면 후안의 스마트 미주신경 상태가 좋을 것이라고 기대하기는 힘들다. 스마트 미주신경이 형성되던 시기에 그가 경험한 환경은 안전하고 신뢰할 만한 곳이 아니었기 때문이다. 평온함 점수가 낮으면 다른 사람들과 함께 있을 때 경계 태세를 갖추고, 지나치게 신경질적인 반응을 보이게 된다. 후안이 바로 이런 경우였다.

평온함 점수가 낮은 것은 나쁜 소식인 동시에 좋은 소식이다. 물론 다른 사람들과 함께 있는 것이 힘들다는 측면을 생각하면 나쁜 소식이 틀림없다. 그러나 치료만 받으면 단기간 내에 기분이 훨씬 좋아지기 때문에 좋은 소식이라고도 볼 수 있다.

평온함 점수가 낮은 사람이 안전하다고 느끼는 관계는 매우 드물다. 그 어떤 인간관계도 안전하다고 느끼지 못하는 사람도 있다. 후안의 아버지처럼 정서적 학대나 신체적 폭력을 가하는 사람과 자주 부딪쳐야 해서 그럴 수도 있다. 또는 상당히 괜찮은 사람들이 말과 표정으로 안전하다는 신호를 보내는데도 그 신호를 포착하지 못해서 그럴 수도 있다. 어떤 경우든 외부 자극이 초래한 스트레스 반응이 진정되면 일부 관계에서 평온한 느낌을 받을 수 있다.

평온해지고, 스트레스를 덜 받는 방법
:

평온함 경로를 강화하고 싶다면 가장 먼저 교육을 받아야 한다. 특히 후안은 자신의 감정과 세상에 대한 반응을 살피는 데 익숙하지 않았다. 친구 관계나 연인 관계에 관해 물었더니, 후안은 흔히들 하는 말로 질문을 회피했다. "저는 인간관계에 숙맥이에요." 그는 많은 사람처럼 자신이 그렇게 타고났다고 믿었다.

물론 후안은 '그렇게' 태어나지 않았다. 그 역시 다른 사람과 관계를 맺는 데 필요한 신경 경로를 갖고 태어났다. 다만, 그 신경 경로를 더욱 발전시키기 위해 건강한 인간관계가 필요했을 뿐이다. 나는 컴퓨터에 비유해 출생할 때 모든 사람에게 인간관계를 가능하게 하는 신경 경로가 다운로드된다고 설명했다. 후안은 이 아이디어에 관심을 보였다. 매우 좋은 신호였다. 가까운 사람의 죽음으로 트라우마가 생길 수밖에 없었던 환경(어머니의 죽음)과 끊임없는 위협(아버지의 정서적·신체적 폭력) 때문에 신경계가 지금 같은 형태를 띠게 되었다고 설명했다. 건강한 인간관계를 맺는 데 도움이 되는 신경 경로가 잘 발달할 만큼 좋은 자극이 충분히 주어지지 않았다. 과도하게 활성화된 교감신경계를 진정시키기 전까지는 그가 느끼는 깊은 고립감에서 벗어날 수 없다는 사실을 우리 둘 다 명확하게 인지했다. 그의 뇌는 그동안 경험하고 학습한 일을 바탕으로 스스로를 보호하려면 화를 내고 겁을 내야 한다고 말하고 있었다.

만성적인 짜증과 불안으로 고생하는 사람이라면, 더 차분한 마음으로 상대를 신뢰하는 법을 배움으로써 스마트 미주신경을 발달시킬 수 있다. 스마트 미주신경이 좋은 자극을 받아 튼튼해지면 교감신경계와 부교감신경계에 적절한 신호를 보낼 수 있다. 아래에 제시된 세 개의 목표 중 원하는 것을 선택해 달성하려고 노력하면 미주신경 긴장도를 개선할 수 있다.

1. 교감신경계로 가는 일부 신경 경로 차단. 교감신경계가 과도하게 활성화되어 있으면 모든 자극을 독차지해 스마트 미주신경이 발달할 기회가 줄어든다.

2. 스마트 미주신경 직접 강화.

3. 필요한 경우, 부교감신경계로 가는 자극 줄이기. 드문 경우지만, 어떤 사람들은 사회적 상호작용을 생명을 위협하는 위험과 동일시한다. 이런 경우, 부교감신경계는 모든 신경을 차단하고 죽은 척하라는 지시를 내린다.

더 구체적인 내용을 들을 준비가 되었는가? 유용한 실천 전략을 몇 가지 더 소개한다.

스트레스 경로를 차단하는 방법

:

과도하게 발달한 스트레스 경로 때문에 고생하는 사람이 많다. 과거 트라우마로 이런 결과가 나타날 수도 있지만 반드시 그런 것은 아니다. 과도하게 활성화된 스트레스 반응은 우리 문화의 부산물이다. 우리는 아주 어릴 때부터 독립적이어야 하며, 세상에서 안전한 곳은 모든 경쟁자를 짓밟고 올라선 피라미드의 맨 꼭대기뿐이라고 배운다. 스트레스 시스템을 활성화하기에 완벽한 환경이다. 이런 문화에서 자란 사람들은 교감신경계만 발달시킬 뿐, 신뢰할 만한 관계 속에서 스마트 미주신경을 충분히 발달시키지 못한 채 성인이 된다. 성인이 되면 폭탄 테러나 우편물을 이용한 탄저균 공격처럼 대단한 일이 아니더라도 월세 지급, 대출금 상환, 회사에서의 생존, 자녀 양육 등 완전히 새로운 종류의 스트레스가 생겨난다. 만약 당신이 전형적인 현대인의 삶을 살고 있다면, 즉 여유 있게 쉬거나 즐길 시간이 거의 없다면 만성적인 스트레스를 느끼고 있을 가능성이 크다. 물론 당신은 후안만큼 상태가 나쁘지는 않을지도 모른다. 그러나 그와 마찬가지로 차가운 세상에 대한 정상적인 반응으로 스트레스를 느낄 것이다.

교감신경계가 과도하게 활성화되어 후안이 고통을 받는다는 데는 의심의 여지가 없었다. 사실 그의 교감신경계는 항상 켜져 있었다. 사실상 투쟁-도피 모드에서 살아가고 있었던 셈이다. 그것이 바로 그가 그토록 쉽게 발끈하는 이유 중 하나였다. 자주 불안해하는 사람들 상당수는 교감신경계가 지나치게 활성화된 채로 살아간다.

후안처럼 늘 긴장하고 신경이 곤두선 데다 녹초가 된 듯한 기분이 든다면 교감신경계가 작동하는 빈도를 줄이는 것이 무엇보다 중요하다. 뇌 변화의 첫 번째 법칙을 기억하자. 사용하지 않으면 사라진다. 교감신경계의 스트레스 경로를 너무 자주 사용하면 한껏 활성화된다. 만성적인 신경과민을 줄이려면, 자극을 차단해 스트레스 경로를 약화해야 한다. 구체적인 방법을 살펴보자.

안전하지 않은 관계에 노출되는 빈도를 줄여라

관계 안전 그룹을 살펴보자. 안전도가 낮은 관계가 있다면 더 면밀하게 검토해야 한다. 이 관계 중 신체적으로나 정서적으로 손해를 초래하는 관계가 있는가? 교감신경계의 스트레스 경로를 차단하기 위한 첫 단계는 위험한 사람들, 즉 내면에 존재하는 경보 시스템을 가동시키는 사람들과의 관계를 끝내거나 줄이는 것이다.

후안의 경우에는 아버지와 보내는 시간을 줄여야 했다. 관계를 완전히 끊을 필요는 없었다. 그 대신 아버지를 방문하는 횟수와 함께하는 시간을 줄이기로 했다. 아버지를 만날 때 블랭카를 데려가는 방법도 있었다. 후안은 블랭카와 함께 있을 때 비교적 안전하다고 느꼈다(안전하다는 느낌은 스마트 미주신경에 도움이 된다). 또한 아버지가 고약하게 굴면, 블랭카와 함께 그 자리에서 벗어날 방법을 세워 서로를 도울 수 있을 것이라 판단했다.

어떤 관계 속에서 매우 큰 스트레스를 받으면, 어떻게 대처해야 할지 막막해진다. 육체적으로나 성적으로 학대 관계에 놓여 있다면 반드시 벗어나야 한다. 정서적으로 존중받지 못하는 관계에 놓여 있다면 그 관계에서 벗어나는 방안을 모색함과 동시에 그 관계가 위험한 정도, 그 관계가 당신에게 중요한 정도, 다른 안전한 관계를 통해 그 관계에서 얻은 상처를 회복할 가능성 등을 비교해야 한다.

정서적으로 안전하지 않다고 느끼는 대상이 부모라면, 그 관계를 끊는 선택이 매우 고통스러울 수 있다. 사람은 누구나 부모와 관계를 맺으며 살아가도록 생물학적으로 타고났다. 둘 중 어느 쪽이든 부모와 관계를 끊는 것은 다리를 자르는 것에 버금갈 만큼 고통스러운 일이다. 목숨을 건지기 위해서는 어쩔 수 없는 일이지만, 다른 방안이 없을 때만 선택할 만한 일이다.

그 관계를 완전히 떠나는 것이 너무 힘들다면 몇 가지 대안이 있다. 이 과정에서는 정신 건강 전문가의 도움을 받는 것이 좋다. 가장 먼저 정서적으로 안전하지 않은 사람에게 노출되는 빈도를 줄여야 한다. 안전하지 않은 상대와 직접 만나거나 전화하거나 온라인상에서 만나는 시간을 가능한 한 많이 줄여야 한다.

치료사나 상담사와 함께 언제, 어떻게, 왜 이 사람과 만나거나 소통하게 되는지 파악해보자. 대개 안전하지 않은 상대방의 욕구 때문에 만남이 이루어질 가능성이 크다. 제대로 된 도움을 받으면 상황을 바꿀 수 있다. 또한 안전하지 않은 상대가 흥분하기 시작할 때 빨리 알아차리고 상대와의 대화를 끝내야 한다. 어떤 사람이 당신을 깎아내리는 방식을 인지하고, 그 사람이 아닌 다른 사람들과 안전한 관계를 발전시키면, 그 사람의 행동과 그 관계가 초래하는 피해를 더 명확하게 이해하게 된다. 이런 통찰력은 당신이 중요한 결정을 내리는 데 도움이 된다. 안전하지 않은 상대와 함께하는 시간을 줄이겠다는 결정 혹은 그 관계를 끝내겠다는 결정이 여기에 포함된다.

어려운 관계에 노출되는 시간을 줄이기 위해 노력하는 동시에 가장 안전한 관계 속에서 보내는 시간도 늘려야 한다. 가장 신뢰하는 친구들과 함께할 때 안전성이 낮은 관계로 손상된 신경 경로가 치유된다.

스트레스 반응을 진정시키는 약물 치료를 고려하라

과도하게 활성화된 교감신경계를 진정시키기 위해서는 마음을 불편하게 만드는 상황에서 벗어나는 방법 외에 약물 치료도 고려할 수 있다. 모두에게 이 단계가 필요한 것은 아니다. 그러나 후안은 가만히 앉아 있는 것이 얼마나 어려운지 털어놓다가 명상을 시도해본 적이 있다고 이야기했다. 단 몇 분만 조용히 앉아 있어도 머리가 빙빙 돌아가는 듯한 기분이 들고, 제대로 식별하거나 기억하기도 어려운 끔찍한 이미지가 머리에 가득 차올랐다.

이쯤 되니 그에게 의학적 도움이 필요해 보였다. 그는 선택적 세로토닌 재흡수 억제제인 플루옥세틴을 복용하기 시작했다. 이 계열의 약물을 복용하면, 뇌에서 세로토닌의 작용이 강화된다. 물론 항우울제를 처방받기 전에 먼저 의사와 상의해야 하며 항우울제에도 종류가 다양하다는 사실을 잘 알아야 한다. 부프로피온(브랜드명은 웰부트린) 같은 약물은 교감신경계를 자극해 역효과를 낼 수도 있다. 내가 후안에게 권한 플루옥세틴은 우울증 증상을 치료할 뿐 아니라 스트레스 반응계를 보호하는 약물이었다.

항우울제의 약효가 나타나기까지는 2주에서 2개월까지도 걸리지만, 일단 약효가 나타나기 시작하면 큰 변화가 생긴다. 후안은 이전에는 경험해본 적 없는 평온함을 느꼈다. 마침내 가만히 멈춰 서서 자신의 행동을 돌아볼 능력이 생겼다는 기분이 들었다. 그럼에도 그는 그것이 너무 새로운 느낌이어서 약간 불안했다고 보고했다. 이전보다 조금 둔감해져서 가만히 앉아서 명상도 할 수 있게 되었다. 처음에는 5분짜리 명상을 매주 2회밖에 하지 못했지만, 점차 횟수와 시간이 늘어 15분짜리 명상을 일주일에 4~5회 진행할 수 있게 되었다. 초조해하는 기색이 눈에 띄게 줄어들었고, 이전보다 덜 지쳐 보였다. 항우울제 복용을 언제 중단해야 할지 판단하기에는 아직 일렀다. 항우울제를 6~12개월 정도 단기간만 복용하는 사람도 있고 더 오랫동안 복용하는 사람도 있다. 후안이 어느 쪽인지 당장 확인할 수는 없었지만, 일단은 지나치게 활성화되어 있는 교감신경계를 진정시키는 것이 급선무였다.

폭발하기 전에 마음을 누그러뜨려라

화가 나서 폭발하는 경향이 있는가? 스마트 미주신경이 활성화되지 않은 사람들은 쉽게 화를 낸다. 후안은 동료, 여자친구 등 스트레스를 받을 때 눈앞에 있는 사람 누구에게든 쉽게 화를 냈다. 반면, 내게 상담을 받으러 온 내담자의 남편 같은 부류도 있다. 그는 좌절감을 느낄 때마다 자신에게 화를 냈다. 아내나 다른 누군가에게 화를 내지는 않지만, 스스로에게 독설로 가득 찬 신랄한 비판을 늘어놓으면서 집안 사람들에게 부정적인 영향을 미쳤다.

자신이 얼마나 쉽게 동요하는 사람인지 알아보기 위해 화가 나는 정도를 1점부터 10점까지 점수로 점검해보자. 10은 마음껏 소리 지르고 성질을 내는 단계다. 너무 늦기 전에 심각할 정도로 짜증이 나는 상태에서 빠져나오는 것이 중요하다. 5에 도달하고 있다는 생각이 들 때쯤 만남을 중단하고, 가능하다면 그 공간에서 벗어나는 것이 좋다.

극한으로 치닫는 것을 막으면, 교감신경계가 전면전 모드로 바뀌는 빈도를 줄일 수 있다. 결국 교감신경계는 점차 덜 과민해지고 상대적으로 작은 문제 때문에 스트레스를 받을 가능성이 줄어든다. 또한 다른 사람들에게 짜증을 덜 낼수록 그들 역시 당신과 함께 있을 때 더욱 안전하다고 느낄 것이다.

재명명과 재초점

교감신경계가 과도하게 활성화되어 있으면 다른 사람들보다 더 많은 스트레스를 느끼게 된다. 그리고 그 상황이 더 많은 스트레스로 이어진다! 이 악순환을 끊을 방법이 있다. 스트레스에 압도당하는 기분이 들 때 '재명명과 재초점relabel and refocus' 기법을 활용해보자. 이 접근법을 만들어낸 사람은 신경가소성 전문가인 UCLA 정신건강의학과 전문의 제프리 슈워츠Jeffrey Schwartz다. 슈워츠는 강박장애(반복적인 사용으로 서로 결합되어 한층 강해진 신경 경로에서 비롯된 또 다른 문제) 치료에 이 방법을 적용했다.[1]

먼저, '재명명'을 위해 잠깐 하던 일을 멈추고 심호흡을 열 번 하자. 스트레스를 받으면 숨이 가빠져 뇌에 산소가 부족해진다. 산소가 줄어들면 뇌세포가 제대로 작동할 수 없고 뇌가 점점 더 과민해져 스트레스 감정이 악화된다. 그러니 심호흡을 한 다음, 신체의 스트레스 반응에 새로운 이름을 붙이자. "더는 못 견디겠어!"라거나 "내 여자친구 때문에 미치겠어!"라고 말하는 대신 "과도하게 활성화된 교감신경계가 내게 잘못된 메시지를 보내기 때문에 이런 기분이 드는 거야"라고 말해보자. 이렇게 다시 명명하는 것이 처음에는 부자연스럽게 느껴질 수도 있다. 심지어 우스꽝스럽게 느껴질지도 모른다. 그러나 스트레스 경험으로부터 자신을 분리하는 데는 확실히 도움이 된다. 뇌에서 인지를 담당하는 영역이 활성화되어 감정을 조절하기 때문이다.

그런 다음 '초점을 전환'해야 한다. 무엇이 되었든 당신을 화나게 만드는 것에서 주의를 돌리고 다른 것, 즐거운 것을 생각해야 한다. 남자친구한테 습관적으로 거짓말했던 샐리가 바로 이 방법을 택했다. 거짓말을 하면 얼마나 흥미진진할지 생각하기보다 남자친구와 서로 솔직하게 지낼 때 얼마나 기분이 좋았는지에 집중했다.

특히 강력한 재초점 방법으로는 PRM이 있다. 내가 만들어낸 표현인 PRM은 '긍정적인 관계의 순간positive relational moment'을 의미한다. PRM은 다른 사람과 함께 있으면서, 안전하고 행복하다고 느꼈던 순간을 의미한다.

내가 가장 좋아하는 PRM은 13살이었던 쌍둥이 아이들과 함께 옐로스톤 국립공원에 있는 올드 페이스풀 간헐천을 향해 걸어가던 순간이다. 날씨는 화창했고 나는 양쪽에 한 명씩 아이들의 손을 잡고 걷고 있었다. 기꺼이 엄마의 손을 잡고 걷는 13살 아이들이라니! 이 PRM을 떠올리면 항상 미소가 지어지고 스마트 미주신경 덕에 스트레스를 덜 느끼게 된다. 또한 관계에서 비롯된 약간의 도파민 덕에 가슴이 충만해진다. 마치 행복으로 차오르는 듯한 기분이다. 스트레스로 가득한 업무 일정에 쫓기거나 보스턴에서 교통체증에 갇혀 옴짝달싹할 수 없는 상황이 되면 이 PRM을 떠올린다. 그러면 즉시 건강한 신경 경로가 활성화되고 불필요한 스트레스를 유발하는 경로가 축소된다(물론 실제 위험 때문에 스트레스를 받고 있다면, 재명명과 재초점에 신경 쓰지 않아도 된다. 스트레스 반응이 제 역할을 하도록 두고, 달아나거나, 반격하거나, 119에 신고하는 등 필요한 조치를 모두 해야 한다).

재명명과 재초점을 위해서는 뇌 변화의 세 가지 규칙을 모두 활용해야 한다. 첫 번째는 '사용하지 않으면 사라진다'라는 규칙이다. 스트레스 상태에서 마음을 가라앉히고 스트레스 반응을 덜 사용하면 그 반응은 점차 약해진다(과도하게 반응하는 불필요한 측면이 사라지게 된다). 두 번째는 '동시에 활성화되는 뉴런은 서로 연결된다'라는 규칙이다. 특정한 상황에서 스트레스에 압도당하는 일이 반복되면 스트레스와 관련된 신경 경로가 시각, 청각뿐 아니라 이 상황에 관련된 다른 감각을 감지하는 신경 경로와 연결된다. 이런 뉴런들이 동시에 활성화되지 않도록 막아야 그 연결성을 끊을 수 있다. 마지막으로, 이 훈련은 뇌 변화의 세 번째 규칙인 '반복, 반복, 도파민'을 활용한다. 이 훈련은 반복을 통해서만 결과를 볼 수 있는데, 도파민의 힘을 활용하면 그 결과가 훨씬 빨리 나타난다.

샐리가 진정으로 다른 사람과 친밀했던 순간들을 떠올릴 때 그랬듯 무언가 긍정적인 것을 떠올리면, 도파민을 자극하고 원치 않는 신경 경로를 없애는 데 도움이 된다. PRM을 활용하면 건강한 관계에서 훨씬 많은 양의 도파민을 얻을 수 있다.

뉴로피드백 앱을 사용하라

나는 오랫동안 교감신경계가 지나치게 활성화되어 있는 사람들에게 뉴로피드백(자신의 뇌파정보를 직접 보면서 뇌의 항상성 자기조절 능력을 강화하는 기술)을 권고했다. 그러나 내 가족이 뉴로피드백을 직접 경험하고 나서야 뉴로피드백이 인생과 관계에 어떤 극적인 변화를 미치는지 제대로 이해했다.

벤은 매우 유능한 사람이다. 사람들과 자연스럽게 어울리는 친화력과 예리한 지성 덕에 친구와 동료들의 존경을 받는다. 그러나 가족과 친구, 그중에서도 특히 파트너 에런은 벤이 걱정으로 가득하다는 사실을 잘 알고 있다. 벤은 예민한 교감신경계 탓에 항상 무언가 위험한 일이 일어나고 있다고 생각했다. 그 결과, 실제로 일어났거나 일어날 가능성이 있는 위험한 일을 늘 마음에 담아두었다. 신체에서 경보음이 울리면 그 일들이 머릿속에 자동으로 떠올랐고, 열 가지가 넘는 걱정거리를 순식간에 만들어냈다. 밤은 벤에게 조용한 지옥이었다. 그는 요동치는 심장 때문에 자주 잠에서 깼고, 그 이유를 찾기 위해 부정적인 생각에 매달렸다. 안타깝게도 이따금 실제로 나쁜 일이 벌어졌다. 이 간헐적 강화 작용으로 신체는 항상 높은 경계 상태를 유지하게 되었다.

에런은 벤의 불안이 그들의 삶을 좌우하는 데 점점 익숙해졌다. 함께 여행할 때면, 벤은 늘 호텔을 떠나기 전 15분 동안 방을 점검했다. 혹시 깜빡한 게 없는지 침대 아래나 서랍을 두 번, 세 번씩 확인했다. 여행을 떠나기 전에도 일기예보를 확인하며 폭풍 때문에 출발하지 못할 것이라는 예측을 끊임없이 늘어놓았다. 하지만 이미 여기에 익숙해진 에런은 이 같은 사실을 거의 인식조차 하지 못했다. 벤은 자신의 감정을 제어하고 안전하다는 느낌을 얻기 위해 계속 애썼다. 에런은 이런 분위기에 쉽사리 휘말리지 않았다. 그러나 적어도 일주일에 한 번은 벤의 불안이 예측할 수 없는 수준으로 치솟아 실내 분위기를 지배하는 듯한 느낌을 받았다. 에런 역시 그런 분위기에 '감염'되는 듯한 기분이 들었다. 벤이 공포에 사로잡혀 허둥지둥하면 에런 또한 가슴이 답답해지고 호흡이 가빠졌다. 이런 순간에 대처하는 유일한 방법은 한 시간 정도 그곳에서 벗어나 생각과 감정을 정리하는 것뿐이었다. 벤은 에런의 반응을 머리로는 이해했다. 하지만 에런이 자리를 떠날 때마다 버림받은 듯한 기분을 느꼈다. 에런이 자신을 마음대로 판단했다는 기분도 떨쳐내기 어려웠다. 이런 상황이 반복되자 두 사람 모두 절망을 느꼈고, 결국 관계가 삐걱거리게 되었다.

첫 번째 뉴로피드백 치료 후 벤은 마음이 한층 가벼워졌다. 에런을 비롯한 주변 사람들은 벤이 이전보다 적극적으로 소통한다는 사실을 알아차렸다. 그로부터 2주 후, 밤마다 벤을 괴롭혔던 걱정이 사라졌고 낮에 느끼던 두려움도 대거 줄어들었다. 그는 전보다 밝은 에너지를 뿜어냈고 이제 에런도 벤의 밝은 에너지에 '전염되었다'. 놀라운 효과를 경험한 벤과 에런은 뉴로피드백 장치를 빌려 일주일 내내 벤의 머리에 붙여보기로 했다.

뉴로피드백은 뇌 변화의 세 가지 규칙을 활용해 뇌를 새롭게 연결한다. 중추신경계는 전류로 소통한다. 개별 뇌세포는 전기화학 반응으로 뇌와 몸 전반에 메시지를 보낸다. 매우 민감한 측정기를 사용하면 뇌를 통해 전달되는 전류의 양을 측정하고 관찰할 수 있다. 뇌전도EEG를 활용하면 전극을 두피에 부착해 전류가 뇌 전체로 어떻게 흘러가는지를 확인할 수 있다. 어디에서 신호를 포착하는가에 따라 뇌에서 나오는 전기신호가 달라지며, 전류의 주파수는 파장과 진폭에 따라 여러 범주로 나뉜다. 뇌에서 나오는 다양한 뇌파가 건강하게 통합되면 평정심을 느끼게 된다. 반면, 뇌의 전두엽 부분에 알파파가 너무 많으면 주의 집중이 어려울 수 있다. 불안감이 심할 때는 알파파와 세타파를 모두 늘려야 한다.

뉴로피드백은 보상 체계를 활용해 뇌파의 균형을 조절한다. 이 방법의 놀라운 특징은 인지 과정과 무관하게 작동된다는 것이다. 다시 말해서 의식적인 생각이 아니라 뇌의 자동 반응이 중요한 역할을 한다. 뉴로피드백 치료법이 인기를 끌기 한참 전에 텍사스에서 열린 어느 콘퍼런스에서 뉴로피드백 기계를 직접 체험한 적이 있다. 나는 컴퓨터 시스템과 연결된 세 개의 전극을 머리에 부착했다. 컴퓨터 화면에는 내가 좋아하는 옛날 비디오 게임 중 하나인 팩맨을 좀 더 단순하게 만든 것 같은 게임이 나오고 있었다. 뇌 전류가 바람직한 뇌파를 만들어내면 팩맨처럼 생긴 캐릭터가 작은 점을 먹어치웠다. 내 뇌의 주파수가 바뀌면 작은 점을 먹어치우는 속도가 달라졌다. 기적 같은 일이 벌어졌다. 내 뇌는 팩맨이 작은 점을 먹어치우는 모습이라는 도파민 터지는 '보상'을 얻으려면 특정한 주파수 내에 머물러야 한다는 사실을 깨달았다. 몇 분이 지나자, 팩맨이 작은 점을 먹는 속도가 일정해졌다. 바람직한 경로가 반복해서 활성화되면서 점차 힘이 강해졌고 다른 뉴런들을 하나로 모을 수 있게 되었다. 지금의 뉴로피드백은 그때보다 훨씬 정교해져서 좋아하는 DVD를 보여주는 등 많은 사람이 선호하는 도파민 보상 방법을 활용한다. 뇌파가 원하는 범위 안에 있으면 영상이 재생되고 바람직한 범위를 벗어나면 영상이 사라진다.

상담실이나 병원에서 뉴로피드백 치료를 받을 수도 있고, 벤처럼 뉴로피드백 기기를 빌려 집에서 직접 사용할 수도 있다(가정용 기기를 빌려서 사용하더라도 전문가의 도움을 받아 적절한 설정을 유지해야 한다. 맨 처음 기기를 설치할 때도 전문가의 도움이 필요하지만, 시간의 흐름에 따른 뇌 변화를 추적할 때도 도움을 받아야 한다). 더 간편하게 사용할 수 있는 앱도 있다. X웨이브xwave는 휴대전화로 사용할 수 있는 헤드셋과 앱을 만들었다. 헤드셋의 설정은 크게 두 가지다. 첫 번째 설정은 집중력을 높이는 데 도움이 되는 베타파를 키우는 것이고, 두 번째 설정은 휴식에 필요한 알파파를 강화하는 것이다. 이 헤드셋은 모든 것이 갖춰진 뉴로피드백 기계보다는 덜 정교하지만, 이 둘 중 하나가 필요한 경우라면 도움이 된다. 몸에서 늘 마음을 초조하게 만드는 떨림이 느껴진다고 했던 제니퍼는 X웨이브 앱과 헤드셋을 구매해 교감신경계를 누그러뜨렸다. 제니퍼는 점심시간에 휴식을 위해 15분씩 X웨이브를 활용하곤 했다. 안전하지 않은 관계로 가득한 사무실에서 X웨이브를 활용하기로 한 것은 현명한 결정이었다.

만성적인 긴장, 짜증, 신경질을 치료하는 다양한 방법

심리 치료라고 하면 어렵게 느껴질 수도 있다. 그러나 신경계에 평온해지는 법을 가르치는 것은 사우나에서 몸의 피로를 씻어내는 것과 비슷하다. 치료 도중에 짜증이 머리끝까지 나서 가만히 있기 힘들더라도 멈추지 않아야 한다. 그래야 놀랍도록 관대하고 느긋한 순간을 선사하는 심리 치료의 효과를 충분히 누릴 수 있다.

예를 들면, 제니퍼는 긴장을 풀어주는 명상용 CD를 밤마다 듣기 시작했다. 밤에 마음을 편안하게 만들어주는 목소리가 시키는 대로 따라 하니 각 신체 부위에 제대로 집중할 수 있었다. 의식적으로 각 부위를 긴장시킨 다음, 곧이어 느긋하게 긴장을 풀어주었다. CD가 끝날 때쯤 제니퍼는 대개 잠이 들었다.

신경질적인 교감신경계를 편안하게 하는 아홉 가지 방법

1. 안전하게 느껴지는 사람들과 보내는 시간 늘리기.
2. 운동. 중강도에서부터 고강도까지 심혈관 운동이 가장 좋다.
3. 마음을 편안하게 해주는 CD 듣기. 앨리스 D. 도마Alice D. Domar 박사의 〈호흡: 스트레스 관리Breathe: Managing Stress〉, 로드 스트라이커Rod Stryker의 〈휴식을 통해 내 안의 위대함 찾는 법Relax into Greatness〉 등을 추천한다.
4. 감정자유기법Emotional Freedom Technique, EFT(이하 EFT). 내게 상담을 받는 내담자들은 EFT에 압도적인 감정을 완화하는 마법 같은 능력이 있다고 이야기한다. EFT란 자신을 괴롭혀온 감정에 집중하면서 경락점을 부드럽게 두드리는 방법이다(동양에서는 경락이 에너지가 흘러가는 통로라고 여긴다).
5. 명상.
6. 반려동물과 놀기.
7. 뜨거운 목욕.
8. 마사지.
9. 안전한 사람과의 포옹.

이 중 가장 마음에 드는 방법을 선택해 직접 활용해보고, 어떤 변화가 있는지 살펴보자. 몇 주가 지나도 차이를 느낄 수 없다면, 다른 방법을 활용해보자. 단순히 기분이 좋아지는 일이라고 해서 이 방법들을 후순위로 미루어서는 안 된다. 사실 이 방법들 역시 치료 못지않게 평온함 경로를 재형성하는 데 중요하다.

스마트 미주신경 강화하기

:

스트레스 경로가 진정되었고 그 반응이 약해졌다면, 스마트 미주신경 경로를 강화하는 작업에 돌입할 수 있다. 스마트 미주신경 경로가 발달하면, 사람들을 믿고 그들과의 관계를 즐겨야 할 때가 언제인지 빠르게 알아차릴 수 있다. 그뿐 아니라 뇌가 교감신경계와 부교감신경계에 '휴식'해도 된다는 메시지를 보낼 수 있게 된다.

짧은 미소 주고받기

스마트 미주신경은 사람들과 서로 배려하는 표정을 주고받으며 규칙적으로 운동시키지 않으면, 상태가 나빠진다. 스마트 미주신경을 강화하려면, 가장 좋아하는 사람들과 짧은 미소를 주고받는 것이 좋다. 과장된 거짓 미소를 지을 필요는 없다. 그저 빠르고 친근하게 인사를 전하는 평범한 미소 정도면 충분하다. 이때 상대의 눈을 바라보며 상대가 되돌려주는 표정을 알아차리려고 노력해야 한다.

다른 사람과의 눈 맞춤을 자주 피했던 후안에게는 꼭 필요한 연습이었다. 후안은 다른 사람들의 표정을 잘못 해석할 때가 많았다. 누군가의 미소를 억지웃음처럼 느끼기도 했다. 상대의 얼굴에 떠오른 미소를 보고 빈정댄다고 느낀 것이다. 우리는 함께 대화를 나누며, 후안이 회의 중에 폭발했던 상황을 되짚었다. 그러면서 후배에게 그를 화나게 할 의도가 전혀 없었을지도 모른다는 사실을 떠올렸다. 후배는 그저 겉멋에 취해 자기 생각을 알리고 싶었을지도 모른다.

내가 알려준 방법은 간단했다. 바로 다른 사람과 함께할 때, 상대의 얼굴을 쳐다보라는 것이었다. 얼굴을 쳐다보면 상대가 미소를 짓는다는 사실이나 대화에 참여하고 있다는 사실을 확인할 수 있다. 만약 상대가 이런 반응을 보인다면, 같이 웃어주면서 어떤 기분이 드는지 생각해볼 수 있다. 이 단계에는 크게 두 가지 의미가 있었다. 먼저, 후안은 다른 사람의 표정을 읽을 필요가 있었다. 두 번째로, 이 단계를 반복함으로써 아버지와의 관계가 후안의 뇌와 신체가 타인의 표정을 이해하는 방식에 어떤 영향을 미쳤는지 깨달을 수 있다. 후안과 아버지의 관계에는 친절함이나 존중이 없었다. 후안은 상대를 쳐다봄으로써 자신이 지금 대하는 사람이 아버지가 아니며, 상대의 미소가 관심과 참여의 표시일 수도 있다는 사실을 깨달을 필요가 있었다. 이 같은 아주 기본적인 과정이 스마트 미주신경을 활성화하고, 미주신경 긴장도를 개선하는 데 도움이 된다.

후안은 가장 안전한 관계인 블랭카와 밥에게 먼저 짧게 미소 짓기를 시작했다. 그리고 점차 동료들에게도 미소를 지어 보였다. 그는 동료들과 짧은 미소를 주고받으면 순간적으로 기분이 좋아진다는 사실을 깨달았다. 머지않아 직장에서 사람들과 더 긴 대화도 나눌 수 있게 되었다. 다음으로, 그는 사람들의 말을 경청하는 데 집중했다. 표정을 관찰하고 그들의 이야기에 적극적으로 귀를 기울이자, 외롭다는 생각이 줄어들고 더 평온해졌다. 이런 변화에는 몇 가지 원인이 있었다. 먼저, 사람들과의 만남을 즐기게 되었다. 그와 동시에 자율신경계 자체가 조금씩 달라지기 시작했다.

작년에 브롱크스 출신 청소년들과 함께 워크숍을 진행했다. 워크숍 중에 참가자들에게 스마트폰을 꺼내 웃고 있는 친구의 사진을 바라보라고 했다. 그때 몸에서 느껴지는 기분에 집중하라고 이야기했더니, 모두가 더 평온하고 행복하며 스트레스가 덜 느껴진다고 답했다. 작은 연결로도 곧바로 눈에 띄는 차이가 나타난다는 것은 놀라운 일이다. 그러니 책상이나 휴대전화에 당신과 가장 안전한 관계를 맺고 있는 사람들이 행복한 표정이나 장난스러운 표정을 짓고 있는 사진으로 가득한 갤러리를 만들자. 하루에 몇 차례씩 사진을 쳐다보면, 스마트 미주신경이 강화되고 기분이 좋아진다.

이런 훈련 방법이 믿기 어려울 정도로 우스꽝스럽게 느껴질 수도 있다. 만약 줄곧 다른 사람은 타인을 함부로 판단하고, 무서운 데다, 늘 경쟁하려 덤빈다는 이야기를 들었다면 더욱 그럴 것이다. 그래도 한번 시도해보기를 바란다. 이 모든 것은 과학적으로 검증된 방법이다. 우리 뇌는 다른 사람과 얼굴을 마주하고 연결될 때 더 잘 작동하도록 설계되어 있다.

안전하다는 느낌을 주는 듣기의 기술

마음을 진정시키는 소리가 내이로 들어가면 진동에 맞춰 뼈와 근육이 움직이고 스마트 미주신경이 활성화되어 스트레스를 덜 느끼게 된다. 스마트 미주신경을 강화하는 한 가지 방법은 사랑하는 사람의 목소리를 듣는 것이다. 그 사람과 함께 있는 순간을 떠올리게 만드는 음악을 듣는 것도 좋다(이별 노래는 안 된다). 긍정적인 자극을 받을수록 스마트 미주신경은 더 튼튼해진다.

스마트 미주신경을 자극하는 또 다른 방법은 다른 사람의 말에 적극적으로 귀 기울이는 것이다. 다른 사람과 함께 있을 때 불안한 기분이 든다면 이 방법을 사용해보자.

먼저, 몸 상태를 살피며 스트레스 수준을 파악하자. 상당한 스트레스를 받고 있다는 사실을 알아챘다면, 나오는 대로 아무 말이나 떠들거나, 멍하니 있거나, 갑자기 자리를 떠나서는 안 된다는 사실을 상기해야 한다. 이 모든 것이 스트레스 반응의 일환이다. 대신 특정 대화에 적극적으로 귀 기울여보자.

권력이 중심이 되는 문화에서는 대화 중에 자신의 관점을 표현하는 것이 다른 사람의 말에 귀 기울이는 것보다 더 가치 있는 일로 여겨진다. 그만큼 무슨 말이든 해야 한다는 압박을 느끼는 것도 자연스러운 일이다. 그러나 진정한 대화에서는 말하기와 듣기가 모두 중요하다. 두 가지 기술을 똑같이 중요하게 여겨야 한다. 말해야 한다는 압박을 벗어던지고 듣기에 집중하며 대화해보자.

그러나 말해야 한다는 압박감을 느끼지 않더라도 듣기가 어려울 수 있다. 마음이 불안할 때는 특히 그렇다. 몸이 무언가를 하라고 소리를 지를 수도 있다. 게다가 상대의 말을 경청하려면 움직이지 않고 가만히 있어야 한다. 이럴 때는 자기 자신한테 집중할 과제를 주면 도움이 된다. 말하는 사람을 쳐다보면서 상대가 하는 말을 마음속으로 따라 하는 방법도 좋다. 단, 마음속으로만 따라 해야지 입 밖으로 소리를 내서는 안 된다. 상대가 아직 말을 하고 있는데 자신도 모르게 다음 말을 준비하고 있다는 사실을 깨달았다면, 머릿속에 떠오르는 생각에서 벗어나 상대에게 집중해야 한다. 질문을 해도 된다. 그러나 명확하게 이해하고 넘어가기 위한 질문 외에 다른 질문은 하지 않도록 하자. 그런 다음 스트레스 수준을 다시 확인해보자. 분명히 차이가 있을 것이다. 그렇지 않다면, 다시 적극적인 듣기로 돌아가자.

역설적으로 적극적으로 상대의 이야기를 들으면 스트레스가 줄어든다. 그뿐 아니라 스트레스가 줄어들면, 뇌에서 사고를 담당하는 영역에 더 효과적으로 접근할 수 있다. 상대의 이야기를 적극적으로 듣고 난 후에 말을 하면 더 의미 있는 대화를 만들어갈 수 있다. 마음이 불안할 때는 누구도 유창하게 말할 수 없다는 사실을 기억하자.

관계 마음챙김

관계 마음챙김relational mindfulness은 진 베이커 밀러 훈련연구소의 재닛 서리 교수와 내털리 엘드리지Natalie Eldridge 교수가 개발한 2인 훈련법이다. 일종의 '통찰 대화 명상Insight Dialogue Meditation'이며 이미 널리 알려진 명상의 진정 효과와 인간관계를 결합해 스마트 미주신경을 자극하는 효과적 방법이다.

명상은 대개 혼자 혹은 단체로 앉아서 진행한다. 명상할 때는 호흡에 집중하거나 잡념을 의식 밖으로 밀어내려고 애쓰는 것이 도움이 된다. 만트라나 성가를 사용하는 명상 방법도 있다. 명상의 목표는 부교감신경계를 활성화하고 교감신경계를 진정시키는 것이다(앞서 이야기했듯이 부교감신경계 때문에 경직 반응을 보이는 사람도 있다. 그러나 적당한 수준으로 부교감신경계를 자극하면 평온한 기분이 들고 집중력도 강화된다). 꾸준히 명상하면 뇌 구조가 실제로 바뀌고 전전두엽의 활동이 늘어난다는 사실이 연구로 밝혀졌다. 변연계에 정보를 제공하는 뇌 영역인 전전두엽의 활동이 늘어나면 스트레스는 줄어든다.

관계 마음챙김은 명상과 마찬가지로 호흡과 불필요한 생각을 의식 밖으로 몰아내는 방식을 활용한다. 그러나 한 가지 차이가 있다. 재닛과 내털리는 사람들에게 눈을 뜬 채 서로 마주 보고 앉은 상태로 명상을 하라고 이야기한다.

이런 형태의 명상이 오히려 과도한 자극처럼 들린다는 사실을 잘 안다. 실제로 그런 경우도 있다. 사람들이 3초 이상 눈을 맞추면, 싸우거나 사랑하게 된다는 연구 결과도 있다. 그러나 서로 끊임없이 이글거리는 눈빛을 주고받아야 한다는 뜻이 아니다. 명상은 눈싸움이 아니다. 존중하는 마음으로 부드러운 눈빛을 보내자. 명상 중에는 언제든 상대에게서 눈을 떼고 휴식할 수 있다. 6장에서 소개할 자비 명상을 몇 분간 실행하면 관계 마음챙김 명상에 익숙해지는 데 도움이 된다.

가장 안전한 친구 한 명을 골라 관계 마음챙김 명상을 해보기를 권한다. 첫 5~10분 동안에는 강렬한 감정이 일어날 수 있다. 스마트 미주신경 활성화(편안한 기분)와 교감신경계 활성화(벌떡 일어나 달아나고 싶은 기분) 사이에서 일시적으로 왔다 갔다 하는 기분이 들 가능성이 크다. 웃음이 터져 나올 수도 있다. 그러나 딱 10분만 지속해보면 스트레스가 사라지고 깊이 존중받는 느낌과 안전한 관계 속에 있다는 기분이 들 것이다. 스마트 미주신경은 관계 마음챙김으로 깊은 자극을 받고 새롭게 배치된다. 관계 마음챙김 명상을 주기적으로 실행하면 개선의 가능성이 더 커진다.

연인과 관계 마음챙김 명상을 함께하면 효과가 특히 좋다. 그러나 연인과의 관계가 반드시 안전해야 한다. 관계 마음챙김 훈련은 일상적인 다툼을 없애는 데도 도움이 된다. 훈련을 계속하면 연인의 얼굴만 봐도 스마트 미주신경이 활성화되기 때문이다. 따라서 이 훈련을 반복하면 안전하고 균형 잡힌 관계를 지속할 수 있다.

'경직' 반응을 차단하라

:

부교감신경계가 과도하게 민감한 사람들은 지나칠 정도로 위협에 민감하고, 죽을 것 같은 기분을 종종 느낀다. 전혀 과장이 아니다. 물론 우리는 그런 기분이 들어도 죽지는 않는다는 사실을 잘 알고 있지만, 뇌는 이 사실을 이해하지 못한다. 뇌는 '타인은 곧 공포'라는 오래된 공식만을 기억한다. 따라서 공포를 느낄 때마다 모든 기능을 정지시키라는 명령을 몸에 보낸다. 경직 반응은 투쟁-도피 반응과는 다르다. 정말로 다르다. 경직 반응은 활성화된 신경계에서 뻗어 나온 완전히 다른 가지다. 경직 반응이 나타나면 아드레날린이 솟구치는 듯한 느낌 대신, 무감각해지고 말이 없어지며 졸음이 밀려든다. 말이 아예 나오지 않을 수도 있다. 본능적으로 자리를 피하거나 몸을 웅크리고 싶어질 수도 있다. 위협에 처했을 때 죽은 척하는 동물의 태도와 비슷하다. 위협적인 존재에게서 벗어나는 것이 목표가 되고 이런 상태에서는 얼마나 두려운지 제대로 말할 수조차 없다. 그런 탓에 상대는 오히려 목소리를 높이거나 어리둥절해하고 발을 쿵쿵거리며 돌아다닐 수도 있다. 안타깝게도 상대가 이런 반응을 보이면 당신의 두려움은 더욱 커진다.

부교감신경계가 보이는 경직 반응에서 벗어나려면, 오히려 그 두려움을 깊이 파고들어야 한다. 몸이 꼼짝 말라는 명령을 내릴 수도 있다. 그러나 그 본능과 타협해야 한다. 당신을 두렵게 만드는 상황에서 벗어나는 것은 괜찮지만, 그대로 눕거나 웅크리지는 않는 것이 좋다. 이럴 때는 오히려 교감신경계를 자극해야 한다. 이미 연구에서 '투쟁-도피 반응'을 약하게 자극하면 활력이 돌고 집중력이 높아진다는 사실이 밝혀졌다. 너무 강하게 자극하지 않도록 주의해야 한다. 살아 있다는 느낌을 되찾고 경직 상태에서 벗어날 정도면 충분하다. 이때 물리적으로 몸을 움직이는 것이 좋다. 하지만 강한 운동은 필요하지 않다. 산책이나 요가 동작, 가벼운 달리기 정도면 충분하다.

부교감신경계가 경직 반응을 보인다는 것은 극도의 위협을 느낀다는 신호다. 이런 상황에서는 많은 도움과 지지가 필요하다. 가장 안전하다고 느끼는 친구에게 연락하고 두려움의 근원을 부드럽게 파헤치도록 도와줄 섬세한 상담자를 찾는 것이 좋다.

다음 단계로 나아가기

:

평온함은 모든 관계의 초석이다. 서로를 신뢰하고, 존중하는 마음으로 마주 보고, 서로의 표정을 읽고, 관계 경험을 설명할 단어를 찾고, 다른 사람의 의견에 적극적으로 귀를 기울일 인내심과 능력을 갖추지 못하면, 그 관계에서는 안전하다는 기분을 느낄 수 없다. 평온함 경로를 강화하기 위해 노력하는 동안, 긍정적인 효과가 당신의 모든 인간관계, 그리고 그와 관련된 다른 신경 경로로 번져나가기를 기대하자.

지금까지 이 과정을 진행하는 동안 주변 사람들에 대한 느낌이 달라졌는가? 정말 멋진 일이다. 이 프로그램을 계속 진행하기에 앞서 CARE 관계 진단표를 다시 작성해보자. 점수가 달라졌을 수도 있다. 만약 점수가 달라졌다면 변화에 맞춰 다음 단계를 조정할 수도 있다. 여기서 멈추지 말자! 그동안 살면서 관계 때문에 몇 차례 타격을 입었을 것이다. 그러나 다음 단계로 나아가면 훨씬 좋아질 것이다. 만약 이 책의 순서대로 프로그램을 진행하고 있다면 이제 수용감 경로를 살펴볼 차례다. 그러나 앞서 설명했듯이 끌리는 부분부터 먼저 진행해도 전혀 문제가 되지 않는다. CARE 프로그램은 항상 여러분의 인간관계에 도움이 되는 방향으로 활용하면 된다.

수용감(Accepted):
소외감을 막고 소속감 느끼기

　　　　　　　　뇌 속에 있는 배측 전대상피질이라
는 수용감 경로가 진정되면 다음과 같은 감정을 느끼게 된다.

- 이 관계에서 평온함을 느낀다.
- 위기 상황이 닥치면 이 사람이 나를 도와줄 것이라고 믿는다.
- 이 관계에서는 서로의 차이를 인정해도 안전하다.
- 이 사람과 함께 있으면 소속감이 든다.
- 서로 역할이 다르지만, 동등하게 대한다.
- 이 관계에서는 스스로 소중한 사람으로 느껴진다.
- 이 관계에서는 서로 무언가를 주고받는다.

몇 년 전, 집 안 화재경보기가 뜬금없이 울리곤 했다. 주방에 있거나 복도를 걸어갈 때면 알람이 울렸고, 그때마다 나의 아드레날린이 솟구쳤다. 나는 집안 곳곳을 뛰어다니며 연기가 나는 곳을 찾았다. 딱히 타는 것이 눈에 보이지 않으면, 누전이 된 것은 아닌지 걱정했다. 인내심이 한계에 다다른 어느 날 화재경보기를 떼어내 열어보았다. 경보기 안에는 바삭하게 구워진 벌레가 한 마리 들어 있었다. 화재경보기 안으로 들어간 벌레가 합선을 일으켜 소리가 난 것이었다.

배측 전대상피질이 과도하게 활성화되는 현상은 화재경보기 속에서 벌레가 기어다니는 것과 다르지 않다. 배측 전대상피질을 기억하는가? 배측 전대상피질은 고통을 느낄 때 활성화되는 작은 뇌 조직이다. UCLA 연구진이 진행한 사이버볼 연구를 떠올려보자. 연구진은 온라인 공놀이 게임에서 지원자들을 점차 배제하는 실험을 진행했다. 그 결과, 신체적 고통을 느낄 때뿐 아니라 사회적으로 배제되었을 때도 배측 전대상피질이 활성화되었다. 인간은 배제되는 상황에 믿기 힘들 정도로 민감하다. 이후에 사이버볼을 이용한 또 다른 연구에서 나머지 참가자들이 어떤 사람이든 상관없이 소외된 지원자들은 거부당했다는 사실 자체만으로 상처받는다는 사실이 드러났다.

예를 들어, 나머지 참가자들이 '백인 우월주의 비밀 결사단' 단원같이 존중할 만한 사람이 아닐 때도 상처는 사라지지 않았다. 또는 사람인 줄 알았던 상대가 실제로는 컴퓨터 프로그램이었다는 사실이 밝혀지더라도 마음의 상처는 여전했다. 소속감이 행복에 매우 중요하다는 사실을 신경계는 잘 이해하고 있다. 소속감을 느낄 수 없는 상황에서 당신의 신경계는 당신에게 불편한 기분을 안기고 싶어 한다. 심지어 상처받은 듯한 기분에 빠지게 만들기도 한다. 그래야만 당신이 문제가 있다는 사실을 깨닫고 해결하려고 노력하기 때문이다.

하지만 배측 전대상피질이 지나치게 민감해지면, 우리 집 화재경보기처럼 적절하지 않을 때 고통을 알리는 신호를 보내게 된다. 배측 전대상피질이 과도하게 활성화되면, 항상 사회적 '화재'를 걱정하거나 이런 상황으로부터 달아나게 되고 어떤 관계에서도 안전하다는 느낌을 받지 못한다. 이 때문에 외롭고 버려진 듯한 기분에 빠지기도 한다. 이런 소외감이 다시 배측 전대상피질로 유입되면, 사회적 거부감을 더욱 민감하게 감지하게 된다.

실제로 화재가 발생한 것이 아니라 화재경보기 속에 벌레가 있어서 울렸다는 걸 알기까지 오랜 시간이 걸렸다. 배측 전대상피질이 과도하게 활성화된 사람도 마찬가지다. 실제로 고통을 초래한 것이 무엇인지 파악하기까지는 시간이 걸린다. 사람들이 정말로 당신을 소외시키고 있는가? 물론 그럴 수도 있다. 우리는 사회적 경쟁이 치열하고 '안'에 있는 사람과 '밖'에 있는 사람을 구분하는 사회에 살고 있다. 어른과 아이 모두 항상 거부당하고, 마음대로 판단당하며, 그룹에서 밀려나곤 한다. 소외되면 마음이 다칠 수밖에 없다. 아무리 그렇지 않은 척해도 상처를 입는다. 그러나 우리가 힘들어하는 이유는 그뿐만이 아니다. 우리가 느끼는 사회적 고통은 시스템 내에 존재하는 '버그'(시스템에 존재하는 오류를 흔히 '버그'라고 부르는데, 이 'bug'라는 영어 단어의 의미가 바로 '벌레'다—옮긴이)에서 비롯된 것일 수도 있다. 이 사실을 제대로 인식하면, 버그를 쉽게 찾아낼 수 있다.

나를 찾아온 환자 케라와 함께 그녀 안에 있는 '시스템 버그'를 추적했지만, 케라에게 실제로 무슨 일이 벌어지고 있는지 알아차리기까지는 시간이 오래 걸렸다. 케라는 불안이나 공포, 고통(혹은 버그)에 관해서 전혀 이야기하지 않았다. 단지 나를 처음 만난 날, 자신의 마음속에 블랙홀이 있는 것 같다고 설명했다. 그 블랙홀은 활화산처럼 마구 들썩일 때도 있고, 생기 없는 침체된 공간처럼 느껴질 때도 있었다. 블랙홀은 언제나 부정적인 에너지를 뿜으며 그녀의 기운을 빼앗았다. 케라는 오랫동안 치료에 매달리며 깊이 뿌리내린 이 어두운 에너지를 떼어내고, 새로운 모양으로 바꾸고, 심지어 그것과 친구가 되기 위해 노력했다. 하지만 어떤 노력도 도움이 되지 않았다.

케라는 오랜 치료 끝에 어린 시절 갑작스러운 상실을 여러 차례 경험한 탓에 블랙홀이 생겨났을지도 모른다는 사실을 깨달았다. 케라의 부모는 의료 구호 단체에서 일하는 의사였다. 이 때문에 이사를 너무 자주 다녀서 친구들과의 우정이 항상 얕았다. 그녀는 부모와 가까워지고 싶어 했던 마음을 생생하게 기억했다. 그러나 베트남전쟁으로 그들이 바빴던 탓에 오랫동안 친해지지 못했다. 그들은 구호 활동, 매달 죽어가는 병사와 민간인의 숫자, 징집과 전쟁에 반대하는 신념에 몰두했다. 케라가 기억하는 어린 시절은 긴장, 슬픔, 끊임없는 이사의 소용돌이였다. 그러나 이런 문제에 관해 그 누구와도 제대로 된 대화를 나누지 못했다. 게다가 케라가 초등학생일 때 언니가 외국에서 자동차 사고로 사망했다. 케라의 부모는 남은 아이들에게서 더욱 정서적으로 멀어졌고, 다시는 아이들과 가까워지지 못했다.

케라는 겉으로 보기에는 상당히 그럴듯해 보이는 삶을 살았다. 부동산 투자 회사의 부사장이었고, 이혼 후에 혼자 아들과 두 딸을 키웠다. 자녀들과 자주 대화했고 자녀들이 성숙하고 독립적인 사람으로 자라는 것을 자랑스럽게 여겼다. 성장 과정에서 스트레스를 많이 받았지만, 두 동생과도 꾸준히 연락을 주고받았다. 물론 사이가 그리 가깝지는 않았다. 사실, 관계를 발전시키고 싶어 가족 여행을 주선한 적도 있었다. 친구도 많았고 가끔 데이트도 했다. 하지만 성공적인 삶과 폭넓은 인간관계에도 불구하고 블랙홀은 사라지지 않고 가슴속에 남아 케라를 갉아먹었다. 그녀는 본능적으로 친구들에게 의지해 나쁜 감정에서 벗어나려고 했다. 이 방법은 효과가 있었다. 그러나 일시적인 효과에 그쳤다. 친구들과 헤어지고 집에 온 지 한 시간쯤 되면 블랙홀이 다시 나타나곤 했다.

케라는 이렇게 말했다. "인간관계는 바닷물을 마시는 것과 같아요." 내가 어리둥절한 표정을 짓자, 그녀는 마시고 또 마셔도 갈증이 사라지지 않는다고 설명했다.

케라의 신경은 너무 날카로운 상태였다. 우리는 평온함 경로에 집중해 과도하게 민감한 케라의 교감신경계를 진정시키기로 했다. 얼마 지나지 않아 케라는 눈에 띄게 밝아졌다. 그러나 항우울제를 꾸준히 복용하고 뉴로피드백 프로그램을 계속 실천하고 다른 훈련을 정기적으로 진행해도 내면에 있는 깊은 어둠은 사라지지 않았다. 블랙홀은 케라의 고통을 이해하는 데 유용한 비유였다. 그러나 신경학적으로 정확히 어떤 부분 때문에 이 블랙홀이 영원히 사라지지 않는지 궁금했다.

그러던 중 어떤 일이 벌어졌다. 수 세기 동안 미국의 애국자, 정치인, 사업가들이 거쳐 간 동네에 거주 중이었던 케라는 중앙에 출입문이 있는 콜로니얼 양식 주택의 현관에 서 있었다. 웨이터들은 빵 위에 로스트비프가 올라간 음식을 나르고 있었고, 다른 방에서는 누군가가 샴페인을 터뜨리는 소리와 환호성이 들려왔다. 그녀는 동료들과 중요한 고객들을 위한 파티를 열고 있었다. 유구한 역사를 지닌 화려한 집에서 좋아하는 사람들과 축하의 자리를 갖고 있었지만, 자신이 그곳에 속했다는 느낌이 들지 않았다. 그런 느낌 자체는 익숙했다. 하지만 자신에게 그곳의 일원이 될 확실한 자격이 있고, 친구들과의 우정이 진실하다는 사실을 알고 있는데도 그런 기분이 들어 당황스러웠다. 왜 그런 기분을 느꼈을까? 그녀는 왜 이런 고통스러운 기분을 느껴야 하는지 내게 물었다.

케라의 이해를 돕기 위해 소외당했다는 기분이 왜 상처가 되는지 알려주는 사이버볼 연구를 설명했다. 사이버볼 연구를 진행한 나오미 아이젠버거와 매슈 리버먼은 이 실험 결과를 SPOT 이론의 근거로 삼았다. SPOT 이론은 신체적 고통과 소외당했을 때 느끼는 정신적 고통 간의 '중첩'에 관해 설명하는 이론이다. 우리 몸은 이 둘을 구분하지 않는다. 사람은 누구나 집단의 구성원으로 살아갈 수밖에 없고 소외는 그만큼 위험하다.

파티에서 얻은 통찰은 커다란 변화를 불러일으켰고, 이 과정 끝에 그녀는 드디어 블랙홀의 정체를 깨달았다. 사실 그 블랙홀은 소속감을 느껴본 적이 없다는 처절한 감정이었다. 케라는 어떤 집단에서도 진정한 소속감을 느끼지 못했다. 어린 시절 가족들은 좋게 말하면 체계적이지 않았고, 나쁘게 말하면 정서적으로 일관성이 없었다. 언니가 세상을 떠난 후에도 마찬가지였다. 성인이 된 후로는 남성이 많은 업계에서 일하게 되었고 그곳에서도 소속감을 느끼지 못했다. 결혼 생활을 하는 동안에도 시가족의 일원이라는 느낌을 받지 못했다. 동부 해안으로 이주했지만, 그곳에서도 사교 문화에 제대로 동화되지 못했다. 그녀는 자녀들이 자신의 마음속에 있는 블랙홀을 알아차리지 못하게 항상 애썼다. 이 때문에 자신이 겪는 일을 자녀들에게 완전히 터놓지 못했다. 소외감은 계속 이어졌다.

이런 분석이 맞을지 함께 대화를 나누던 중 또다시 놀라운 일이 벌어졌다. 케라는 항상 소외감을 느낄까? 그녀에게 위안과 소속감을 주는 존재가 있을까? 케라의 대답은 빠르고 명확했다. 케라는 웰링턴과 실리라는 버마고양이 두 마리와 함께 살았다. 웰링턴과 실리는 변함없이 따뜻한 사랑을 주었고, 그 어떤 사람보다 기분을 좋게 만들어주었다. 고양이 이야기를 하고 있으면, 블랙홀도 점차 작아졌다.

소속감과 수용감을 느끼는 다른 관계도 있었다. 남동생 맥스와의 관계였다. 케라와 맥스는 비슷한 유머 감각을 지녔고, 장난스럽게 서로를 놀려댔다. 그와 대화할 때마다 '고향'에 돌아온 듯 편안한 기분이 들었다. 여동생 샬린과는 삶의 방식이 달라서 긴장감이 돌 때도 있었지만, 함께 있을 때는 역시 고향에 온 듯한 기분이 들었다. 케라는 동생들과 함께 있을 때 소속감을 느낀다는 사실을 깨닫고 이렇게 이야기했다. "'나는 정말로 이 가족의 일원이구나'라는 느낌이 들어요. 제가 남동생이나 가족에게 속하는 사람이 아니라고 오해했지만, 사실은 저도 일원이었던 거죠."

케라는 신경학적으로 경보 시스템에 숨은 버그 때문에 고통받고 있었다. 어린 시절에 느꼈던 소외감으로 배측 전대상피질이 과도하게 민감해진 상태였다. 다른 사람들과 함께할 때도 뇌는 사회적으로 소외되었다는 고통스러운 메시지를 보냈다. 블랙홀의 실체가 소속되지 않았다는 감정이며 신경학적 원인으로 이런 감정을 느끼게 되었다는 사실을 깨닫자 그녀는 엄청난 안도감을 느꼈다.

케라는 평생 딜레마에 시달렸다. 소외감을 치유하기 위해서는 건강한 인간관계가 필요했다. 그러나 배측 전대상피질이 과도하게 활성화되어 친구들에게 다가가는 것 자체가 고통스러웠다. 뇌는 이렇게 이야기했다. "봐. 여기 너를 진심으로 받아들이거나 좋아하지 않는 사람이 또 있어." 이런 속삭임을 들으면 한 방 두들겨 맞은 듯 휘청거리게 된다. 블랙홀을 줄이려고 애쓰다가 결국 키우고 마는 셈이다. 전대상피질은 친구들이 사실은 그녀를 좋아하고, 있는 그대로 받아들인다는 사실을 전혀 중요하게 여기지 않는다.

해결책은 간단했다. 이미 자신이 받아들여졌다고 느껴지는 곳을 찾아내, 블랙홀의 존재가 느껴질 때마다 그곳으로 가는 것이다. 케라는 기분이 나쁠 때 친구에게 전화하거나 저녁 약속을 잡는 대신 소파에 웅크리고 앉아 웰링턴, 실리와 함께 시간을 보냈다. 고양이들은 케라가 배를 만질 수 있도록 등을 바닥에 대고 드러누웠다. 남동생에게 전화를 걸기도 했다. 이런 방법이 궁극적 해결책은 아니었다. 고양이들이 제아무리 따뜻하고 훌륭해도 사람들처럼 대화를 나누며 가까워질 수는 없었다. 게다가 친구들한테 느끼는 만큼의 친밀감을 남동생한테서는 느끼지 못했다. 그러나 블랙홀을 치유하는 데는 중요하지 않은 것들이었다. 이 관계에서는 의심할 여지 없이 소속감을 느낄 수 있다는 점이 더욱 중요했다. 바로 여기에 소속감이 있었다. 이 관계들은 수용감 경로를 진정시켰고, 이들과의 소통이 벌겋게 달아오른 배측 전대상피질에 아이스팩을 얹어주었다.

'버그'는 어떻게 배측 전대상피질에 침입하는가

:

배측 전대상피질이 과도하게 활성화된 상태는 '시스템 버그'가 존재하는 상황과 같다고 이야기했다. 그러나 물론 진짜 벌레가 있다는 뜻은 아니다. 더욱이, 벌레라 부를 만한 문제가 무작위로 뇌 속에 기어 들어가는 것도 아니다. 뇌가 계속 자극을 받은 탓에 "나는 소외되고 있어!"라고 외쳐대는 경보 시스템이 작동한다. 심지어 다른 사람들이 당신을 환영하고 있을 때도 이런 일이 벌어진다.

대개 어린 시절에 생긴 일 때문에 소외감을 유발하는 경보 시스템이 생겨난다. 케라의 경우, 신경계가 형성되던 시기에 부모님이 그녀를 정서적으로 따뜻하게 수용해주지 못했다. 아이들은 부모의 사랑과 수용을 절실하게 필요로 한다. 사랑이 담긴 부모의 눈길을 보고, 위로가 되는 포옹을 받고, 부모의 냄새를 맡을 때는 아이의 배측 전대상피질이 활성화되지 않는다.

게다가 이런 일이 자주 일어날수록 '동시에 활성화되는 뉴런은 서로 연결된다'라는 뇌 변화의 두 번째 규칙이 신경 경로에 영향을 미친다. 그러나 케라는 부모님의 얼굴을 볼 때 자신을 있는 그대로 수용해주는 듯한 사랑스러운 표정을 보지 못했다. 부모님은 늘 다른 데 정신이 팔려있거나 멍한 표정을 짓고 있었다. 방치나 학대처럼 명백하게 잔인한 일은 아니었지만, 이것이 케라에게는 거부로 느껴졌다. 더구나 부모님은 그녀가 가장 의지하는 사람들이었다.

어린아이였던 케라는 이 고통스러운 경험을 어떻게 표현해야 할지 몰랐다. 그리고 시간이 지날수록 더는 친밀한 관계를 기대하지 않게 되었다. 그리고 자신이 애정 어린 관계에 어울리지 않는다고 여기게 되었다. 치료는 계속되었고 소속감에 관해 깊이 생각한 끝에, 다른 사람에게 더 가까워지고 싶은 열망을 느낄 때마다 통증이 찾아온다는 사실을 깨달았다.

그 통증에는 이런 메시지가 담겨 있었다. '너 대체 무슨 생각하는 거야, 케라? 너는 다른 사람들과 친밀함을 느끼지 못해! 그럴 자격이 없다는 걸 잘 알잖아.' 이 통증은 무엇이었을까? 당신의 짐작이 맞다. 배측 전대상피질에서 시작된 고통스러운 메시지였다.

관계 역설
:

인간관계를 맺을 자격이 없다는 배측 전대상피질의 속삭임이 '들려올' 때마다 케라는 자연스럽게 다른 사람에게서 멀어졌다. 친구는 많았지만, 누구와도 그다지 친하지 않았다. 그녀가 친구들과 있을 때 하는 행동은 관계-문화 상담사들이 '관계 역설relational paradox'이라고 부르는 패턴과 일치했다. 친구들이 당신의 진짜 모습을 받아들이지 않을 것이라고 확신하며, 친구들에게 받아들여지는 최고의 방법은 자신의 일부를 감추는 것이라고 여길 때 관계 역설이 발생한다. 당신의 머릿속에는 이런 생각이 떠오른다. '친구들이 내 불안감을 알게 되면(혹은 옛일이나 은밀한 습관, 당신이 다른 사람들과 어울리는 데 방해가 된다고 생각하는 모든 것), 이 관계가 끝날 것이다.' 케라의 생각은 이런 식이었다. '내가 인간관계를 맺을 자격이 없는 사람이라는 걸 알게 되면 그들은 나를 떠날 거야.'

그래서 역설적으로 인간관계를 지키기 위해 자신의 두려움을 숨기려고 애썼다.

물론 본모습을 숨기면서도 우정을 지킬 수 있을지 모른다. 그러나 본모습을 숨기다 보면, 친구들과의 관계 안에 진정으로 속해 있지 않다거나 친구들이 당신의 본모습을 보면 결국 관계를 끊을 것이라는 느낌을 갖게 된다. 더 많은 관계 역설이 발생할수록 더 많은 고통을 느끼게 되고 배측 전대상피질은 더욱 과민해진다. 이런 일이 벌어지면 결국 더 숨어서 자신을 보호하려 들게 된다.

관계 역설은 차근차근 해결할 수 있다. 당신에게 그럴 만한 가치가 없다는 생각 때문에 관계에서 물러나거나 자신의 본모습을 숨기는 순간을 인식하는 데서부터 출발하면 좋다.

연습이 필요할 수도 있다! 충분히 연습하면 마음에 진정하라는 메시지를 보낼 수 있다. 앞에서 설명한 PRM(긍정적인 관계의 순간)을 다시 떠올려봐도 도움이 된다. 배측 전대상피질이 과민해져 있는 상태라면, 가까운 사람들이 당신을 분명하게 있는 그대로 받아들이는 듯한 PRM을 떠올려보는 것이 도움이 된다. 케라의 경우에는, 자신에게 이렇게 말할 수 있다. '음. 배측 전대상피질이 내게 그만한 가치가 없다고 말하는 소리가 들리는군.' 그 후에는 머릿속에서 남동생과 나누었던 재미있는 대화를 떠올릴 수 있다.

내면에 있는 관계 역설을 알아차리고, 새로운 이름표를 붙이고, 긍정적인 순간을 떠올리는 등 꾸준히 노력하면 지금 맺은 관계들을 덜 편향된 시선으로 바라볼 수 있다. 심지어 당신에게 가장 안전하게 느껴지는 사람들에게 그동안 숨겨왔던 모습을 보여줄 수도 있다.

관계 문제는 전염된다

:

케라의 관계 진단표는 매우 흥미롭다. 한 가지 문제(케라의 경우에는 지나치게 과민 반응하는 수용감 경로)가 어떻게 다른 문제들과 함께 나타나는지를 잘 보여주기 때문이다.

케라의 CARE 관계 진단표

항목	1. 맥스 (남동생)	2. 수잰 (딸)	3. 샬린 (여동생)	4. 니나 (친구)	5. 알렉스 (동료)	총점	CARE 코드
1. 이 사람에게 내 감정을 솔직하게 털어놓는다.	3	2	3	3	2	13	C(평온함)
2. 이 사람은 내게 감정을 솔직하게 털어놓는다.	3	2	3	4	2	14	C(평온함)
3. 이 사람과 갈등을 겪을 때도 안전하다고 느낀다.	3	2	3	3	2	13	C(평온함)
4. 이 사람은 존중하는 태도로 나를 대한다.	4	3	2	4	3	16	C(평온함)
5. 이 관계에서 나는 평온함을 느낀다.	3	2	2	3	2	12	C(평온함) A(수용감)
6. 위기 때 이 사람이 도와줄 것이라고 믿는다.	4	3	2	3	3	15	C(평온함) A(수용감)
7. 이 사람과는 서로의 차이를 인정해도 안전하다.	3	2	2	2	2	11	C(평온함) A(수용감)
8. 이 사람과 함께 있으면 소속감이 든다.	3	2	3	3	2	13	A(수용감)
9. 서로 역할이 다르지만, 동등하게 대한다.	4	3	2	3	3	15	A(수용감)
10. 이 관계에서는 내가 소중하게 느껴진다.	3	2	2	2	2	11	A(수용감)

11. 이 관계에서는 서로 무언가를 주고받는다.	3	2	2	3	2	**12**	A(수용감)
12. 이 사람은 내 기분이 어떤지 느낄 수 있다.	3	2	3	2	2	**13**	R(공감)
13. 나는 이 사람의 기분이 어떤지 느낄 수 있다.	3	3	4	4	3	**17**	R(공감)
14. 이 관계에서는 내가 어떤 사람인지 더 분명해진다.	3	2	2	3	2	**12**	R(공감)
15. 우리가 서로를 이해한다고 느낀다.	2	2	3	3	2	**12**	R(공감)
16. 내 기분이 이 사람에게 영향을 미친다.	2	2	3	3	2	**12**	R(공감)
17. 이 관계는 나의 생산성을 높여준다.	3	2	2	3	3	**13**	E(활력)
18. 이 사람과 함께 보내는 시간이 즐겁다.	2	2	3	3	3	**13**	E(활력)
19. 이 관계는 나를 웃게 한다.	4	3	3	4	2	**16**	E(활력)
20. 이 관계 속에서 활력을 느낀다.	3	3	2	3	3	**14**	E(활력)
안전 그룹 점수	**61**	**46**	**51**	**62**	**47**		

(1 = 전혀 그렇지 않다, 2 = 그런 경우가 드물다, 3 = 가끔 그렇다, 4 = 그럴 때가 많다, 5 = 늘 그렇다)

케라의 CARE 경로

- C(평온함): 94점(낮음)
- A(수용감): 89점(낮음)
- R(공감): 66점(낮음)
- E(활력): 56점(중간)

각 범주의 총점 범위와 상대적으로 비교했을 때 수용감 점수가 가장 낮았지만, 다른 수치들 역시 그리 좋지는 않다. 평온함 점수는 불과 몇 점 더 높을 뿐이고, 그마저도 항우울제를 복용하고 뉴로피드백을 시도

한 후 개선된 점수였다. 케라는 타인을 제대로 이해하는 데 어려움을 겪었고, 이는 낮은 공감 점수와 밀접한 관련이 있었다. 그녀는 다른 사람들이 자신을 정말로 좋아하고 자신과 함께하기를 원한다는 사실을 알아차리지 못했다. 활력 수준은 괜찮은 편이었다. 그러나 사람들을 만난 후에는, 특히 거부감을 느낀 후에는 활력이 고갈되는 듯한 기분을 느꼈다. 당연한 일이다. 뇌가 사람들은 당신을 원하지 않는다고 속삭이는데도 춤추고 싶은 기분이 들겠는가?

신경학적인 구조에 결함이 있는 사람들은 CARE 경로 점수가 대체로 낮거나 중간 정도에 머무른다. 한 가지 문제가 또 다른 문제로 이어져 첫 번째 문제가 더욱 악화되기 때문이다. 하나의 문제가 정확히 어디에서 시작되고 다른 문제가 어디에서 끝나는지 정확하게 아는 일은 거의 불가능하다. 만약 상대가 당신을 받아들이지 않을 것이라고 확신하며, 경계심을 가지고 관계에 임하면 평온한 기분을 느끼거나 당신의 진정한 모습을 드러내기 어렵다. 물론 그 반대도 마찬가지다. 결국 모든 신경학적 경로가 고통을 받게 된다.

다행스럽게도 그 반대도 사실이다. 하나의 관계 경로를 개선하면, 나머지 경로는 더 쉽게 개선할 수 있다.

수용감 점수가 낮은 사람들을 위한 조언

:

수용감 점수가 낮은 사람들에게 한 가지 조언을 하고 싶다. 만약 자신이 어디에도 속하지 않는다고 느낀다면, 안전 그룹을 평가하는 일 자체가 고통스러울 것이다. 만약 당신이 속한 집단에서 안전하다고 느껴지는 사람이 아무도 없다면 이런 생각이 들 수도 있다. '이런. 내가 정말로 어디에도 속하지 않고 나를 진정으로 좋아하는 사람이 아무도 없다는 증거가 바로 여기에 있잖아!'

만약 이런 생각을 했다면, 당장 멈추자. 이 우울한 생각에 다시 이름을 붙이자. 이는 과도하게 활성화된 배측 전대상피질이 보내는 부정확한 메시지일 뿐이다. 물론 당신이 대부분의 시간을 함께 보내는 사람들이 정말로 비판적이고, 타인을 함부로 판단하고, 수용적이지 않을 수도 있다. 그럴수록 더욱더 이런 관계를 찾아낼 필요가 있다. 그래야 이 관계가 배측 전대상피질에 미치는 파괴적인 영향을 이해하고, 그로 인한 상처를 치유할 수 있기 때문이다.

소외당하고 따돌림당한다고 느꼈던 과거 경험이 배측 전대상피질에 영향을 미쳐 다른 사람들이 환영할 때조차 구성원이 된 듯한 기분을 느끼기 힘들 수도 있다.

두 가지 모두가 진짜일 수도 있다. 당신이 함께 어울리는 사람들이 타인을 함부로 판단하는 것도 사실이고 실제로는 당신이 안전하고 환영받는데도 당신의 뇌가 그 사실을 이해하지 못하는 것 역시 사실일 수도 있다. 바로 이런 이유로 인간관계를 안전 그룹으로 분류해야 한다. 이를 통해 어떤 관계에서 소외감으로 인한 고통을 많이 느끼고 어떤 관계에서 그렇지 않은지 파악할 수 있다.

케라와 마찬가지로 위기 상황에서 의지했던 관계가 실제로는 가장 당신을 기분 나쁘게 만드는 관계라는 사실을 깨닫고 놀랄 수도 있다. 그렇다고 해서 이런 관계에 해당하는 친구나 가족이 반드시 나쁜 사람이거나 당신에게 소외감을 주는 것은 아닐 수도 있다(물론 맞을 수도 있다). 케라는 고양이나 남동생과 함께 있을 때 더 본질적이고 본능적인 소속감을 느꼈다. 게다가 이들은 소외되었다는 기분에서 벗어나고 싶을 때, 의지할 수 있는 관계이기도 했다.

케라의 안전 그룹이 어떻게 나뉘었고, 케라가 이 통찰을 어떻게 활용했는지 살펴보자.

높은 안전성(75~100점): 없음. 소외감 때문에 '블랙홀'이 생긴다는 사실을 명확하게 이해하는 데 도움이 되었다.

중간 안전성(60~74점): 남동생 맥스가 가장 높은 점수를 받았고 모든 인간관계 중 가장 안전한 것으로 드러났다. 친구 니나 역시 중간 범주에 들어갔다. 그러나 케라는 관계에서 니나가 느끼는 만큼의 소속감을 느끼지는 못했다. 케라가 자신을 좀 더 공유할 준비가 되어야만 개선할 수 있는 관계였다.

낮은 안전성(60점 미만): 케라의 여동생 샬린, 성인인 딸 수잰, 동료 알렉스 모두 가장 안전성이 낮은 그룹에 속했다. 수잰은 양극성 장애를 앓고 있었고 극단적으로 과민한 반응을 보일 때가 많았다. 그런 탓에 케라는 자신의 문제를 딸에게 떠넘기지 않으려고 노력했다. 여전히 수잰을 사랑했지만 모녀 관계는 쉽지 않았다. 여동생과 함께 있을 때는 본능적으로 소속감을 느꼈지만, 조심스럽게 접근할 필요가 있었다. 그가 완전히 안전한 사람은 아니었기 때문이다.

알렉스는 은행 IT 부서를 운영하는 기술 전문가였다. 정서적으로 냉담해 보일 때가 많았다. 케라는 어쩌면 알렉스가 자폐 스펙트럼 장애를 앓고 있을지도 모른다고 생각했다. 알렉스와의 관계에서는 수용과 소속감을 기대하기 힘들다고 결론지었다. 더 나아가 기존의 관계 정도면 충분하다고 여겼다. 모든 사람에게 소속감을 느낄 필요는 없었다. 그녀는 알렉스와 함께 있을 때 자신이 느끼는 불편함을 어떻게 받아들여야 할지도 잘 알고 있었다. 그 덕분에 즉시 자신에게 이렇게 말할 수 있었다. "뭐. 알렉스가 나를 받아들이지 않는다 해도 집에 가면 고양이들이 있다는 게 얼마나 다행인지 몰라." 결국 알렉스가 달라지기를 바라는 대신 그를 있는 그대로 받아들이는 데 집중하기로 했다. 바로 뒤에서 다시 살펴보겠지만, 다른 사람들에게 내리는 판단은 결국 부메랑처럼 돌아와 자신이 남들에게 평가받는 듯한 기분을 만들어낸다. 다른 사람에 관해 판단하기를 멈추면, 배측 전대상피질을 진정시키는 데 도움이 된다.

쉽게 판단하는 문화의 폐해
:

케라는 어린 시절 여러 차례 상실을 경험했다. 그 결과, 배측 전대상피질이 과도하게 활성화되었다. 배측 전대상피질이 과도하게 활성화되는 이유는 이뿐만이 아니다. 사람들이 얼마나 독립적인지를 정상적인 발달의 척도로 여기는 문화에서는 이상적인 관계의 틀이 왜곡되어 모든 사람의 배측 전대상피질이 어느 정도 과민한 반응을 보인다. 우리는 극도로 경쟁이 치열한 사회에서 살고 있다. 이 사회는 항상 이런 질문을 던진다. "누가 더 예쁘지? 누가 더 인기 있지? 누가 '최고의' 인종, 성별, 종교, 계급, 성적 지향을 가진 사람이지? 누가 더 경쟁력 있지? 누가 가장 많이 성취했지? 누가 가장 좋은 걸 가졌지? 누가 더 낫지?" 배측 전 대상피질에는 아주 나쁜 소식이다.

사회적 그룹은 대부분 이 질문에 대한 답을 중심으로 형성된다. 이 일이 너무나 무의식적으로 진행되어서 대개는 그런 사실을 인식조차 하지 못한다. 이런 사회 분위기 때문에 우리의 신경은 항상 곤두서 있다. 사람들은 자신도 모르는 새 주위를 살피며 주변 사람들과 비교해 자신의 상태가 어느 정도인지 궁금해한다. 더 나은가? 더 나쁜가? 유행이 지난 핸드백을 사거나 좋은 직업을 얻지 못하거나 친구들에게 동성애자라는 사실을 알리거나 친구들과 다른 정치 성향을 갖고 있다는 사실을 고백하면 사회적 그룹에서 쫓겨날 수도 있다는 사실을 알고 있을 때, 배측 전대상피질이 어떤 영향을 받을지 상상해보자. 이런 분위기에서 배측 전대상피질은 끊임없이 자극받으며 한층 더 민감해진다. 그 결과 원시 뇌 부분이 악순환에 갇히게 된다. 모든 사람이 위험해 보일 뿐 아니라 모든 만남에 잠재적 위험이 숨어 있는 것처럼 느껴진다. 그러면, 뇌는 스스로를 보호하기 위해 이런 지시를 내린다. "너 자신을 숨겨야 해. 본 모습을 드러내서는 안 돼. 안전을 위해 필요하다면 상대방을 먼저 공격해." 당신이 이런 태도를 보이면 이 세상은 실제로 더 적대적인 곳이 되어버린다.

나를 찾아온 내담자 낸시에게 바로 이런 일이 벌어졌다. 낸시는 자연스럽게 헝클어진 머리에 캐주얼하지만 비싸 보이는 옷을 입고 다니는

50대 여성이었다. 낸시는 상담 시간에 인간관계에 관한 고민을 털어놓으면서 아이들이나 친구들과 점점 멀어진다고 걱정했다. 대화를 나누는 동안에는 종종 자신이 아는 사람들을 판단하는 듯한 말을 했다.

"제 친구의 아들이 똑똑하지 않다는 건 누구나 다 아는 사실이에요. 그러니까 주립 대학을 갈 수밖에 없었죠."

"제 딸은 승진을 원해요. 하지만 상상하기가 어렵네요. 제 딸은 너무 게으르거든요!"

"글쎄요. 누군가는 이모한테 본인이 얼마나 성가신 존재인지 이야기를 할 수밖에 없었죠."

사무실 밖으로 나간 낸시가 나에 대해서는 무슨 말을 할지 궁금했다.

낸시가 쏟아내는 가혹한 발언은 평생 배측 전대상피질이 과도하게 자극된 채로 살아온 결과였다. 낸시는 케라와 달리 어린 시절에 트라우마를 겪지는 않았다. 하지만 낸시와 가족들은 수용감을 느끼기 위해 항상 '내(內)' 집단으로 눈을 돌렸다. 특히 낸시의 엄마는 외부 세계가 원하는 대로 자녀들을 키우기 위해 애썼다. 깊은 인상을 주고 싶은 사람 앞에서는 특히 신경을 썼다. 낸시가 너무 살이 찌거나 좋은 성적을 거두지 못하면 신랄할 정도로 비판적인 태도를 보였다. 대학에 갈 나이가 된 낸시는 비판에 너무 익숙해진 나머지 머릿속에서 자신을 판단하는 소리가 계속 울려 퍼지는 것을 들었다. 대체로 너무 뚱뚱하다거나, 멍청하다거나, 상냥하지 않다는 말이었다. 그러던 중 한 남자와 사랑에 빠졌다. 자신보다 나이가 조금 많고 박사 과정을 밟고 있는 남자였다. 야심 가득하고 잘생겼으며 가족들의 교육 수준도 높았다. 낸시의 가족이 항상 부러워했던 부류의 남자였다. 이런 남자가 자신을 사랑한다는

6장 수용감(Accepted): 소외감을 막고 소속감 느끼기

∞

213

사실을 알게 되자, 머릿속에서 비판적인 목소리가 사라졌다.

낸시는 이 남자와 결혼하고 가정을 꾸렸다. 맨 처음에는 두 사람 모두 행복했다. 그러나 육아의 압박이 심해지자, 남편은 낸시에게 화를 쏟아냈다. 낸시가 새 옷을 사왔을 때 남편은 그 옷을 입으면 추해 보인다고 이야기했다. 밖에 나가서 돈을 벌어오는 다른 여자들과 낸시를 비교하며 그녀에게 온종일 아기에게 기저귀를 채우는 게으른 엄마라고 비난하기도 했다. 낸시가 불만을 제기하려 들면 남편은 금세 낸시에게 비난을 퍼부었다. "나는 아이들을 방치하지 않아. 괜히 일하는 척하면서 아이들을 텔레비전 앞에 내버려두는 사람은 당신이라고!" 남편이 퍼붓는 말은 어렸을 때 낸시의 엄마가 했던 말과 비슷했다. 이런 말은 낸시를 분노하게 하기보다 가장 큰 두려움, 즉 자신은 사랑받을 수 없는 사람이라는 사실을 다시금 일깨웠다. 배측 전대상피질은 만성적으로 자극을 받았고 점점 더 민감하게 반응했다.

연인이나 부부 관계가 발전하는 과정에서 배측 전대상피질의 고통 경로에 손상을 입는 사람이 많다. 부아를 돋우며 서로를 불편하게 하는 관계든 아니든 이런 일이 생길 수 있다. 사랑에 빠진 사람들은 서로에게 특별히 긴밀하고 상냥한 관심을 보인다. 따라서 사랑에 빠지는 것 자체가 배측 전대상피질에 큰 도움이 된다. 둘 중 한쪽이 낸시 남편처럼 악의적인 태도를 보이는 것은 건강하지 않다는 신호다.

처음의 강렬한 감정이 사라지는 것은 당연한 일이다. 하지만 둘 중 한 사람의 배측 전대상피질이 조금이라도 과민하게 반응하면, 자연스러운 거리두기가 단순히 관계의 변화로만 느껴지지는 않는다. 오히려 파트너가 자신을 더 이상 사랑하지 않는다는 신호로 받아들일 수 있다.

이 때문에 배측 전대상피질이 활성화되고, 평가당하고 버림받는 듯한 기분이 들어 관계 전반에 안 좋은 영향을 미치게 된다. 상대방을 제대로 바라보기도 힘들어진다. 모든 관계에는 노력이 필요하지만 가까운 관계가 가장 어렵다. 왜곡이 생길 여지가 많기 때문이다.

낸시는 채워지지 않는 부족함을 해결하기 위해 동네에서 가장 뛰어난 사교 그룹의 일원이 되려고 애썼다. 낸시는 항상 자신과 가족의 가장 멋진 모습을 전면에 내세우고 결점을 감추기에 급급했다. 그런 탓에 관계 역설이 작동했다. 낸시는 소속감을 느끼기 위해 자신의 본모습을 감추고 완벽한 부분만 드러냈다. 그리고 자신의 기분을 좋게 만들기 위해 남을 깎아내렸다. 툭하면 타인의 결점을 '솔직하게' 설명했다. 친구들이 무지하거나, 외모가 멋지지 않거나, 성가시다고 솔직하게 말해버렸다. 낸시가 아는 모든 사람은 판단의 대상이 되었다. 자녀들 역시 마찬가지였다. 낸시는 자녀들마저도 끊임없이 서로 비교했다.

낸시가 한 말이 남을 함부로 판단하는 표현이라고 지적하면, 그녀는 얼빠진 표정을 짓곤 했다. 다른 말은 상상조차 할 수 없는 듯한 얼굴이었다. 친구들과의 관계도 문제였다. 그녀가 쏟아내는 모욕에 상처 입은 친구들은 절교를 선언했다. 결국 그녀는 인간관계가 언제든 폭발할 준비가 된 지뢰밭 같다고 느끼기에 이르렀다. 지뢰가 폭발할 때마다 마음에 상처를 입었고 마치 또다시 자신이 판단받고 거부당한 듯한 느낌에 사로잡혔다. 그러나 타인을 함부로 판단하는 자신의 태도가 지뢰가 폭발하는 과정에 어떤 역할을 하는지 제대로 이해하지 못했다. 판단하지 않고 있는 그대로 받아들이는 방법이나 날카로운 비판 대신 관계를 개선할 대안을 전혀 떠올리지 못했다.

멀리서 보면, 도대체 낸시가 무슨 생각을 하는지 궁금한 마음이 들 수도 있다. 어떻게 친구나 자녀와 더 가까워지고 싶어 하면서 끝없이 비판을 쏟아낼 수 있을까? 그러나 배측 전대상피질이 타인을 쉽게 판단하는 분위기에 젖어 있으면 이런 일이 벌어진다. 배측 전대상피질이 스스로를 보호하기 위해 다른 사람을 판단한다. 다시 말해서, 판단만이 배측 전대상피질의 유일한 무기가 되어버린다.

수용감 경로를 진정시키는 연습
:

사회적 단절은 마음을 아프게 하는 데서 멈추지 않는다. 건강에도 심각한 영향을 미친다. 과학계는 오래전부터 신체 통증이 스트레스 반응계를 자극한다는 사실을 잘 알고 있었고, 이제 우리도 사회적 고통이 신체적 고통과 비슷하다는 사실을 잘 알고 있다. 이는 곧 만성적인 사회적 고통이 만성적인 스트레스로 이어진다는 뜻이다. 만성 스트레스가 우리 몸과 마음에 미치는 부정적인 영향을 밝힌 연구 결과는 매우 많다. 스트레스는 면역력을 떨어뜨리고, 심혈관 질환, 우울증, 두통, 당뇨, 불안, 천식 등 다양한 질병의 발생 가능성을 높인다. 만성 통증을 견디며 살아가는 사람들은 이런 건강 문제를 얻게 될 위험이 크다. 만성적인 사회적 고통 속에 사는 사람 역시 마찬가지다.

이처럼 사회적 소외감은 심각한 건강 문제와 깊이 연결되어 있다. 하지만 악순환의 고리를 끊어내기는 쉽지 않다. 낸시처럼 끝없이 남을 평가하는 것 외에 다른 방법을 찾아내지 못한 사람도 많다. 또는 케라처럼 자신에게 판단의 잣대를 들이대는 사람도 있다. 이런 경우에는 '충분하지 않다'라는 메시지가 머릿속에 너무 깊이 박혀 스스로 판단하고 있다는 사실조차 깨닫지 못한다.

이 악순환을 끊어내려면 악순환이 존재한다는 사실을 제대로 인식해야 한다. 사회적 고통이 존재하지 않는 척, 소외당해도 괜찮은 척, 이미 충분히 성숙해서 다른 사람들이 냉정하게 굴거나 거부해도 기분이 나쁘지 않은 척해서는 안 된다. 케라와 낸시 모두 자신들이 고통받고 있다는 사실을 깨닫고 당혹스러워했다. 두 사람은 무엇이 자신들을 아프게 하는지 제대로 표현조차 하지 못했다. 이런 분들을 돕기 위해 'SPOT 제거SPOT removal'에 많은 지면을 할애할 생각이다. SPOT 제거란 사회적 고통에 대한 인식을 높이기 위해 고안된 훈련이다.

자기 수용self-acceptance을 강화하고 다른 사람들을 더 적극적으로 수용하기 위한 몇 가지 활동을 소개한다.

SPOT 제거

SPOT 제거는 전문가들이 SPOT(사회적 고통 중첩 이론으로, 같은 뇌 영역에서 사회적 고통과 신체적 고통이 중첩된다는 주장)이라고 부르는 현상을 해결하기 위해 내가 직접 개발한 일련의 훈련 방법이다. 이 훈련은 뇌가 사회적 소외감에 얼마나 강하게 반응하는지 파악하는 데 도움이 된다. 또한 계층화되고 권력 중심적인 사회에서 끝없이 반복되는 수용과 소외의 주기에서 벗어나는 데도 도움이 된다.

그룹에서 소외되거나 모임에 초대받지 못했던 때를 떠올려보자.

- 소외당했을 때 어떤 생각과 감정이 들었는가?
- 소외당했을 때 어떤 반응을 보였는가?
- 이 상황을 떠올렸을 때 몸에 어떤 감각이 느껴지는가?
- 왜 소외당했는지 설명하기 위해 자신에게 어떤 이야기를 들려주었는가?
- 이 경험이 당신을 소외한 사람들 외의 다른 사람들과의 관계에 어떤 영향을 미쳤는가?

이번에는 반대 입장에서 생각해보자. 당신이나 당신이 속한 그룹이 의도적으로 누군가를 소외한 상황을 떠올려보자. 위의 질문을 다시 자신에게 던져보자.

이 첫 두 단계의 목표는 소외감이 당신의 몸과 관계에 미치는 영향을 더 정확하게 인식하는 것이다. 다른 사람을 소외하거나 판단하면, 수용과 소외의 시스템을 지속시키게 된다. 당신의 뇌가 위협적으로 받아들이는 바로 그 시스템 말이다. 사람들을 '안'과 '밖'으로 나누는 게임은 모든 사람에게 해롭다. 지금은 '안'에 있더라도 무의식적으로 위협을 느낄 수밖에 없다. 언젠가 당신이 불려 나가 '밖'에 있는 사람이 될 수도 있다는 사실을 절감하고 있기 때문이다.

사회생활 초창기에 이런 교훈을 배웠다. 당시 내가 근무 중이었던 정신과 병동에서 여러 직원이 어느 임상의를 표적으로 삼았다. 그 임상의의 능력에 대한 직원들의 비판은 어느 정도 타당한 부분이 있었다. 그 정도까지는 괜찮았다. 조직이 잘 돌아가려면 다른 사람의 성과를 제대로 검토해야 하기 때문이다. 그러나 직원들은 직접적으로 피드백을 주는 대신 그 임상의를 공격했다. 그가 없는 자리에서 뒷담화를 일삼았고, 그룹에서 소외했다. 부끄럽지만 나도 가담했다. 나는 신참이었고 '인사이더'라는 나의 지위를 사랑했다. 하지만 불과 몇 년 후에는 바로 내가 그룹 '밖'에 속하는 사람이 되었다. 내 동료를 부당하게 평가했듯 나 역시 부당한 평가를 받았다. 사회적으로 수용되든 소외되든 이런 관계에 참여하는 사람은 누구나 감정적으로 위태로운 상황에 놓이게 된다. 젊었을 때 내가 경험했던 두 경험을 떠올리면, 지금도 숨이 막히고 숨고 싶어진다. 이렇듯 누군가를 소외하고 내가 소외당하는 경험은 영원히 지워지지 않는다.

수용과 소외를 몇 차례 경험하며 이 두 단계를 반복하다 보면 인간관계에 내재한 회전문 같은 특성을 이해하게 된다. '안'으로 들어갔다가 '밖'으로 나왔다가, 다시 '안'으로 들어갔다가 '밖'으로 나오기를 반복하며, 상처가 깊어진다. 자신이 소외당할 때 느끼는 스트레스와 다른 누군가가 소외당하는 동안 그룹의 일원이 되어 일시적으로 느끼는 안도감을 떠올려보자. 그 복잡한 감정을 깨닫고 매우 놀랄 수도 있다.

그런 다음, 30분 이상 밖에서 시간을 보낼 수 있는 때를 정하자. 공책이나 휴대전화를 갖고 나가서 다른 누군가를 판단하는 생각이 들거나 다른 사람과 비교해 자기 자신을 판단하게 될 때마다 메모를 하자. 이 과정을 끝내고 머릿속에 떠오른 메시지가 무엇인지 생각해보자. 다른 사람들이 당신보다 인생을 더 잘 관리한다는 생각이 드는가? 혹은 당신이 다른 사람들보다 더 똑똑하다고 생각하는가? 주변 사람들의 체중이나 키 혹은 옷을 유심히 보는가?

다른 사람을 판단하려는 바로 그때, 당신은 그들과 단절된다. 판단의 잣대를 들이대는 바로 그 순간, 당신과 다른 사람들 사이에 존재하거나 존재할 가능성이 있는 것들을 볼 수 없게 된다. 그저 당신과 그들 사이에 존재하는 권력 구조만 선명해질 뿐이다. 만약 매우 비판적이고 사사건건 간섭하며 자신만이 '옳은' 답을 알고 있다고 여기는 상사 밑에서 일하고 있다면, 내가 무슨 말을 하는지 이해할 것이다. 이런 상사와는 대화할 때마다 무기력하고 위축되는 듯한 기분이 들고 화가 날 것이다! 정반대로 항상 자신이 부족하다고 확신하며, 자신이 한 일을 끝없이 사과하는 동료도 있다. 이런 사람들은 회의 시간에 다른 사람들과 거의 눈을 맞추지 않는다. 이들이 가진 수치심이 고스란히 다른 이들에게 전해진다. 늘 자신과 타인을 판단하는 사람은 케케묵은 관계 패턴과 과거에 고착된 지배적인 이미지를 근거로 삼는다. 이런 사람과 교류하다 보면 '투명 인간'이 된 듯한 느낌이 들기도 한다.

판단은 당신과 다른 사람 사이에 내려앉은 짙은 안개와 같다. 판단의 잣대를 들이대면, 서로를 명확하게 보기가 힘들다. 인간관계에 관한 고정관념 대부분은 어린 시절의 경험에서 비롯된다. 그러나 사회가 신봉하는 가치를 그대로 받아들임으로써 형성된 것도 있다. 인종차별, 성차별, 이성애중심주의, 장애인차별 같은 각종 '신념'이 여기에 해당한다. 계층화된 사회에서는 다른 사람을 판단할 방법이 무수히 많다. 앞서 나가기 위한 수단으로 타인을 판단하는 방법을 배울 뿐 아니라 불평등한 권력 분배를 정당화하기 위해 모든 사람, 심지어 문화 전체를 판단하는 법을 익히게 된다. 마음속으로 자신과 타인을 얼마나 자주 비판하는지에 주목하면 당신의 머릿속에서 쉴 없이 돌아가는 기본적인 판단 경로를 인식할 수 있다.

늘 과도하게 활성화되어 있는 배측 전대상피질을 누그러뜨리는 데 도움이 되는 한 가지 방법은 판단을 멈추는 것이다. **다시 한번, 다른 사람들과 함께 밖에 있을 때 30분의 시간을 내보자.** 판단하려는 마음이 생기면 가만히 관심을 기울이고 새로운 이름을 붙이자. 판단을 했다는 이유로 스스로를 다시 판단해서는 안 된다. 그저 "아, 그건 누군가를 판단하는 내 마음이구나"라고 말한 다음, 신경 경로에 틀어박힌 생각을 끄집어올려 새롭고 긍정적인 경로로 옮기자. 판단의 대상이 되는 사람에 관해 더 관대한 생각을 떠올려보자. 그 대상이 당신 자신이라도 마찬가지다. 또는 생일 파티 중인 자녀의 얼굴이나 해변에서 예쁜 돌멩이를 찾으며 보냈던 편안한 오후처럼 더 행복한 순간을 떠올려보자.

이 단계를 밟으면 판단의 회전문을 멈출 수 있다. 적극적으로 판단을 멈추면, 자신과 다른 사람을 판단하는 데 몰입했던 신경 경로가 점차 차단된다.

간단해 보이지만 쉽지는 않다. 판단 경로가 패배를 인정하고 새로운 생각이 자리를 잡을 수 있도록 순순히 옆으로 비켜날 가능성은 낮다. 판단하는 마음은 민첩한 적이고 판단 경로는 오랫동안 발달해온 만큼 강력하다. 판단 경로와 손을 잡은 다른 신경 경로가 끼어들어 "하지만 정말이지 저 사람은 머리가 너무 길어!"라든가 "이 SPOT 제거 방법은 지나치게 단순해. 시간 낭비야" 같은 말을 늘어놓을 수도 있다. 이를 계속 알아차리고, 새로운 이름을 붙이고, 다시 집중하는 것이 무엇보다 중요하다. 그래야만 그 판단이 현실이 아니라는 것을 알아차릴 만큼 충분히 거리를 둘 수 있다. 2주 동안 하루에 30분씩 이 훈련을 진행하면 판단 경로가 약해지는 것을 느낄 수 있을 것이다.

더 복잡한 상황에 이 기술을 적용해보자. 정치 토론처럼 민감한 부분을 자극하는 환경을 고르자. 미국 문화에서 정치 분야만큼 판단이 횡행하는 곳은 없다(패션과 미용은 예외다). 지난 몇십 년 동안 대립과 갈등이 첨예해졌고 한층 확고해졌다. 이 때문에 정치는 아무런 판단 없는 수용을 연습하기에 좋은 곳이 되었다. 따라서 어떤 정치적 신념을 갖고 있건 토론을 지켜보거나 언론에서 쟁점이 되는 정치 문제를 가만히 따라가보자. 판단이 개입되면("저 사람은 무지한 바보야!"라거나 "저 여자는 엘리트 의식에 가득 차 있어!" 같은 생각이 떠오르면), 이런 생각을 알아차리자. 그런 다음, 그 생각에 '판단하려는 마음의 산물'이라고 새로운 이름표를 붙이자.

대부분이 힘들어하는 또 다른 환경으로 시가나 처가 식구들과 함께하는 명절 식사를 들 수 있다. 정치 이야기가 등장하건 그렇지 않건 이런 자리는 언제나 힘들다. 그러니 다음에 당신을 미치게 만드는 친척들과 명절 식사를 함께할 때, 머릿속에 떠오르는 판단이 정확하게 무엇인지 파악하고 그 생각에 새로운 이름표를 붙이자. 유명한 가수 프랭크 시나트라Frank Sinatra의 말을 이렇게 바꿔볼 수도 있다. '그곳에서' 적극적인 비非판단Active nonjudgment을 연습할 수 있다면, '어느 곳에서든' 적극적인 비판단을 실천할 수 있다.

이 훈련의 목표는 신념 체계를 버리는 것이 아니다. 충만한 삶을 살기 위해서는 잘 형성된 의견을 갖는 것이 중요하다. 이 훈련의 궁극적인 목표는 판단이라는 건강하지 않은 영양소를 공급하는 횟수를 줄여 배측 전대상피질을 더 건강하게 만드는 것이다. 이런 방식으로 배측 전대상피질을 굶기면, '사용하지 않으면 사라진다'라는 뇌 변화의 첫 번째 원칙을 활용할 수 있다. 누군가를 판단함으로써 배측 전대상피질을 자극하는 일을 줄이면 과민 반응하는 일도 줄어든다.

판단을 줄이면 또 다른 방식으로 뇌가 치유된다. 판단은 감정을 좌우하는 우뇌가 담당한다. 우뇌는 위협으로부터 당신을 보호하기 위해 노력한다. 우뇌는 좋은 의도로 이런 활동을 하지만 이것이 관계 전략에는 도움이 되지 않는다. 판단하는 동안에는 상대에게 귀를 기울이지 않게 된다. 또한, 귀를 기울이지 않으면 스마트 미주신경 경로를 자극하지 못한다. 즉 스트레스 반응을 줄이는 최고의 방법을 놓치게 된다. 그러나 판단하지 않으면, 제대로 귀 기울이고 평온해질 수 있다. 다른 사람들과의 교류가 훨씬 수월해지고 타인을 판단할 필요성이 줄어든다. 귀를 기울이면 무언가 새로운 것을 배우게 될 수도 있다. 물론 그렇지 않을 수도 있다. 동의할 수 없는 말을 듣게 될 지도 모른다. 그래도 괜찮다. 가장 좋은 관계에서도 의견 차이는 있게 마련이다. 상대방을 역겹거나 악의적인 존재로 만들지 않으면서 열띤 논쟁을 벌일 수 있다면 그 관계는 더 오래 지속될 것이다.

판단을 포기한다는 것이 서로 피드백을 주고받지 말아야 한다는 뜻인지 의아해하며, SPOT 제거 단계에 의문을 제기하는 사람도 있다. 사실 성장 촉진 관계에서 피드백은 절대적으로 중요하다. 피드백 없이 어떻게 성장할 수 있겠는가? 피드백은 사람들이 서로를 명확하게 이해하고 관계를 훼손하는 행동을 교정하는 데 도움이 된다. 그러나 성급한 판단과 상대를 무시하는 듯한 의견은 관계를 개선하는 예의 바른 대화와는 매우 다르다. 피드백과 판단 둘 모두 받아들이기 어려울 수 있다. 그러나 판단은 대개 악의적이고 다른 사람과의 거리를 벌리는 역할을 한다. 정중한 대화는 인간관계에 도움이 된다. 이런 대화는 성장통과도 같다. 즐겁지는 않지만, 한 사람에게만 짐을 떠넘기는 일이 아니기 때문이다. 정중한 피드백은 관계 안에서 고통을 함께 짊어지는 행위다.

판단과 피드백

성급한 판단과 유용한 피드백의 차이는 무엇일까? 결국 관계에 미치는 영향이 다르다. 판단은 당신과 다른 사람을 갈라놓지만, 피드백은 제대로 주고받으면 당신과 상대를 더욱 가깝게 만드는 이상적인 역할을 한다. 몇 가지 예를 소개하면 아래와 같다.

판단	피드백
너랑은 뭘 제대로 할 수가 없어. 넌 절대 만족하는 법이 없어!	나는 네 경험을 고려하려고 노력하지만, 네가 보이는 반응 때문에 혼란스러울 때가 많아. 어떻게 하면 이 관계에서 우리가 서로에게 더 좋은 반응을 보일 수 있을지 이야기해볼까?
데이트를 갑자기 취소하다니, 당신은 정말 구제 불능이야.	나 하나만 얘기해도 될까? 우리 벌써 몇 번 데이트했잖아. 나는 네가 정말 좋아. 그런데 그렇게 데이트 직전에 갑자기 취소하면, 네 일정이 나보다 더욱 중요하다는 메시지를 보내는 듯한 기분이 들어.
당신은 게을러.	아이들을 재울 시간이 되면, 당신이 방에서 나가버린다는 사실을 알게 되었어. 당신이 방에 남아서 나를 도와주면 정말 좋겠어.
네 정치 의견은 정말 말도 안 돼! 언론에 완전히 세뇌당한 거야.	우리는 정치 견해가 서로 달라. 네 의견을 먼저 말해줄래? 중간에 끼어들거나 네 생각을 바꾸려 하지 않겠다고 약속할게. 너도 똑같이 약속하면 내 생각을 말할게.

당신은 무엇을 숨기고 있는가?

사람들은 아무리 가까운 사이라도 모든 걸 보여주지는 않는다. 대개는 개인적 특징이나 신념, 과거 경험 등을 감춘다. 진짜 모습을 숨기는 것이 안전하게 느껴질 수도 있다. 그러나 그런 기분은 일시적일 뿐이다. '내 진짜 모습을 알면 나를 거부할 거야'라는 생각이 숨어 있기 때문이다. 이것이 바로 관계 역설이다. 거부당하고 싶지 않은 마음 때문에 자신의 본모습을 숨기지만, 금세 실체가 탄로 나서 결국 거부당할 것이라는 생각이 들게 마련이다. 항상 투명 인간이 된 듯한 느낌에 시달리는 셈이다. 관계 발전에 도움이 되는 안전하고 바람직한 전략이라고 생각했지만, 결국 바로 이것이 배측 전대상피질의 고통 경로를 더욱 자극한다.

배측 전대상피질을 자극하는 행위를 중단하려면 용기를 내야 하고 안전한 관계가 적어도 하나는 있어야 한다. 먼저 자신이 숨기고 있는 것들을 나열해본 다음, 가장 안전한 관계를 선택해 그 사람과 공유해보자. 두 사람 모두 서로에게 숨겨왔던 것을 털어놓아야 한다. 당신이 숨기고 있는 사실은 이 훈련을 함께하는 친구보다 당신에게 훨씬 더 창피하고 수치스러울 가능성이 크다.

내게 상담을 받았던 내담자들이 배우자, 가족, 친한 친구들에게 숨겼던 크고 작은 비밀을 몇 가지 소개한다.

- 회사에 가기 싫어서 자동차 사고가 났다고 상사한테 거짓말했다.
- 내 가족은 독일 출신이다.
- 대학에서 낙제하고 1년 휴학했다.

- 17살에 낙태를 경험했다.

- 어릴 때 성폭력을 당했다.

- 나는 캠핑을 싫어한다.

- 연설을 많이 하지만 너무 불안한 탓에 연설을 하기 전에 항상 화장실에서 토한다.

- 너무 우울하고 불안해서 침대에서 벗어나지 못하는 날이 있다.

- 자녀들이 없어졌으면 좋겠다는 생각이 들 때가 있다.

- 어렸을 때 나보다 나이 많은 아이들이 축구장에서 나를 계속 쫓아다녀서 무서워 죽을 뻔했다.

- 내 아내가 나보다 돈을 많이 번다.

서로 솔직하게 털어놓고 나면 서로 더 가까워질 가능성이 크다. 또한 오래된 비밀을 털어놓으면 삶도 그만큼 가벼워진다.

뿌리 차크라

힌두교와 요가에서는 일곱 개의 차크라Chakra를 우리 몸의 에너지 센터로 여긴다. 차크라는 각각 몸의 다른 부분에 자리 잡고 있으며, 각 차크라는 각각 다른 심리적 상태 또는 정신적 상태를 관장한다. 꼬리뼈 바로 위 척추 아랫부분에 있는 뿌리 차크라Root Chakra는 쉽게 흔들리지 않고 유대감을 느끼도록 도와준다. 다시 말해, 세상의 일원이 된 듯한 느낌을 준다. 뿌리 차크라에 한 손을 올리고 나머지 한 손은 심장 위에 올려두면 간단하게 뿌리 차크라의 균형을 맞출 수 있다(심장은 내적 평화에 영향을 미치는 심장 차크라가 위치한 곳이다). 텔레비전을 보거나 명상하거나 가만히 앉아서 생각하면서도 얼마든지 차크라의 균형을 맞출수 있다. 꾸준히 실천하다 보면 기분 나쁜 소외감이 사라질 것이다.

자비 명상

노스캐롤라이나대학교 채플힐 긍정 감정 및 심리생리학 연구소Positive Emotions and Psychophysiology Laboratory 소장인 바버라 프레드릭슨Barbara Fredrickson 은 오랫동안 사랑과 수용을 연구했다. 프레드릭슨은 자신의 저서『러브 2.0Love 2.0』에서 '자애 명상'이나 '자비 명상'이라고 불리는 명상 방법을 설명한다. 프레드릭슨 연구팀은 이런 명상 방법이 자기 수용을 강화하고, 우울감을 감소시키고, 관계를 개선한다는 사실을 발견했다.

자비 명상을 하려면 조용하고 편안한 곳을 찾아야 한다. 숨을 들이마시고 내쉬며 깊고 느린 리듬을 유지하자. 그리고 자신에게 아래와 같은 말을 들려주자.

내가 안전하게 살기를 빕니다.
내가 행복하기를 빕니다.
내가 건강하기를 빕니다.
내가 편히 살기를 빕니다.

그런 다음 친구를 위해 같은 소원을 빌어보자.

안전하게 살기를 빕니다.
행복하기를 빕니다.

건강하기를 빕니다.
편히 살기를 빕니다.

특별한 감정이 없는 사람을 위해 같은 소원을 빈 다음, 싫어하는 사람을 위해서도 이런 소원을 빌자. 마지막으로, 온 세상을 위해 같은 소원을 빌자.

우리가 안전하게 살기를 빕니다.
우리가 행복하기를 빕니다.
우리가 건강하기를 빕니다.
우리가 편히 살기를 빕니다.

조용히 앉아 심호흡하면 신경계의 각성 수준이 낮아지고 마음이 평온해진다. 자신과 세상을 향해 자비의 메시지를 보내면서 따뜻한 마음까지 더해진다. 자비 명상은 이 두 상태를 함께 활용하도록 뇌를 훈련하는 과정이다. 다시 말해, '동시에 활성화되는 뉴런은 서로 연결된다'라는 두 번째 규칙을 활용해 두 신경 경로를 연결한다. 그동안 신경 경로가 성급한 판단을 내리도록 연결되어 있었다고 해도, 이 훈련으로 모두를 위한 소원을 빌며 기쁨을 되찾는 방법을 배울 수 있다.

자신과 다른 사람들을 향한 자비심과 일체감을 일깨울 때 심리학적으로나 신경학적으로나 우리 모두가 하나라는 깨달음을 얻을 수 있다. 자비 명상을 정기적으로 실행할 때 나타나는 변화를 목격하는 일은 언제나 놀랍다. 시간이 흐르면 자비 명상을 하면서 떠올리는 메시지가 오랫동안 '나는 여기에 속해 있지 않아'라고 주장해온 신경 경로와 경쟁하게 된다. 오랫동안 약화되었던 경로가 사실 당신은 더 큰 세계의 일부이며, 우리가 서로 연결되어 있다는 사실을 상기시키기 시작한다. 우리는 서로 상처를 줄 수도 있고, 치유할 수도 있다. 최고의 성장은 언제나 관계 안에서 이루어진다.

공감(Resonant):
타인과의 경계 허물기

세 번째 단계는 '공감'이다. 서로 공감하는 관계 안에 속해 있을 때 다음과 같은 감정을 느낄 수 있다.

- 이 사람은 내 기분이 어떤지 느낄 수 있다.
- 나는 이 사람의 기분이 어떤지 느낄 수 있다.
- 이 사람과 함께 있으면 내가 어떤 사람인지 분명해진다.
- 우리가 서로 이해한다고 느낀다.
- 내 기분이 이 사람에게 영향을 미치는 것을 알 수 있다.

영화 《죠스Jaws》에 나오는 유명한 장면을 떠올려보자. 경찰서장 마틴 브로디Martin Brody가 식탁에 앉아 와인을 마신다. 브로디는 얼굴을 비비며 어깨를 축 늘어뜨린다. 그가 어떤 기분인지 아무도 명확하게 설명하지는 않는다. 그럴 필요도 없다. 우리 뇌에는 화면에 나오는 정보를 받아들이는 거울 신경계가 있다. 거울 신경계는 전전두엽과 체성 감각 피질의 활동을 자극하고, 해당 영역의 뉴런들이 그의 신체 행동과 메시지를 모방한다. 이 메시지는 맥락과 감정을 연결하는 작은 뇌 조직인 뇌섬엽을 통과한다. 뇌 전체를 뒤덮고 있는 이 회로 덕에 그가 완전히 지쳐서 괴로워하고 있다는 사실을 알 수 있다. 브로디는 상어가 이미 두어 차례 공격을 감행한 후에도 해변을 폐쇄하지 않기로 결정했다. 하지만 자신의 결정이 잘못되었을 수도 있다는 생각을 떨쳐내지 못했다.

브로디를 모방한 사람이 나뿐만은 아니었다. 브로디가 생각에 잠겨 있는 동안 그의 어린 아들은 식탁 옆에 앉아 가만히 아버지를 지켜봤다. 아들은 자연스럽게 아버지를 모방했다. 지치기라도 한 듯 자기 얼굴을 문지르고 아버지가 와인을 마시는 모습을 보고 자연스럽게 컵을 들어 주스도 한 모금 마셨다. 잠시 후, 브로디는 아들의 행동을 눈치채고 함께 놀아준다. 그는 아들 앞에서 깍지 낀 손가락을 펼친다. 아들은 마침내 아버지의 관심을 끌었다는 사실에 기뻐하며 동작을 따라 한다. 두 사람 모두 장난스럽게 얼굴을 찡그린 후 다정한 입맞춤을 하는 것으로 장면은 끝난다.

이 장면 내내 아들은 생각에 잠긴 아버지의 행동을 완벽하게 따라 하며 우울한 기분까지 모방한다. 마침내 두 사람이 눈을 맞추는 순간, 브로디가 절망의 구렁텅이에서 벗어났다는 사실이 분명하게 드러난다. 비로소 그는 고립감에서 벗어나 아들을 향한 사랑과 유대감을 느꼈다. 이것이 바로 관계의 힘이자 활발하게 작용하는 거울 신경계의 아름다움이다. 건강한 관계 하나가 상어가 득실거리는 바다가 만들어낸 절망감을 몰아낼 수 있다.

인간은 다른 사람을 모방하도록 타고났다. 독창성이라고는 없는 흉내쟁이여서 그런 것이 아니라 타인의 행동, 의도, 감정을 이해하기 위해 무의식적으로 타인을 모방하는 신경계를 갖추었기 때문이다. 이 신경계가 분명하게 존재감을 드러낼 때도 있다. 가령, 대화 중인 두 사람이 어느 순간 서로의 동작을 따라 하는 장면을 볼 수 있다. 한 사람이 다리를 꼬면 다른 사람도 다리를 꼬는 모습을 본 적이 있을 것이다. 한 사람이 몸을 앞으로 숙이고 손으로 턱을 괴면 상대방도 거의 즉시 그 동작을 따라 한다.

나 역시도 조지 W. 부시George W. Bush 대통령을 무의식적으로 모방하는 기이한 경험을 한 적이 있다. 그가 대통령이 된 직후, 어디에서나 그의 얼굴을 볼 수 있었다. 잡지 표지나 텔레비전 뉴스뿐 아니라 인터넷만 켜도 부시의 얼굴이 나왔다. 그는 사진에서 마치 가장 친한 친구의 의자에 방귀 쿠션이라도 숨긴 듯 장난스러운 표정을 짓고 있었다. 몇 주 동안, 아니 어쩌면 취임 후 몇 달 동안 내가 그와 같은 표정을 짓고 있다는 사실을 깨달았다. 그 표정을 지을 때마다 그의 이미지가 내 의식 속에 떠올랐고, 그에게 더 많이 공감했다. 거울 신경계 덕에 우리는 의도적으로 집중하지 않고도 다른 사람에게 공감할 수 있다.

이 책의 첫머리에서 인간관계의 경계가 과대평가되어 있다는 주장을 펼쳤다. 공감은 경계를 허무는 궁극적인 장치다. 누군가의 행동, 의도, 감정이 다른 사람의 머릿속에서 어렴풋하지만 즉시, 무의식적으로 복제될 때 공감이 일어난다. 이런 복제는 좋은 것이다. 공감은 우리를 다른 사람들과 뼛속 깊이 연결하는 중요한 기술이기 때문이다. 안타깝게도 경계와 분리를 강조하는 문화에서는 거울 신경계가 가장 등한시된다. 다른 CARE 경로와 마찬가지로 거울 신경계 역시 인간관계에 영향을 받는다. 어릴 적부터 엄마와 친밀했던 아이가 사회생활에 더 많은 시간을 할애하고, 감정을 잘 조절하고, 자신의 감정과 내적 경험을 제대로 해석하고 전달할 수 있게 된다는 사실은 이미 잘 알려져 있다.[1] 신경가소성은 평생 작용한다. 이는 곧 거울 신경계를 비롯한 연결 경로가 관계에 따라 계속 변화한다는 뜻이다. 건강한 관계를 많이 맺을수록 공감을 위한 신경 능력이 발달한다. 해로운 관계, 특히 당신을 제대로 이해하지 못하거나 당신의 진짜 모습을 보지 못하는 사람들과의 관계는 모방 과정에 개입하는 신경 경로의 기능을 약화시킨다. 회로는 사용하지 않으면 약해진다. 이 회로가 약해지면 상대방이 공유하는 정보를 이해하는 신경망을 키울 기회 자체가 없어진다. 그러면 건강한 인간관계에서 얻는 도파민을 비롯해 신경 경로를 강화하는 신경화학물질이 생성되지 않는다.

이런 상황이 벌어지면 신경 경로가 다른 사람의 감정을 따라 하기가 더욱 힘들어진다. 따라서 타인을 이해하기도 어려워진다. 실제로는 고통스럽다는 신호를 보내는 사람을 보면서 태평하게 군다고 생각할 수도 있다. 또는 '위험한' 감정에 과도하게 민감해져 사람들이 실제보다 더 화가 나 있거나 고통스러워한다고 생각할 수도 있다.

폴린이 이런 과민 반응을 보였다. 우리가 처음 만난 날, 그는 내 진료실 바깥쪽 복도 의자에 앉아 불안한 듯 주위를 살피며 나를 찾았다. 약속 시간보다 몇 분 늦게 도착한 나는 그를 보자마자 내가 늦게 와서 그의 불안감이 눈에 띄게 증폭되었다는 사실에 미안한 마음이 들었다.

대부분의 내담자는 정신과 의사를 처음 만날 때 어느 정도 정상적인 수준의 불안감을 느낀다. 솔직히 말하면 나 역시도 불안감을 느낀다. 내담자를 직접 만나기 전에는 어떤 말을 듣고 무엇을 알게 될지 짐작할 수 없기 때문이다. 그러나 폴린은 놀라울 정도로 큰 불안감을 보였다. 내 존재를 눈치챈 후에는 고개를 숙이고 바닥만 바라봤다. 내가 악수하려고 손을 내밀자 힘없이 손을 내밀었다. 물론 나를 제대로 쳐다보지는 않았다. 이 책에서 그의 사례를 소개하는 이유는 많은 사람이 경험하는 공감의 어려움을 몇 배 확대해서 살펴보면, 스스로의 문제를 더욱 정확하게 들여다볼 수 있기 때문이다.

우리는 사무실로 들어가 기본적인 인적 사항에 관한 대화를 나눴다. 그녀는 자신이 어디에서 누구와 살며, 어디에서 일하는지 설명하는 동안 조금 긴장이 풀린 것 같았다. 직접 쳐다보면 더욱 불편해할지도 모른다는 생각 때문에 되도록 오랫동안 그녀를 직접 바라보지 않으려고 애썼다. 마침내 그녀가 고개를 들었을 때 나는 미소를 지으며 고개를 끄덕였다. 환영의 뜻을 표현하기 위해 최선의 노력을 기울였지만, 그녀는 여러 차례 사과했다. "제가 제대로 된 답을 드리지 못하고 있는 것 같아요, 그렇죠?"라고 묻거나, "방금 말씀드린 것보다 더 자세한 이야기가 궁금하신 거죠? 죄송해요"라고 말했다.

처음 30분 동안은 대화가 잘 진행되지 않아 상당히 혼란스러웠다. 나는 보통 새로운 내담자를 만나면 단 60분 만에 인생 전체에 관한 정보를 끌어낼 수 있는 노련한 정신과 의사다. 그러나 첫 상담에서 30분쯤 대화를 하는 동안 상대의 발가락을 밟을까 봐 노심초사하는 서투른 댄서가 된 기분이 들었다. 그녀는 다른 사람들이 자신에게 화가 났거나 실망했을지도 모른다는 걱정에 사로잡혀 항상 불안하다고 이야기했다. 나를 두려워했고 다른 사람들과의 만남이 실망스러웠거나 무서웠다고 묘사했다. 그런 태도를 보며 그녀가 다른 사람의 얼굴에 떠오른 친근함을 읽지 못하는 것인지 혹은 다른 사람과 관계를 유지하거나 눈을 맞추는 데 어려움을 느끼고 끝없이 사과할 수밖에 없는 상황에 좌절감을 느끼는 것인지 궁금해졌다.

가족사에서 답을 찾았다. 답은 뇌 형성에 지대한 영향을 미치는 어린 시절 관계라는 주제로 되돌아간다. 폴린의 아빠는 그녀가 다섯 살이었을 때 베트남에 갔다. 집으로 돌아온 아빠는 감정이 불안정하고 쉽게 화를 내는 사람이 되어 있었다. 아빠를 비난할 생각은 없다. 그녀가 묘사한 아빠의 행동은 전형적인 PTSD 증상이었다. 당시에는 PTSD를 제대로 치료하기는커녕 개념 자체도 거의 알려져 있지 않았다. 전쟁터 한복판이라고 해서 타인과 무의식적으로 연결되는 데 도움이 되는 거울신경계가 기능을 멈추는 것은 아니다. 마찬가지로 전쟁터에서 싸우는 군인도 여러 감정을 느낀다. 사실 그토록 많은 참전 군인들이 PTSD를 겪는 것은 전투에 임하는 동안 아드레날린이 분출되기도 하지만, 거울신경계가 작동해 아군, 적군 가릴 것 없이 주변에 있는 모든 사람의 고통을 그대로 받아들이기 때문일지도 모른다고 생각했다. 다른 사람의 고통이 신경계에 그대로 각인되는 것이다. 전쟁을 끝낸 군인이 집으로 돌아갈 때 고통도 함께 따라간다.

아빠와 함께하는 삶은 예측이 불가능했다. 폴린은 아빠가 왜 화를 내는지 예측하기 힘들었다. 아빠는 남은 음식을 저녁으로 줬다고 화를 낼 때도 있었고, 이웃집 개가 짖는 소리에 폭발할 때도 있었다. 쓰레기 수

거가 끝났는데 쓰레기통이 여전히 길에 있다는 이유로 화를 내기도 했다. 아빠의 분노가 쌓이기 시작하면 엄마는 폴린에게 아빠의 신경을 거스르지 말고 피해가라고 미리 귀띔해주었다. 폴린은 기상학자들이 구름 모양, 기압, 풍속을 관찰해 폭풍의 징후를 파악하듯 아버지의 얼굴에서 최대한 빨리 분노의 조짐을 찾아내는 법을 배웠다. 아버지가 눈썹을 찌푸리거나 입술을 앙다물면, 돌아서서 조용히 자신의 방으로 달아났다. 현명한 방어 전략, 즉 아버지의 표정에서 드러나는 미묘한 움직임을 읽어내는 능력이 수년에 걸쳐 모든 사람의 표정을 지나치게 과민할 정도로 인식하고, 모든 사람이 순식간에 자신을 향해 분노를 쏟아낼 수 있다고 일반화하는 태도로 발전했다.

폴린을 향해 미소를 지어 보이면서 물었다. "제가 미소를 짓고 있다는 사실을 알고 있나요? 여기에 찾아와서 어떤 걱정이 있는지 알려줘서 내가 기뻐하고 있다는 걸 아나요?" 폴린이 고개를 들어 내 얼굴을 쳐다봤다. 내게서 1.5미터쯤 떨어진 곳에서 50분간 이야기를 하고 나서야 나를 바라본 것이다.

폴린은 내게 미소를 지어 보이며, 이렇게 말했다. "죄송해요." (또다시 사과라니!) "제대로 하는 법을 제가 잘 모르는 것 같아요. 지금까지 만났던 다른 치료 전문가들은 항상 너무 비판적이었어요."

물론 내가 아는 정신과 의사 중에도 그런 사람이 있다. 그러나 폴린이 치료 전문가들의 얼굴을 제대로 '보고' 그 얼굴에 떠오른 친절함을 읽지 못했을 수도 있다는 생각도 들었다. 방금 사용한 '보다'라는 표현에는 다른 사람을 이해한다는 은유적인 의미와 다른 사람의 얼굴을 쳐다본다는 문자적 의미가 모두 담겨 있다. 첫 상담 시간이 끝나기 전에 두 차례 말을 멈춘 다음 폴린에게 잠깐 내 눈을 쳐다보라고 장난스럽게 이야기했다. 그때마다 그녀는 나를 쳐다봤고 창피한 마음에 얼굴이 빨갛게 달아올랐다. 세 번째로 말을 멈추고 나를 쳐다보라고 하자 그녀는 킥킥거리며 웃었다. 좋은 신호이자 중요한 첫걸음이었다. 폴린은 단순히 불안감에 사로잡힌 사람이 아니라 관계에 대한 두려움이 신경계에 깊이 박힌 사람이었다. 관계 속에서 불편한 일이 일어날 때마다 두려움은 한층 더 강해졌다. 안타깝게도 모든 관계가 그랬다.

폴린의 CARE 관계 진단표

항목	1. 오빠	2. 모린 (언니)	3. 프렌치 박사 (상사)	4. 레슬리 (비서)	5. 샌디 (연구조교)	총점	CARE 코드
1. 이 사람에게 내 감정을 솔직하게 털어놓는다.	2	3	1	2	2	10	C(평온함)
2. 이 사람은 내게 감정을 솔직하게 털어놓는다.	3	4	1	3	3	14	C(평온함)
3. 이 사람과 갈등을 겪을 때도 안전하다고 느낀다.	3	3	2	2	3	13	C(평온함)
4. 이 사람은 존중하는 태도로 나를 대한다.	1	2	1	2	2	8	C(평온함)
5. 이 관계에서 나는 평온함을 느낀다.	2	3	2	3	2	12	C(평온함) A(수용감)
6. 위기 때 이 사람이 도와줄 것이라고 믿는다.	2	3	2	3	3	13	C(평온함) A(수용감)
7. 이 사람과는 서로의 차이를 인정해도 안전하다.	2	3	2	2	3	12	C(평온함) A(수용감)

8. 이 사람과 함께 있으면 소속감이 든다.	4	4	2	3	3	**16**	A(수용감)
9. 서로 역할이 다르지만, 동등하게 대한다.	2	3	2	3	3	**13**	A(수용감)
10. 이 관계에서는 내가 소중하게 느껴진다.	3	4	2	3	3	**15**	A(수용감)
11. 이 관계에서는 서로 무언가를 주고받는다.	2	3	2	3	3	**13**	A(수용감)
12. 이 사람은 내 기분이 어떤지 느낄 수 있다.	2	3	2	3	3	**13**	R(공감)
13. 나는 이 사람의 기분이 어떤지 느낄 수 있다.	5	4	4	3	4	**20**	R(공감)
14. 이 관계에서는 내가 어떤 사람인지 더 분명해진다.	3	3	2	2	3	**13**	R(공감)
15. 우리가 서로를 이해한다고 느낀다.	2	3	2	3	3	**13**	R(공감)
16. 내 기분이 이 사람에게 영향을 미친다.	2	3	2	2	3	**12**	R(공감)
17. 이 관계는 나의 생산성을 높여준다.	3	3	3	3	3	**15**	E(활력)
18. 이 사람과 함께 보내는 시간이 즐겁다.	3	3	2	2	3	**13**	E(활력)
19. 이 관계는 나를 웃게 한다.	3	3	2	3	3	**14**	E(활력)
20. 이 관계 속에서 활력을 느낀다.	2	3	2	2	3	**12**	E(활력)
안전 그룹 점수	**51**	**63**	**40**	**52**	**58**		

(1 = 전혀 그렇지 않다, 2 = 그런 경우가 드물다, 3 = 가끔 그렇다, 4 = 그럴 때가 많다, 5 = 늘 그렇다)

폴린의 CARE 경로

- C(평온함): 82점(낮음)

- A(수용감): 94점(낮음)

- R(공감): 71점(중간)

- E(활력): 54점(낮음)

폴린의 관계 진단표를 보는 순간 두 가지가 즉시 눈에 띄었다. 첫째, 적당한 수준이나마 안전하게 느껴지는 관계가 하나밖에 없었다. 솔직하고 야심 찬 언니 모린과의 관계가 그랬다. 물론 모린과 함께 있을 때도 100퍼센트 안전하게 느끼는 것은 아니었다. 그러나 언니가 자신을 보호하려 애쓴다는 사실을 느꼈고, 그 느낌이 좋았다.

폴린은 배우자나 친한 친구마저도 없는 조용한 삶에 끌렸다. 모든 관계가 매우 불편하게 느껴졌고, 관계가 지속되면 스트레스를 받았다. 조용하게 집중해서 살고 싶은 욕구에 맞는 과학 분야의 직업을 선택해 오랫동안 실험실 연구 조교로 일해왔다. 한천 배양액에 박테리아를 배양한 후, 다음 날 실험실로 돌아와 어떻게 되었는지 살펴보는 일을 특히 좋아했다. 그런 일에서는 행간을 읽을 필요가 없었다. 결과는 박테리아가 자라거나 자라지 않거나, 둘 중 하나였다. 그녀는 이 일이 놀랄 정도로 명쾌하다는 사실을 깨닫고 이 일에 몰두했다. 정확한 시간을 지켜야 하는 실험을 마무리해야 하거나, 일과가 끝난 후 실험실을 정리해야 할 때 늘 시간 외 근무를 자처했다. 그래서 대부분의 시간을 실험실에서 보냈다.

직장에서 폴린이 가장 꾸준하게 관계를 유지한 사람은 샌디였다. 연구 조교인 샌디는 폴린의 근면함을 높이 평가했다. 복도 건너편 연구실에서 일하는 나이 많은 비서 레슬리와도 정기적으로 연락했다. 그러나 지나치게 조언을 많이 하는 레슬리의 태도가 '과하게' 느껴질 때도 있었다. 폴린에게 레슬리의 조언은 비판처럼 느껴졌다. 상사인 프렌치 박사도 있었다. 프렌치 박사는 상냥한 사람이었지만, 폴린은 권력을 가진 사람을 조심스럽게 대해야 한다고 생각했다. 그녀는 프렌치 박사에게 매우 세심한 주의를 기울이며, 그녀가 무엇을 원하거나 필요로 하는지 예측했다. 이따금 프렌치 박사와 샌디가 어떻게 관계를 맺는지 호기심을 갖고 지켜보곤 했다. 두 사람은 서로를 편안하게 대했다. 심지어 주말에 무엇을 했는지 이야기하기도 했다.

그 외에 폴린이 함께 시간을 보내는 유일한 인물은 오빠였다. 오빠는 다소 어려운 구석이 있는 사람이었다. 고집이 센 데다 가끔은 윗사람처럼 굴었다. 그녀는 가족에게 애정을 갖고 있었지만, 자신이 한 일에 항상 짜증을 내는 오빠의 태도를 싫어했다. 오빠는 폴린이 아무것도 하지 않았을 때조차 짜증을 부리곤 했다.

관계 진단표를 보고 알게 된 두 번째 사실은 CARE 경로가 모두 낮은 편에 속한다는 것이었다. 사실 공감 점수는 다른 점수보다 오히려 더 높았다. 이는 그녀가 얼마나 불안하고, 소외되고, 지쳐 있는지 보여주는 척도이면서 또 다른 몇몇 사항을 반영하기도 했다. 첫째, 다른 사람의 마음을 읽는 능력이 완전히 고장 난 것은 아니었다. 그저 혼란에 빠져 있을 뿐이다. 그녀는 상사를 비롯해 다른 사람들을 관찰하고 기쁘게 하는 법을 익혔다. 동시에 상대가 실제로는 화를 내지 않는데도 화를 낸다고 생각했다. 그녀는 다른 사람의 마음을 읽는 것과 관련된 문항에서 가장 높은 점수를 받았다. 하지만 자신이 사람들의 마음을 잘못 읽고 있다는 사실을 깨닫지 못했다.

꼬인 관계의 매듭을 풀기 위해 CARE 프로그램의 모든 단계를 순서대로 밟기로 했다. 평온함 경로와 수용감 경로가 약하면, 사람들은 자연스럽게 내면의 두려움에 사로잡힌다. 그뿐 아니라 관계와 관련된 경고음이 계속 머릿속에서 울려 퍼진다. 그런 탓에 다른 사람들을 제대로 보지 못한다. 더 평온해지고 깊은 수용감을 느끼게 된 후에(자비 명상이 특히 도움이 된다) 공감 경로에 접근할 계획이었다. 운이 좋으면 이쯤 되었을 때 몇몇 관계가 개선되어 관계에 활력이 생기는 바람직한 결과가 나타날 것이라는 생각이 들었다.

공감 경로가 약하다고 해서 모두가 자신이 만나는 모든 사람의 마음속에 지뢰밭이 있다고 확신하지는 않는다. 성격이 급한 내 친구 댄을 예로 들어보자. 그는 누군가가 쌀쌀맞거나 산만하게 굴면, 상대가 의도적으로 자신을 해치려 한다고 믿으며 그들을 마구 공격한다. 다른 친구 다르시도 있다. 다르시는 회사 직원들과 가족들이 모두 자신을 존경한다는 기쁨과 자부심에 사로잡혀 살았다. 그러던 어느 날 승진에서 밀려났다. 게다가 남편이 떠나겠다고 위협하며 "당신은 내가 무슨 생각을 하고 어떻게 느끼는지 전혀 모른다"라고 말했다. 다르시는 전혀 예상치 못한 순간에 갑자기 환상에서 벗어났다.

정서적인 공감을 조율하는 방법
:

당신은 어떤가? 다른 사람들이 어떤 생각을 하는지 알아차리기 힘든가? 직장에서 다른 사람들이 당신의 제안을 싫어한다고 확신했다가 뒤늦게 그들이 당신의 아이디어를 지지했다는 사실을 알게 되는 경우가 잦은가? 다른 사람들이 갑작스럽게 분노를 쏟아내며 당신을 공격한다고 느끼는 경우가 있는가? 혹은 미묘한 관계 변화 패턴, 한때 포근하고 가까웠던 관계에서 온기가 빠져나가는 미묘한 패턴을 느끼는가?

다른 사람의 마음을 읽기 어렵다고 해도 당신에게 본질적인 문제가 있어서가 아니라는 사실을 기억하자. 그저 다른 사람들과의 관계에서 뇌가 그런 방식으로 형성되었을 뿐이다. 예를 들어, 남편을 자신을 존경하는 부하직원쯤으로 여기며 살았던 다르시 같은 사람과 함께 살면, 결국 그 생각에 영향을 받을 수밖에 없다. 다른 사람들이 당신의 분노나 슬픔을 제대로 봐주지 않을 때, 당신도 내면에 쌓인 감정을 제대로 보기가 힘들어진다. 그리고 그 악순환에 익숙해져 다른 사람의 분노나 슬픔을 제대로 읽지 못하게 된다.

당신의 뇌는 관계에 영향을 받을 수밖에 없다. 그렇다고 해서 대처 방법이 전혀 없는 것은 아니다. 얼마든지 신경 경로를 새롭게 구성할 수 있다. 아래에 소개한 훈련 방법은 당신의 감정에 더 민감하게 반응하는 사람들과 더 많은 시간을 보내고 당신의 진정한 모습을 보지 못하는 사람들과 보내는 시간을 줄여야 한다고 설명한다.

여기에서 출발해 전반적인 감정에 이름표를 붙이는 법을 익힌 다음, 텔레비전이나 영화에 나오는 인물의 감정을 읽는 연습을 해보자. 거울 신경계를 압도하고 혼란스럽게 만드는 폭력적인 이미지를 피하고, 뇌 변화 규칙을 활용해 특정한 감정을 평가절하하는 경로를 굶주리게 만드는 방법 역시 '안전거리'를 유지하는 데 도움이 된다. 준비가 되었다면 편안하게 느껴지는 관계에서 일대일 훈련 방법을 활용해보자.

서로 공감하는 사람들과 더 많은 시간 보내기

얼마 전, 나는 '상대적 관계 시간relative relational time'이라는 개념을 도입했다. 다른 사람들과 함께 보내는 시간을 뜻하는데, 어떤 관계가 상대적 관계 시간에서 가장 큰 비중을 차지하는지 알아두면 신경 경로를 재형성하는 데 도움이 된다.

폴린의 관계 시간은 이렇게 구성된다.

사람	관계 시간(%)
오빠	25
모린(언니)	20
프렌치 박사(상사)	20
레슬리(비서)	20
샌디(연구 조교)	15

폴린의 경우, 언니와 더 많은 시간을 보내고, 오빠와 보내는 시간을 줄이면, 좋은 관계에서 힘을 얻어 성장의 발판으로 삼을 수 있을 것이다. 또한 샌디와 조금 더 시간을 보내도 좋을 것이라고 판단했다. 폴린은 가장 먼저 샌디와 대화할 때, 눈을 맞추는 데서부터 시작하기로 했다. 계속 눈을 맞추기는 어려웠지만, 잠깐 쳐다본 뒤에 다른 데로 시선을 돌리는 것 정도는 괜찮았다. 그뿐 아니라 관찰 습관을 활용해 샌디가 어떤 커피를 좋아하는지 파악한 다음, 책상 위에 커피와 함께 짧고 친근한 메모를 남겨두었다. 폴린은 샌디가 뜻밖의 커피 선물에 감동받았다는 사실을 알 수 있었다.

당신을 제대로 볼 수 없거나 보려 하지 않는 사람이 있다면, 그 사람과 함께 보내는 시간을 조정해 거울 신경계에 미치는 피해를 줄여야 한다. 예를 들면, 다르시의 남편은 의식적으로 관계 시간을 재분배하기 전까지 아내에게 맞설 수 있을 만큼 자신이 강한지 확신하지 못했다. 다르시의 남편은 일주일에 몇 차례씩 저녁에 친구와 테니스를 치기 시작했다. 주말에는 아이들을 데리고 부모님 댁으로 여행을 떠났다. 골치 아픈 문제에서 벗어나기 위해 그런 것은 아니었다. 그보다는 자신의 감정과 장점, 뿌리 깊은 개인적 특징을 '이해하는' 사람들과 더 많은 시간을 함께 보내기 위해서였다. 결국 다르시의 남편은 분노가 어떤 느낌과 모습인지 기억해냈고, 다르시와 건강하게 대립할 수 있을 정도로 자신이 화가 나 있다는 사실을 깨달았다.

다른 해결책이 도움이 될 때도 있다. 공감이 부족한 관계를 개선하기 위해 작은 단계부터 차례대로 밟아나가는 방법도 있다. 은퇴 후 우울감과 무기력감에 시달리는 여성을 상담한 적이 있다. 왜 그런 기분에 빠져든 것일까? 이 내담자는 바쁜 의료팀에서 쾌활한 구심점 역할을 하는 사무실 책임자였다. 모든 사람이 그녀를 의지했고, 지침을 내려주기를 바라며 그녀를 바라봤다. 그녀의 거울 신경계는 계속 긍정적 자극을 받았다. 하지만 직장을 관두자, 거울 신경계의 플러그가 통째로 뽑힌 듯했다. 몇 달 일찍 은퇴한 남편은 몇 건의 그림 프로젝트에 행복하게 임하고 있었다. 그림 작업에 너무 몰두한 나머지 그녀가 나타나도 고개조차 들지 않았다. 밤에는 피곤해하며 냉담하게 굴었다. 내담자는 남편에게 아침마다 인사를 건네고 시시콜콜한 이야기를 나누고 싶다고 이야기했다. 하지만 남편은 이미 결혼 생활이 오래되었는데 그렇게까지 할 필요는 없다고 여겼다. 몇 차례의 시도 끝에 "안녕, 여보. 기분은 좀 어때?" 같은 문구가 작위적으로 들리는 어색한 시기가 지나자 더 오래되고 애정 어린 습관과 연결된 신경 경로 일부가 다시 살아났다. 이런 노력 덕에 거울 신경계를 건강하게 자극하는 사람과 더 많은 시간을 함께 보낼 수 있게 되었다.

몸으로 느끼는 감정

연구진은 모든 문화권에 존재하는 여섯 가지 기본 감정을 찾아냈다.

- 행복
- 슬픔
- 분노
- 두려움
- 혐오
- 놀라움

이 감정들은 단순히 우리 머릿속에만 존재하지 않는다. 감정은 우리의 몸속에서도 살아 숨 쉰다. 특정 감정 때문에 너무 불쾌해서 의식적으로 생각할 수 없을 때조차 우리 몸은 그 감정을 표현한다. 분노는 심장 박동이 빨라지고 혈압이 상승하는 증상으로 드러나고, 두려움은 차가운 손발의 형태로 존재를 드러낸다. 몸이 보내는 신호에 주의를 기울이고 그 의미를 해석하는 법을 배운 사람은 자신과 타인의 감정을 잘 읽을 수 있다.

신체 증상으로 표출되는 감정을 제대로 이해하는 법을 배우기 위해서는 안전하고 조용한 장소에서 연습하는 것이 가장 좋다. 가장 편안한 감정을 선택한 다음, 눈을 부드럽게 감고 이런 감정을 경험했던 시간을 떠올려보자.

나도 직접 이 훈련을 해보았다. 내 아이들에 관련된 행복한 감정의 목록을 만들었는데, 내 아들과 딸이 마치 내 뼛속 깊숙이 살고 있는 것처럼 만들기가 쉬웠다. 딸이 속한 소프트볼팀을 코치하던 중 특히 행복했던 사건이 벌어졌다. 우리 팀이 결승전에 진출했고, 내 딸이 그 경기에서 절반을 투수로 활약했다. 딸이 마지막 타자를 삼진 아웃시키고 마침내 팀이 승리했다. 팀원들이 열광적으로 승리를 자축하던 중 딸과 나의 눈이 마주쳤다. 순수한 기쁨이 넘쳤다. 눈을 감고 이 이미지에 집중하면 먼저 가슴이 벅차오르고, 그 느낌과 내 얼굴에 떠오른 미소가 연결되어 있다는 사실이 깨달아진다. 기쁨이 온몸으로 퍼져나간다. 손이 찌릿해지고 그 기억으로 온몸에 활력이 생긴다.

특정한 감정을 불러일으키는 몇 가지 기억을 떠올려보자. 같은 위치에서 같은 방식으로 바로 그 감정을 경험하고 있는지 생각해보자. 만약 그렇지 않다면 그 차이가 무엇인지 생각하자. 이 간단한 훈련은 얼마든지 반복해서 행할 수 있다. 훈련을 많이 할수록 감정을 식별하기도 더욱 쉬워진다.

편안하게 느껴지는 감정을 충분히 연습했다면, 그 후에는 상대적으로 덜 편한 감정으로 다시 연습하자. 많은 사람이 어려워하는 감정이 바로 분노다. 두려움을 불편해하는 사람도 있다. 다른 사람들에게서 특정 감정을 자주 읽어낸다면, 당신이 그 감정을 불편하게 느낀다는 징후일 수 있다. 사람들이 당신에게 자주 화를 내는 것 같거나, 당신을 두려워하는 것 같을 때가 있는가? 또는 사람들이 너무 행복해해서 터무니없게 느껴질 때가 있는가? 바로 그것이다. 당신은 지금 가치 있는 단서를 얻었다.

문제가 있을 때마다 가족에게 투명 인간 취급을 받았던 젊은 내담자 제니퍼는 오랫동안 자신의 분노를 쉽게 닿지 않는 깊숙한 곳으로 억누르는 법을 배웠다. 제니퍼에게 정말로 화가 났던 순간을 편안하게 떠올려보라고 권했다. 그녀는 다른 사람을 위해 화를 냈던 순간을 떠올렸다. 펜실베이니아에서 어린 학생들이 성적 학대를 당했다는 소식을 처음 들었을 때였다. 자동차를 운전하며 스포츠 라디오 채널을 듣던 중에 이 뉴스가 터져 나왔다.

그녀는 당시의 상황을 이렇게 설명했다. "분노가 마치 화산처럼 내 안에서 폭발했어요. 머리 윗부분에 띠 같은 게 생긴 느낌이 들었어요. 목까지 분노가 차올라 소리를 지르고 싶었어요."

이 과정에서 더 복잡하고 기존 감정과 중첩되는 또 다른 감정을 발견할지도 모른다. 분노의 감정을 재빨리 흘려보내지 않고 붙들고 있던 제니퍼는 복부와 가까운 가슴 아래쪽이 매우 묵직해지는 기분이 들었다. 학대를 당한 아이들 생각에 깊은 슬픔이 밀려든 것이었다. 이 순간을 다시 떠올리는 일은 전혀 즐겁지 않았다. 그러나 그런 감정이 신체 중 어디쯤 자리 잡고 있는지 찾아내고 설명하는 데는 도움이 되었다. 이런 훈련으로 미처 깨닫지도 못한 채 분노하거나 분노와 슬픔을 동시에 겪을 가능성이 줄어든다.

이 특별한 감정 지능을 기를 때는 인내심을 가져야 한다. 인터넷 포르노에 중독되었던 루퍼스의 경우, 몸에서 일어나는 기본 감정을 파악하고, 화가 나거나 상처를 받으면 순식간에 멍한 상태가 되어 주변 모든 사람과 단절된 듯한 기분에 빠져든다는 사실을 깨닫기까지 6개월이 걸렸다. 루퍼스가 자신의 감정을 알아차리는 데 꽤 능숙해졌을 무렵, 내 기분이 어떤지 맞혀보라고 제안했다. 루퍼스한테는 어려운 일이었다. 내 기분을 맞히려면 먼저 내 얼굴을 쳐다봐야 했고, 내 몸짓과 표정을 제대로 이해해야 했다.

그러던 어느 날, 내 딸이 다니는 학교에서 일어난 일 때문에 내가 약간 산만한 상태로 출근했다. 그날 우리는 마침내 전환점을 통과했다. 내가 어떤 요구도 하지 않았는데 루퍼스가 내게 물었다. "저한테 화가 나신 건가요?" 곧장 상담에 돌입해 "왜 내가 당신한테 화가 났다고 생각하나요?"라고 묻는 대신 잠깐 말을 멈추었다가 답을 했다. "제가 딴 생각에 빠져 있었어요. 집에서 일어난 일 때문에 조금 걱정이 되었거든요. 당신한테 화가 난 건 아니에요." 그런 다음 내 상태를 언급해줘서 고맙다는 뜻을 전했다. 그가 사실을 짚어준 덕에 나는 다시 상담에 집중할 수 있었다. 사실 그날의 상담은 매우 훌륭했다. 상담에 너무 몰입한 나머지, 다른 걱정거리를 모두 잊을 정도였다.

감정 스펙트럼에 이름 붙이기

기본 감정은 총 여섯 가지다. 그러나 각 감정은 강도에 따라 무한한 스펙트럼으로 다시 나눌 수 있다. 각 감정마다 가장 약한 단계에서부터 가장 강한 단계까지의 등급을 나타내는 대표적인 가지 단어를 소개하면 아래와 같다.

행복

만족, 기쁨, 행복, 고요함, 환희, 득의만면, 더없는 행복, 희열

슬픔
실망, 상처, 우울감, 슬픔, 침울, 절망

분노
짜증, 초조, 불만, 분노, 격노, 격분

두려움
걱정, 겁, 불안, 무력감, 두려움, 경악, 공포, 극심한 공포

혐오
경멸, 혐오, 역겨움, 증오

놀라움
놀라움, 충격, 경탄, 경악

감정의 중요성을 무시하는 환경에서 살아온 사람들도 이런 단어들을 머리로는 이해할 수 있다. 그러나 몸과 마음으로 복잡한 감정을 구분하기는 어렵다. 짜증, 초조, 불만, 분노, 격노, 격분이 이름을 붙일 수 없는 하나의 뭉뚱그려진 감정이 되어버린다. 이렇게 되면 감정에 압도당한 채 충동적이고 통제 불가능한 방식으로 감정을 표현하거나 감정 자체를 억누르기도 한다.

감정의 미묘한 차이를 제대로 알아차리지 못한 채 다른 사람들과 관계를 맺으려고 애쓰는 것은 소매점을 운영하면서 100달러짜리 지폐만

준비해두는 것과 같다. 다양한 단위의 화폐를 준비해두지 않으면 실제 가치가 얼마든 모두 같은 값에 팔 수밖에 없다. 부츠 한 켤레든 사탕 하나든 모두 100달러에 팔아야 한다는 뜻이다. 부츠는 실제로 100달러의 가치가 있을지도 모른다. 그러나 사탕에 100달러를 쓰는 것은 절대로 좋은 생각이 아니다. 떠올릴 수 있는 감정이 많지 않으면, 초조하다는 표현이 잘 어울리는 상황에서 분노를 드러낼 수도 있다. 자신의 아이디어에 관한 의견을 말한 동료에게 격노했던 컴퓨터 프로그래머 후안이 떠오른다.

감정에 관한 어휘력을 날카롭게 벼리려면 혼자서 이 훈련을 해보자. 가장 안전한 관계 하나를 찾고, 여섯 가지 기본 감정 중 하나를 고르자. 조용한 곳에 혼자 앉아서 상대방에게 해당 감정을 약하게 느끼고 있다고 상상해보자. 그 후에는 강도를 조금씩 높이자. 신체 어느 부위에서 감정의 변화가 느껴지는지, 그 느낌이 어떻게 변하는지 주목하자.

아직 큰 차이를 느끼지 못해도 괜찮다. 신체 부위 중 어떤 곳에서 감정이 일어나는지 주의를 기울이고 그 감정에 붙일 이름표를 생각하기 시작하는 것만으로 공감을 주고받는 데 중요한 관계 기술을 저절로 습득하게 된다.

그런 다음, 각 감정의 음영을 느꼈을 때 어떤 일이 벌어졌는지 떠올려보자. 그 감정을 정확하게 표현할 수 있었는가? 만약 그랬다면, 그다음에는 어떤 일이 벌어졌는가? 건강한 관계에서는 감정 표현이 대개 관계를 더 깊게 만든다. 그 감정이 상대를 향한 분노라고 해도 그렇다. 진 베이커 밀러는 자신과 타인 그리고 그 관계를 더 명확하게 이해하는 것이 성장 촉진 관계의 결정적 특징이라고 설명했다. 관계 내에서 감정을 존중받으면 경험을 인식하고 표현하는 능력이 한층 강해진다. 상대방의 경험을 듣는 능력 역시 마찬가지다.

그다음에는 더 안전하지 않은 사람을 대상으로 같은 훈련을 진행하며 다양한 감정의 스펙트럼을 상상하는 것도 좋다. 어떤 차이가 있는가? 더 적극적으로 영화나 드라마를 보면서 등장인물이 느끼는 감정을 몇 단계의 강도로 나눠서 상상하는 방법도 추천한다.

다양한 감정으로 이 훈련을 반복하면 머릿속으로만 이해하던 감정을 신체 감각과 연결하게 된다. 관계를 맺을 때 이런 감정을 활용하면 더 명확하게 소통할 수 있다.

물론 궁극적인 목표는 이 훈련을 현실로 옮기는 것이다. 가장 안전한 친구와 함께 있을 때 이런 말을 해보자. "너 오늘 좀 초조해 보여('즐거워 보여'라거나 '걱정이 있는 것처럼 보여' 같은 말도 좋다). 정말 그래?" 감정에 이름을 붙인 다음 확인하는 것이 무엇보다 중요하다. 다른 사람들의 생각을 정확히 읽었는지 확인하지 않은 탓에 발생하는 문제가 너무도 많다. 확인하지 않은 상태에서 엉뚱한 방향으로 전속력으로 돌진하면 오해가 쌓이고 결국 관계는 파국으로 치닫는다.

모든 관계에는 연결과 단절이라는 리듬이 있다. 다른 사람에게 항상 공감하기란 불가능하다. 감정을 완벽하게 읽는 것이 중요한 게 아니라 당신이 그 감정을 읽는 방식을 인지하고 감지한 감정이 맞는지 확인하는 것이 중요하다. 이때 '사용하지 않으면 사라진다'라는 뇌 변화 규칙이 솜씨를 발휘한다. 거울 신경 경로는 자극받을수록 더 강해진다. 따라서 일상생활에서 맞닥뜨리는 막대한 차이를 안전하게 연결하는 데 도움이 된다.

생각과 감정을 분리하는 신경 경로 차단

그 누구도 뇌의 관계 경로에 대해 고민하지 않았던 1976년에 진 베이커 밀러는 '감정-사고_feeling-thought' 개념을 도입했다. 감정-사고란 건강한 관계를 맺는 데 필요한 지적 경험과 감정 경험의 통합을 뜻한다. 그러나 건강한 인간 발달의 궁극적 목표가 '분리'라고 강조하는 문화에서는 감정을 존중해야 한다고 배우지 않는다. 생각은 뇌가 성숙했다는 신호이지만, 감정은 다소 불쾌하고 미숙한 것이라고 배운다. 안타깝게도 감정과 사고를 분리하면 관계의 측면에서 불리할 수밖에 없다. 관계에 대한 경험은 주로 관계에 대한 느낌을 기반으로 한다. 이 때문에 감정을 부정하거나 잘못 읽으면 소통이 혼란스러워진다.

예를 들어, 심리 치료를 받으러 온 내담자들에게 종종 어떤 감정이 드는지 물어본다. 그때마다 내담자들은 어떤 감정을 느끼는지가 아니라 어떤 생각을 하는지 답을 내놓곤 한다. "남편과 더는 함께하고 싶지 않은 것 같아요"라거나 "치료를 관두고 싶은 것 같아요"라고 답하는 식이다. 사고와 짝을 이루는 감정이 결여된 대답이다.

상담 치료에서 가장 중요하게 여기는 과제는 감정과 생각을 다시 통합해 내담자가 정확하게 답하도록 만드는 것이다. 상담이 진행될수록 내담자들은 더 나은 답을 내놓는다. 가령, "남편이랑 같이 있으면 외롭고 상처받는 느낌이 들어요. 더는 결혼 생활을 이어가고 싶지 않아요"라거나 "상담에서 제 음주 습관에 초점이 맞춰지면 짜증과 화가 치밀어 올라요. 상담 치료를 중단할 생각이에요"라는 식으로 답을 한다.

감정을 이해하는 능력이 개선되면 감정-사고 소통에 좀 더 능숙해진다. 지금껏 설명한 방법들은 감정을 이해하는 능력을 개선한다. 동시에 생각은 성숙한 것이고 감정은 미숙한 것이라고 말하는 신경 경로를 차단할 수 있어야 한다. 일상생활에서 다음과 같은 메시지를 주의 깊게 지켜보자.

- 당신과 함께 사는 가족들은 감정이 아이들에게나 어울리는 것이라고 말하는가? 심지어 여자아이들에게나 어울린다고 이야기하는가?
- 무언가로 인해 떠오른 감정을 이야기하면 놀림당하거나 무시당하는가?
- 당신이 '사실에 집중하지' 않고 감정을 언급하면 당신의 배우자나 연인은 비난하는가?

당신이 감정-사고를 형성하는 데 어려움을 겪는 사람과 대화를 하다가 강렬한 감정을 표출하면, 상대 역시 당신의 감정을 모방해 불편함을 느끼게 된다. 심지어는 감당하기 어려운 감정에 완전히 압도되어 대화에서 감정을 배제하는 방식을 고집하게 될 수도 있다.

이런 '사고 우월성thought superiority'에서 벗어나려면 앞서 소개한 '재명명과 재초점'이라는 뇌 변화 방법을 활용해야 한다. 가족들과 대화 중에 감정을 언급했다는 이유로 비난을 받는다면, 그 비난에 '단순한 가족 신념'이라는 이름표를 새롭게 붙여주자. 관계에 감정적 요소를 추가한 후 유대감이 한층 강해진 경험에 다시 집중하는 것도 좋다. 또는 인간관계와 관련된 긍정적 순간을 활용해도 괜찮다. 나는 아이들과 나누었던 풍부한 대화의 PRM으로 초점을 전환할 때가 많고, 그럴 때 낡은 신경 경로가 사라지는 느낌이 든다.

직접적인 대면 연습

주로 직접 만남을 갖지 않고 비대면으로 인간관계를 맺고 있는가? 거울 뉴런을 훈련하려면 직접 만나는 것이 무엇보다 중요하다. 다른 사람의 표정과 행동에서 감각 정보를 받아들일 때 거울 신경계를 직접 자극할 수 있기 때문이다. 다양한 대인관계를 맺고 있을수록 신경 경로가 거울 신경계를 따라 활발하게 작용하게 된다. 영상통화로 대화를 나눌 때도 상대의 얼굴이나 팔뚝이 움직이는 것을 볼 수 있다. 그러나 상대가 책상 위에서 커피잔을 향해 손을 뻗는 모습은 볼 수 없다. 직접 대면하지 않으면 거울 신경계가 충분한 정보를 얻지 못해 직접 상호작용할 때만큼 제대로 발전하지 못한다.

물론 그렇다고 해서 문자나 스카이프, 페이스타임 같은 기술을 사용하지 말라는 뜻은 아니다. 이 기술들은 이미 의사소통과 우정을 유지하는 기본 도구가 되었다. 그러나 직접 만나는 연습을 하지 않는다면 기술을 활용한 의사소통도 더 어려워진다. 그 이유가 무엇일까? CARE 신경 경로가 잘 연결되어 있고 탄탄하게 발달해 있으면 상대가 던진 몇 마디 말을 듣거나 얼굴을 보는 것만으로도 그 사람에 관한 기존 정보를 정신적으로나 신체적으로 금세 떠올릴 수 있다. 텍스트나 영상으로 전해진 제한된 정보를 이해하기에 충분한 맥락을 이미 갖추었기 때문이다. 그러나 오프라인에서 직접 만나본 적이 없는 사람과 온라인으로만 관계를 맺으면 그 사람의 말이나 시각 정보를 해석하기 위해 실제로 만났던 다른 사람과의 경험을 떠올릴 수밖에 없다. 가장 친한 친구가 보낸 메시지를 읽으면서 마치 엄마가 보낸 메시지를 읽을 때처럼 접근하는 셈이다. 이런 식으로 접근하면 오해의 여지가 늘어난다.

폭력적 이미지에 노출되는 빈도 줄이기

폭력적 이미지는 어디에나 있다. 게임, 뉴스, 영화, 텔레비전 프로그램 등 어디를 보더라도 폭력적 이미지가 등장한다. 이것이 해로운 이유는 폭력이 피해자에게 미치는 영향을 거의 보여주지 않기 때문이다. 만약 우리가 누군가를 해쳤다면, 우리의 뇌와 몸은 그 행동이 상대에게 어떤 영향을 미쳤는지 직접 확인해야 한다. 폭력과 공격성이 피해자에게 미친 영향을 두 눈으로 확인하면 거울 뉴런이 자극되어 상처를 입은 사람한테 감정을 이입하게 된다. 사실 다른 사람의 입장이 되어보거나 그들의 입장이 어떤지 상상하는 과정은 폭력을 예방하는 데 무엇보다 중요하다. 실제로 이런 과정은 폭력을 가한 남성을 치료하는 프로그램에서 핵심 역할을 한다. 반대로 오직 이미지로 경험하는 폭력은 비현실적으로 느껴지는 만큼 모두에게 해를 끼친다.

마르코 야코보니는 이렇게 이야기한다. "종합해보면, 실험실 연구, 상관관계 연구, 종단 연구 결과는 모두 미디어 폭력이 모방 폭력을 유도한다는 가설을 뒷받침한다. '효과 크기$_{effect\ size}$'는 두 변수 간의 관계 강도를 측정하는 지표다. 사실, 미디어 폭력과 공격성의 통계적인 효과 크기는 '간접흡연과 폐암', '칼슘 섭취와 골량', '석면 노출과 암'에 비해 훨씬 크다."[2]

대규모 폭력에 노출될 때 성인의 신경계도 영향을 받지만, 아이들에게는 그 영향이 더욱 크다. 유년기는 학습과 신경 형성에 중요한 시기다. 성인과 같은 판단력이 없는 상태에서 미디어 폭력에 노출되면 과도한 폭력성을 그대로 받아들인다. 이 두 가지 요인이 만나 폭력이 관계를 형성하는 정신적 구조에 내재화된다.

이런 이유로 폭력적 이미지에 노출되는 빈도를 줄여야 한다. 물론 그런 영화 중에는 정말 재미있는 작품도 있다. 나도 그런 사실을 잘 알고 있지만, 건강한 정신과 인간관계를 위해서는 폭력 영화보다는 코미디 영화를 보는 것이 좋다. 전쟁이나 범죄를 주제로 하는 게임만 줄곧 해 왔다면, 협동을 강조하는 게임도 시도해보기를 바란다. 이런 변화가 쉽지 않다면, 마치 당신이 실제로 폭력을 행사하거나 당하고 있기라도 한 듯 몸과 뇌가 폭력 장면을 그대로 모방한다는 사실을 기억하자. 폭력적 이미지에 노출되는 빈도를 줄이거나 아예 이런 노출을 없애면 기분이 훨씬 나아진다.

관계의 틀 이해하기

부모와 완전히 다르게 느껴지는 사람과 연애해본 적이 있는가? 어린 시절 중 가장 절망스러웠던 순간을 다시는 반복할 일이 없을 거라는 생각에 안도감을 느끼면서 말이다. 일주일, 한 달, 어쩌면 일 년 정도는 모든 것이 행복하게 흘러갈 수도 있다. 하지만 어느 날 아침에 일어나 보니, 쾅! 완벽했던 애인이 어떤 옷을 입고 어떤 머리를 해야 할지 일일이 지적하고 있다. 지난주에는 식기세척기에 그릇을 제대로 넣는 법을 가르쳤고, 마침내 오늘 아침에는 출근을 서두르고 있는데 치약을 제대로 짜는 법을 알려주려고 한다. 그 순간 당신은 이성을 잃었다. 여덟 살짜리 어린애한테나 어울릴 법한 짜증을 있는 대로 부렸다. 모든 것을 통제하려 들었던 어머니가 이래라저래라할 때마다 떼를 부렸던 그 시절 같았다. 화장실 세면대 앞에 서 있었던 바로 그 순간에 그 일이 벌어졌다. 상냥하고 여유로운 성격이 마음에 들어서 택했던 바로 그 연인이 툭하면 비난을 일삼는 부모가 되어버렸다.

오래된 관계 패턴을 반복하는 일만큼 의기소침해지는 일도 없다. 그러나 우리는 거의 항상 이런 관계 패턴 반복하게 된다. 그런 방식으로 다른 사람의 행동을 읽도록 배웠기 때문이다. 오래된 관계 패턴을 더는 반복하고 싶지 않거나 다른 사람을 더 이해해볼 준비가 되었다면 '관계의 틀relational template'이라는 개념에 익숙해져야 한다.

거울 신경계가 뇌섬엽을 통과하는 지점에 평생 쌓여온 관계 이미지가 저장되어 있다. 관계-문화 치료 기법에서는 이런 이미지를 관계의 틀이라고 부른다. 관계의 틀이란 인식조차 하지 못할 정도로 오랫동안 갖고 있었던 관계에 관한 생각을 뜻한다. 관계가 어떠해야 하고, 관계 내에서 당신에게는 어떤 권리가 있는지, 특정 행동이나 표현이 무엇을 의미하는지에 관한 생각이다. 관계의 틀이 서로 완전히 다른 탓에 두 사람이 서로를 오해하는 경우가 많다.

어린 시절의 관계와 경험이 뇌를 형성하며 신경계는 안전을 위해 익숙한 것에 끌리게 마련이다(심지어 그 관계가 안전하지 않을 때도 그렇다!) 따라서 사람은 누구나 끝없이 관계의 틀을 되풀이한다. 이런 틀은 무의식적인 규칙으로 자리 잡아 당신이 행동하는 방식과 상대에게 기대하는 행동 방식을 결정하게 된다. 다채롭고, 상대를 존중하고, 적절한 반응을 보이며, 타인의 말에 귀 기울이고 자신의 의견을 밝힐 줄 알며, 협상하고 타협할 줄 아는 사람들이 주위에 있어서 어린 시절에 대체로 긍정적인 경험을 했다면, 상당히 좋은 태도를 지닐 가능성이 크다. 이런 경우, 건강한 관계를 맺는 기술이 뇌와 몸에 저장되어 있다. 배측 전대상피질은 평온한 상태이며, 잘 발달한 스마트 미주신경이 스트레스를 잘 조절하고, 가족과 친구로부터 충분한 도파민을 얻는다. 또한 거울 신경계가 잘 발달해 다른 사람을 제대로 파악한다.

그러나 분리를 중시하는 문화에서는 타인을 이해하고 건강한 관계를 만들어가는 능력을 저해하는 관계의 틀이 만들어지는 것이 일반적이다. 일례로, 내 친구들인 롭과 메리의 우정을 들 수 있다. 둘은 대학에서 만났다. 서로 관심사와 가치관, 인생 목표가 비슷하다는 사실을 알게 된 후 두 사람은 떼려야 뗄 수 없는 사이가 되었다. 모두가 두 사람이 결혼할 것이라고 생각했지만 정작 롭과 메리는 서로를 친남매처럼 여길 뿐이었다. 학교를 졸업하고, 여러 도시로 이주하고, 첫 번째 직장을 갖고, 메리가 결혼할 때까지도 두 사람의 우정은 굳건했다. 한 사람은 동부 해안에, 다른 한 사람은 서부 해안에 살았지만, 매주 통화를 했고 매일 문자나 이메일을 주고받았다. 메리한테 아이가 생길 때까지는 그랬다. 롭은 메리가 낳은 아이의 세례식 날 동부로 날아가기까지 했다. 바로 그때부터 오랜 갈등이 시작되었다.

롭은 메리가 아이에게 지나치게 집착한다고 여겼다. 메리는 늘 아이 이야기만 늘어놓았다. '잠깐만이라도 내려놓을 수 있잖아!' 메리가 롭한테 아이 이야기를 하려고 들 때마다 롭은 속으로 생각했다. 아기가 너무 사랑스럽고 육아가 힘든 일이라는 것쯤은 그도 잘 알고 있었다. 그렇지만 메리가 조금 지나치다고 생각했다. 메리의 세계에서 밀려난 것 같은 느낌 때문에 놀라기도 했다. '내가 아기를 질투하는 건가?'

메리도 롭이 달라졌다는 사실을 눈치챘지만, 최근에 옮긴 직장에 몰두하느라 그런 것이라고 짐작했다. 하지만 시간이 흐를수록 메리의 답장이 늦어지고 아기 때문에 전화를 끊는 일이 늘어나자, 롭의 불만은 나날이 커졌다. 롭에게는 아이 이야기가 너무 지루했다. 둘 사이에는 점점 거리감이 생겼고, 소통이 줄어들었다. 두 사람 모두 엄청난 상실감을 느꼈지만, 어떻게 해야 할지 몰랐다.

둘 다 깊게 뿌린 내린 관계의 틀이 서로를 대하는 방식에 영향을 미친다는 사실을 미처 깨닫지 못했다. 메리는 외동딸로 자랐고 그 모든 순간을 사랑했다. 메리의 엄마는 옛날부터 메리를 애지중지했고, 지금도 그랬다. 여전히 한 달에 한 번 정도는 메리가 좋아하는 간식이 가득 들어 있는 선물 상자를 보내주었다. 메리는 이 선물을 받을 때마다 다시 일곱 살로 돌아간 것 같은 행복을 느꼈다. 메리는 엄마와 나누는 길고 수다스러운 대화를 좋아했다. 메리는 항상 아이가 생기면 자신의 엄마 같은 엄마가 되고 싶다고 생각했다. 아이를 가족이라는 우주의 중심에 두고 싶지 않은 사람이 어디 있겠는가?

롭도 부모의 관심을 마음껏 즐겼다. 뇌성마비를 앓는 동생이 태어나기 전까지는 그랬다. 엄마와 동생은 출산 도중 둘 다 목숨을 잃을 뻔했다. 둘 다 가까스로 살아남았지만, 동생 조너선은 평생 장애를 안고 살게 되었다. 집은 휠체어, 특수 침대, 산소, 각종 약물로 가득한 병동으로 변했다. 롭은 모든 삶을 동생에게 맞춰야 했다. 부모님이 자신을 여전히 사랑한다는 사실은 잘 알고 있었다. 그러나 두 사람 모두 동생을 돌보느라 지쳐 있었고, 롭은 소외감을 느낄 수밖에 없었다.

글로 적어보면 롭과 메리의 경험이 어떻게 전혀 다른 관계의 틀을 형성했는지 쉽게 이해할 수 있다. 그러나 관계의 틀에는 사람들이 쉽게 놓치는 중요한 본질이 있다. 사람은 누구나 자신의 틀을 기준점 삼아 모든 관계가 그래야 한다고 믿는다. 사람들은 자신이 가진 관계의 틀을 모든 사람이 당연히 알고 있어야 하는 상식처럼 여긴다. 따라서 메리는 새로 태어난 아이에게 모든 사람의 관심이 쏟아져야 마땅하다는 사실을 '모두가 안다'라고 여겼다. 롭은 가장 친한 친구한테 세심한 관심을 기울이지 않는 것은 이제 끝이라는 분명한 메시지를 전달하는 행위나 다름없다는 사실을 '모두가 안다'라고 여겼다. 롭과 메리는 서로 전혀 다른 관계의 틀을 갖고 있다는 사실을 깨닫지 못한 탓에 상처받고 혼란스러워했다.

어느 날 저녁, 메리가 울면서 롭에게 전화를 걸었을 때 두 사람 사이의 긴장감이 녹아내렸다. 둘 사이에는 여전히 거리감이 있었지만, 온종일 아이를 돌보는 것이 얼마나 고독하고 피곤한 일인지 메리가 속을 터놓고 이야기하고 싶은 사람은 롭뿐이었다. 메리가 자신을 여전히 절친한 친구로 여긴다는 사실을 깨달은 롭은 깊은 안도감을 느꼈고, 분노에서 벗어나 연민을 갖게 되었다. 그날 밤 두 사람은 깊은 대화를 나눴다. 두 사람은 자신이 어떻게 생각하고 느끼는지 서로에게 설명했다. 롭은 아픈 동생 때문에 어머니의 품 밖으로 내팽개쳐졌을 때의 고통을 설명하며, 아이를 돌보는 데 집중하는 메리한테 자신이 왜 분노했는지 마침내 깨닫게 되었다. 메리는 자신이 이상적으로 생각하는 엄마와 아이의 관계에 모두가 동의하지는 않는다는 사실을 깨달았다. 두 사람은 관계의 틀을 구성하는 요소를 찾아낸 끝에 서로를 더 명확하고 연민 어린 시선으로 볼 수 있었다. 좋은 관계는 바로 이런 식으로 뇌에 긍정적인 영향을 미친다. 롭과 메리의 경우, 서로를 '이해하는' 방법을 깊이 깨달으면서 각자의 거울 신경계가 한층 강화되었다.

관계의 틀은 우리가 사람들을 오해하는 중요한 원인이 되기도 한다.

롭의 내면에 새겨진 관계의 틀은 "엄마는 한 번에 한 사람만 사랑할 수 있다"라고 이야기했다. 폴린의 내면에 새겨진 관계의 틀은 "모든 사람은 일촉즉발의 분노를 안고 살아간다"라고 이야기했다. 제니퍼는 관계의 틀 때문에 다른 사람들이 자신에게 하는 행동의 기대치를 낮추었다. 결국 부당한 대우를 받아도 그 같은 사실을 거의 깨닫지 못했다. 이렇게 내면의 틀을 제대로 인식하면 다른 사람과의 관계에서 일어난 일이 혼란스럽거나 애매하게 느껴질 때 명확하게 헤쳐 나갈 방법을 더 쉽게 찾을 수 있다. 초점이 맞지 않는 시야를 교정하려면 안경을 써야 하는 것과 같다. 다른 사람을 제대로 보려면 우리 모두에게 이런 '안경'이 필요하다. 우리는 모두 각자 다른 관계의 틀을 갖고 있기 때문이다.

CARE 관계 진단표를 활용한 패턴 찾기
:

관계의 틀을 찾는 데 도움이 되는 한 가지 방법은 CARE 관계 진단표 결과를 살펴보는 것이다. 한 관계에서 다른 관계로 넘어가는 패턴을 찾아보자. 예를 들면, 제니퍼는 함께 있을 때 자신이 어떤 사람인지 더 분명해지는 관계가 하나뿐이라는 사실을 알아차렸다. 대부분의 관계에서는 혼란을 느낀다는 사실도 깨달았다. 자신의 욕구를 어떻게 표현해야 할지 몰랐고 실제로 어떤 욕구가 있는지도 헷갈렸다. 예전에는 이런 혼란이 고통스럽게 느껴지지 않았다. 가족과 함께 살면서 보이지도, 들리지도, 이해받지도 못하는 존재로 살아가는 것이 정상이라고 배웠기 때문이다. 상담 중 자신이 친구들을 정서적으로 돌보는 역할을 하고 있다는 사실을 깨달은 한 내담자는 눈썹을 치켜올리며 말했다. "음. 참 익숙하게 들리네요. 익숙하다는 건, 우리 가족 덕분이에요." 물론 모든 관계에서 과거의 관계 경험이 단순하게 재현되는 것은 아니다. 각 관계에는 고유한 속도와 색깔이 있다. 그러니 당신이 평가하는 각 관계는 다른 관계들과 조금씩은 다르게 보일 수밖에 없다. 그럼에도 유심히 살펴보면 공통된 패턴을 찾을 수 있다.

친구의 도움을 받아 관계의 틀을 '보자'
:

인간은 영원히 지속되는 자기기만의 고리에서 벗어나지 못할 수도 있다. 폴린은 내게 이렇게 이야기했다. "다른 사람들이 화가 났다고 저 혼자 상상하는 게 아니에요. 저 말고 다른 사람들은 자신들이 얼마나 화가 났는지 보지 못하는 것뿐입니다." 그래서 내면이 아닌 외부에서 당신의 관계 패턴에 관한 정보를 수집하는 것이 좋다. 당신의 관계 안전 그룹에 속하는 사람에게 당신이 사람들과 어떤 관계를 맺고 있는지 솔직하게 알려달라고 요청하자(아직 관계 안전 그룹에 속하는 사람이 없다면, 그런 사람이 생길 때까지 기다리자. 당신을 명확하게 보지 못하는 누군가에게 이런 일을 요청하면 결국 스스로에 관한 왜곡된 생각을 갖게 될 수도 있다). 사람들은 대개 친구에게 비판적인 의견을 주려할 때 주저한다. 따라서 대화를 열어줄 만한 몇 가지 질문을 참고하자.

1. 나는 주로 돌보는 일을 담당하는가?

2. 다른 사람들이 강하게 의견을 주장할 때, 나는 그들의 말에 따르는 편인가?

3. 다른 사람들의 말을 경청하는 데 어려움을 느끼는가?

4. 다른 사람들이 내게 도전하면 나는 화를 내는가?

5. 갈등이 있을 때 쉽게 상처받고 물러나는가?

6. 마음대로 되지 않을 때 공격적으로 행동하는가?

7. 남자와 여자를 대할 때 다르게 행동하는가?

8. 상대를 통제하려고 하는가?

9. 사람들과 교류하기에는 내가 너무 산만한가?

10. 다른 사람의 감정을 상하게 하는 말을 충동적으로 내뱉는가?

암시적 기억 찾아내기

:

명시적 기억explicit memory은 마음속에서 그림으로 그려볼 수 있는 시각적인 기억이다. 명시적 기억에 서사가 더해지는 경우도 많다. 3~6세 사이에 뇌의 기억 저장소인 해마가 형성되는데, 그 전까지는 명시적 기억을 저장할 수 없다. 사람들이 당신의 첫 번째 기억이 무엇이냐고 묻는다면, 최초의 명시적 기억을 묻는 것이다. 반면 암시적 기억implicit memory은 해마가 작동하기 전인 생후 몇 년 동안 형성된다. 암시적으로 저장된 기억은 감정이나 스트레스를 관장하는 편도체와 연관이 있다. 이 기억은 시각적 경로가 아닌 감정과 신체 감각으로 나타난다.

전통적 의미만을 생각한다면, 당신이 겁에 질려 있는데 어머니가 밀어낸 순간, 어린이집에서 친구들이 당신의 혀짤배기소리를 놀려댔던 순간, 할머니의 부드러운 무릎에 안겨 절대적인 평화와 안락함을 느꼈던 순간 등이 '기억나지' 않을 수도 있다. 암시적 기억은 시각적이지 않다. 오히려 신체를 구성하는 세포에 저장되어 잠재의식 속에 남아 있는 배경 소음과 같다. 암시적 기억은 감정이나 신체 감각을 통해 이 세상에서 무엇을 기대해야 할지 끊임없이 알려준다. 특별한 이유도 없이 누군가를 싫어하는 마음이 불쑥 치밀거나 낯선 사람이 익숙하게 느껴지는 경우를 떠올려보면 이해가 쉬울 것이다. 이런 암시적 기억은 기억처럼 느껴지지 않는다. 이 때문에 암시적 기억은 우리가 당연하게 받아들이는 '진실' 혹은 편견이 되어버린다. 인간관계에서 느끼는 경직된 느낌의 원인이 되기도 한다. 때로는 타고난 본성의 진수처럼 느껴지기도 한다. 따라서 암시적 기억을 바꾼다고 생각하거나 그럴 가능성이 있다고 깨닫는 것만으로도 오싹한 기분이 들 수 있다.

암시적 기억을 현실에서 발생하는 외부 사건과 연결해 설명할 방법은 없다. 그러나 강력한 암시적 기억이 자극한 '진실'을 추적해 그것이 얼마나 상대적인지 알 수 있는 방법은 있다. 먼저 누군가와 도저히 해결되지 않을 것처럼 느껴지는 갈등을 겪었던 때를 떠올려보자. 그때 당신이 마음속 깊은 곳에서부터 옳다고 믿었던 진실은 무엇인가? 이 진실이 무엇인지 알아낼 수 있다면 암시적 기억이라는 빙산의 일각을 건드리고 있는 것이라고 볼 수 있다.

이번에는 상대방이 갈등 속에 가져온 진실이 무엇인지 찾아보자. 그런 다음에는 더 어려운 일을 해내야 한다. 양쪽의 진실이 공존할 수 있게 도와주는 '연결형 진실bridging truth'을 상상해보자. 예를 들면, 롭과 메리는 '인간관계에서 서로가 상대방을 어떻게 대해야 하는가'를 놓고 벌어진 갈등에 각자가 어떤 진실을 가지고 왔는지 마침내 이해하게 되었다. 두 사람 사이에 존재하는 연결형 진실은 엄마가 아이와 친밀한 유대감을 맺는 것도 중요하지만, 그 일에만 시간을 쏟으면 엄마의 친구가 외로울 수도 있다는 것이다. 또 다른 연결형 진실은 롭과 메리가 서로를 그리워하고 관계가 지속되기를 바랐다는 것이다.

이 훈련의 목적은 당신이 가진 핵심 신념을 바꾸는 것이 아니라 그 신념이 얼마나 상대적이고 상황에 따라 달라지는지 자각하는 데 있다. 분별력 있는 사람들도 중요한 인생의 문제에 관해서는 서로 다르게 생각할 수 있다. 아니, 그럴 수밖에 없다. 다른 사람이 가진 관계의 틀이 어떤 모습일지 상상하는 두뇌 유연성brain flexibility을 기르는 것이 좋은 관계를 유지하는 핵심적인 기술이다.

원치 않는 관계 이미지를 차단하라

:

지금까지는 관계의 틀을 인식해 그 틀이 관계에 미치는 영향을 줄이는 방법을 살펴봤다. 마지막 단계에서는 뇌 변화의 원칙을 활용해 관계에 대한 이미지를 실제로 바꿔보자. 당신 내면에서 관계의 틀을 형성하는 생각을 나열해보자. 그 생각 중 하나가 실제 관계와 충돌할 때 어떤 기분이 드는지 주목해보자. 어떤 기억이나 이미지, 아이디어를 계속 간직하고 싶은지, 어떤 것은 배경으로 밀어내고 싶은지 결정하자. 기억을 삭제할 수는 없다. 그러나 저 멀리 배경으로 물러나게 만들 수는 있다.

좋지 않은 기억도 여전히 당신 삶의 일부로 남아 있겠지만, 현재 당신이 맺는 관계에 큰 영향을 주지 못하게 막을 수 있다.

원치 않는 관계 이미지를 차단할 때도 '재명명과 재초점' 기법을 활용할 수 있다. 멀리 치워두고 싶은 암시적 기억이나 명시적 기억이 떠오르면, 오래된 관계 이미지라는 이름표를 붙여버리면 된다. 기억에 이름표를 붙이면 이미지와 현실을 구분할 수 있다. 그런 다음 뇌 변화의 세 번째 원칙, '반복, 반복, 도파민'을 활용하자. 이미지에 새로운 이름표를 붙일 때마다 PRM으로 초점을 전환하자. 이런 활동을 반복하면 관계에 관한 오래된 이미지가 서서히 사라진다(재명명과 재초점, PRM에 관해 자세히 알고 싶다면 이 책 5장을 읽어보자).

메리와의 관계가 영원히 끝나버릴 뻔했다는 사실을 깨달은 롭은 이 기법을 시도했다. 그의 경우, 관계의 틀에 영향을 주는 느낌은 크게 두 가지였다. 먼저, 자신이 사랑하는 사람들이 자신을 밀어낸다는 느낌이 관계의 틀에 부정적인 영향을 미쳤다. 다음으로, 자신보다 많은 도움이 필요하고 더 중요한 존재 때문에 자신이 선택받지 못한다는 느낌 역시 관계의 틀에 영향을 미쳤다. 그의 머리는 동생이 아프고 약한 존재이기에, 부모의 관심이 동생에게 쏟아지는 것은 당연한 일이라고 말했다. 그러나 몸에 저장된 기억은 다른 이야기를 했다. 그때의 기억을 떠올릴 때, 심장이 빠르게 뛰었고 가슴이 점점 답답해졌으며 초조한 불안감이 온몸을 휘감았다. 그 불안감 아래 감춰진 깊은 슬픔도 느껴졌다. 이 감정에 주목할 때마다 잊힌 이미지가 떠올랐다. 남동생이 태어나기 전 그는 매우 들떴다. 형이 된다는 사실이 너무 기뻤다! 동생에게 좋아하는 장난감을 모두 소개해주려고 마음먹었다. 방도 함께 쓰고, 잘 시간이 되면 밤이 늦도록 몰래 놀 생각에 설렜다. 하지만 모든 기대가 산산조각나자 깊은 슬픔이 찾아왔다.

이런 상실감이 관계의 이미지를 장악했고, 성인이 된 후에도 관계에 영향을 미쳤다. 이성한테 관심이 생길 때마다 속으로 '기대하지 마'라고 되뇌었다. 또한 실망스러운 일을 만들지 않으려고 애썼다. 사실 메리와 우정을 유지할 수 있었던 것도 바로 이런 이유 때문이었다. 메리는 친구였고, 관계를 더 발전시켜야 한다는 압박을 주지 않았다. 롭은 이 관계가 좋았고, 안전하게 느껴졌다. 그러나 안전을 중요시하는 바로 그 태도 때문에 메리와의 우정이 거의 끝장날 뻔했다. 때로는 관계가 시작되기도 전에 끝나 버린 일도 많았다.

그는 기대하지 말라고 속삭이는 신경 경로를 조금씩 차단하기 시작했다. 직장에서 새로운 사람을 만나거나 마음에 드는 여자를 만나면 두 뇌가 경고음이 울렸다. 그럴 때마다 그는 자신에게 일깨웠다. "남동생이 태어났을 때 생긴 오래된 기억일 뿐이야. 지금 상황에는 맞지 않아." 그런 다음 메리와 어떻게 우정을 회복했는지 떠올렸다. 관계의 틀이 점차 명시적으로 드러날수록 그 틀의 영향력은 줄어들었다. 한층 돈독해진 메리와의 우정에 더 많은 신경 공간을 할애할수록 자신감이 커졌다. 희망과 행복을 얻기 위해 뇌의 신경이 새롭게 정리되고 있다는 사실을 깨닫는 것만큼 강력한 방법은 없다.

8장

활력(Energetic):
건강한 관계로 도파민 얻기

관계가 활력 경로를 자극하는지 어떻게 알 수 있는가? 관계가 활력 경로를 자극하면 이런 기분이 든다.

- 이 관계는 삶에서 생산성을 높이는 데 도움이 된다.
- 나는 이 사람과 함께 보내는 시간이 즐겁다.
- 이 관계는 나를 웃게 한다.
- 이 관계 속에서 활력을 느낀다.

곤경에 빠진 부부의 사례를 보며, 이들이 겪는 문제를 어떻게 바라보면 좋을지 생각해보자.

멜리사와 매기가 상담실 소파에 앉아 있었다. 상담을 받으러 온 여느 부부와 달리 두 사람은 손을 잡고 나란히 앉아 있었다. 그러나 틀림없이 문제가 있는 것처럼 보였다. 두 사람은 사랑에 빠진 연인이라기보다는 오랜 근무 끝에 지친 동료처럼 보였다.

상담을 시작하자 불만이 쏟아졌다. 멜리사가 술을 마시기 시작한 것이 화근이었다. 처음에는 가끔 한 잔씩 마시던 와인이 매일 밤 한 잔으로 늘어났다. 얼마 지나지 않아 매주 토요일 가게에서 와인을 두 병씩 구입해 한 주가 가기도 전에 다 마셔버렸다. 반면 매기는 술을 마시지 않았다. "전 너무 바빠서요." 매기는 다소 점잖게 말했다.

멜리사는 한쪽 눈썹을 치켜올리며 말했다. "한 번에 몇 시간씩 텔레비전은 보잖아. 멍청이 같은 텔레비전 말이야."

멜리사와 매기는 대학 때부터 만나기 시작했다. 두 사람은 모두 가족과 멀리 떨어진 대학에 다녔다. 관계가 깊어진 두 사람은 주말을 함께 보내기 시작했다. 멜리사는 매기가 가족과 친하다는 사실을 잘 알고 있었다. 그러나 매기가 하루에도 몇 번씩 가족과 연락한다는 사실을 분명하게 알게 된 것은 두 사람이 함께 살기 시작한 졸업반 때였다. "운동요법이랑 연기 입문 중 어떤 과목이 더 나을까?", "엄마가 사는 토마토소스가 뭔지 알려줘", "쌍둥이는 오늘 농구 연습 잘했어?"

매기는 무엇이든 결정을 내리기 전에 항상 가족과 먼저 상의했다. 멜리사는 이런 행동이 이상하다고 생각했지만, 끔찍할 정도로 싫어하지는 않았다. 매기가 아는 멜리사는 강하고 유능한 사람이었다. 전기공학을 전공한 데다 연습 중 신입생을 윽박지르던 육상부 코치에게 거칠게 대든 적도 있었다.

대학을 졸업한 해 여름, 멜리사와 매기는 결혼했다. 진보적 성향의 대형 교회 강단 앞에 선 멜리사는 잠시 멈칫하고서는 공황 상태에 빠졌다. 회중석을 바라보니 많은 사람 중에 아는 얼굴은 얼마 없었다. 매기를 축하하러 온 하객이 멜리사가 초청한 하객의 다섯 배는 넘어 보였다. 몇 년 뒤 함께 부부 상담을 받으러 왔을 때 멜리사는 내게 이렇게 말했다. "하객이 수백 명이나 있었어요. 그런데 거의 모두가 매기네 가족이었어요!"

"내가 그중에서 누구를 제외할 수 있었겠어?" 매기가 물었다. "그런 자리에서 가족을 뺄 순 없잖아요!" 매기가 나를 바라보며 말했다. "그렇지 않나요?"

두 사람은 이런 논쟁을 여러 차례 되풀이했다. 멜리사는 그 결혼식을, 온갖 친척들의 결혼식, 장례식, 세례식, 미식축구 경기, 서로 매우 친한 데다 그 숫자 또한 엄청난 매기네 가족과의 일요일 저녁 식사에 삶을 점령당한 출발점으로 기억했다. 멜리사는 결혼 후 매기의 고향으로 이사하는 데 동의했다. 그렇게 하면 돈도 아끼고 금융회사에서 종일 일해야 하는 자신 대신 가족들이 매기와 함께 시간을 보내줄 것이라고 생각했다.

그러나 몇 달이 채 지나기도 전에 멜리사는 자신의 삶이 사라지고 매기네 가족의 삶만 남았다는 사실을 깨달았다. 두 사람이 함께 즐기던 주말의 분위기가 완전히 달라졌다. 일요일은 특히 온종일 가족 행사에 시달렸다. 매주 모든 가족이 교회에서 같은 자리에 앉아 예배를 드리고 나면 매기네 부모님 댁에 함께 모여 점심을 먹었다. 다 함께 오후 내내 풍성한 식사를 즐기는 것이 당연한 순서였다. 여러 코스가 잇따라 나올 때도 많았다. 식사가 끝나면 또다시 거실에 둘러앉아 대화를 나누고 밤이 되도록 함께 텔레비전을 봤다. 주말을 보내는 다른 방식은 상상조차

할 수 없었다.

멜리사는 매기의 가족이 자신들만의 집단 사고 속으로 자신을 끌어들이려 한다고 느꼈다. 대학에 다닐 때, 멜리사는 다양한 주제에 관해 매기와 토론하는 것을 즐겼다. 매기는 늘 자신만의 의견을 갖고 있었다. 그러나 매기와 형제자매, 어머니는 항상 모든 행사를 함께 준비하고, 거실을 같은 색으로 칠하고, 저녁으로 무엇을 먹을지 상의했다. 또한 배우자에게도 비슷한 톤으로 비판적인 태도를 보였다. 그들의 삶 속에서 맞닥뜨리는 모든 삶이 한 덩어리로 뭉뚱그려져 있기라도 한 듯 보였다. 매기의 언니가 매기와 멜리사가 함께 사는 집의 앞마당을 좀 바꾸면 어떻겠냐고 제안하던 날, 멜리사는 폭발했다.

"세상에, 자기 가족은 우리를 그냥 내버려두지 않아! 항상 다 함께 있기를 바라잖아. 거대한 아메바가 우리를 흡수한 것 같은 기분이 들어."

매기가 되받아쳤다. "그럼 자기 가족처럼 살고 싶다는 거야? 우리 집에 딱 한 번 온 게 전부잖아! 비행기에서 내렸을 때 우리를 안아주지도 않았어."

"우리 가족은 날 사랑하니까 내가 원하는 대로 살게 해주는 거야!"

매기의 가족이 조경에 간섭한 후로 멜리사는 모든 가족 행사에 참석하기를 거부했다. 멜리사는 매기와 가족들이 자신이 얼마나 이상하고 별난 사람인지 이야기하며 결속감을 다질 것이라고 여겼다. 멜리사가 술을 마시기 시작한 것도 이 무렵이었다.

매기는 가족 간의 유대를 중요하게 생각했다. 다 함께 있을 때면 아늑한 기분이 들었고, 소중한 사람이 된 듯했다. 물론 매기도 문제가 있다는 건 인정했다. 집을 떠나 4년간 대학을 다니는 동안 매기의 신념과 관심사가 확장되었다. 그런 탓에 어머니가 자신의 삶을 좌지우지하려 들면 짜증이 났다. 어머니는 어떤 계획을 발표할 때 (모두 성인이었던) '아이들'이 당연히 따를 것이라고 가정했다. 매기는 대학 시절의 독립적인 삶을 사랑했다. 멜리사와 함께 나눴던 친밀한 순간들은 말할 것도 없었다. 대화를 나누는 동안 멜리사에 대한 그리움이 매기를 덮쳤다. "하지만 음주 문제가 있잖아…." 매기가 말했다. "넌 내 인생 전체에 관심이 없잖아." 멜리사가 담담하게 말했다.

매기와 멜리사는 분명히 고비를 맞았다. 결혼 생활도, 성인으로 사는 삶도 모두 위태로웠다. 무엇이 잘못되었을까? 매기와 멜리사가 어떻게 해야 할까?

이번 장의 주제는 '활력'이다. 그런 만큼 내가 이들의 문제를 활력 경로의 문제로 여긴다는 사실을 쉽게 짐작할 수 있을 것이다. 이들은 기분을 좋게 만들고 활력을 불어넣는 신경전달물질인 도파민을 전달하는 경로에 문제가 있었다. 그러나 먼저 대중문화가 부부 문제를 이해하는 방식으로 두 사람의 결혼을 살펴보자. 즉, 분리와 개별화의 렌즈로 이들이 당면한 상황을 바라보자.

분리와 개별화의 관점에서 매기와 멜리사가 겪는 문제의 몇 가지 측면은 명확하다. 먼저, 매기의 가족은 매기가 분리되는 것을 병적으로 싫어한다. 매기가 누구나 반드시 거쳐야 할 단계, 즉 진정한 어른이 되어 멜리사와 함께 자신만의 가족을 꾸리는 단계를 밟아나가려고 할 때, 부모와 형제들이 친밀하게 지내고 싶다는 욕망에 사로잡혀 매기의 정서적인 성장을 방해했다. 매기와 함께하려는 그들의 욕망은 언뜻 사랑처럼 보이지만 실제로는 매기가 자기 몫을 온전히 해내는 성인으로 성장하고 자신과 가족 사이에 경계를 세우는 일을 하지 못하도록 막으려는 욕망이었을 뿐이다. 매기가 독립적인 개인으로 살아가려면 사춘기 청소년처럼 가족과 갈등을 겪고 대학 때 형성한 독립적인 자아를 되찾을 수 있도록 가족을 밀어내야만 했다. 그래야만 성숙한 사람이 되어 제대로 된 결혼 생활을 할 수 있다.

원만한 결혼 생활을 위해서는 매기가 가족에게 느끼는 친밀함과 따뜻함을 거둬들여야만 한다. 매기가 그럴 수 있을까? 물론 그럴 수 있을지도 모른다. 신뢰할 수 있는 전문가가 매기에게 그녀의 가족이 성장에 필요한 무언가를 그녀에게서 빼앗았다고 이야기하면 화가 나서 가족을 밀어내고 싶을지도 모른다. 가족이 자신을 부당하게 대우했다고 생각하면, 그렇게 생각하지 않았을 때보다 가족과의 친밀감이 사라졌을 때 상실감이 덜할 것이다.

매기가 분노와 재미를 동시에 느끼며 의존적인 가족을 포용할 가능성도 있다. 이런 경우, 가족과 함께 멜리사를 농담거리로 삼는 대신 매기와 멜리사가 다른 가족에 관한 뒷담화를 즐기게 될 수도 있다. 이렇게 되면 두 사람 사이의 유대가 더욱 공고해진다.

분리-개별화 전문가라면 멜리사에게 명확한 조언을 줄 수 있을지도 모른다. 멜리사가 취하도록 술을 마시는 것은 아니다. 술에 취해 무언가 잘못을 저지른 적도 없었다. 그러나 매일 밤 마시는 와인에 의존하는 것은 사실이다. 분리-개별화 이론에서 의존은 항상 나쁜 것으로 취급된다. 이 이론에서 멜리사의 과제는 와인이 필요하지 않을 만큼 강해지는 것이다. 또는 다른 무언가 혹은 다른 누군가가 필요하지 않을 만큼 강해지는 것이다.

그러나 지금까지 이 책을 잘 읽었다면, 두 사람의 문제를 '분리의 필요성'이라는 관점에서 바라보지 않고, 다르게 볼 수 있어야 한다. 나는 이 관계에서 활력이 부족한 것이 진짜 문제라는 사실을 금세 알아차렸다. 두 사람은 서로에게서 최악의 모습을 끌어내지 않는다. 서로 저주를 퍼붓거나 가구를 부수는 일은 없다. 그러나 상대와 함께 있을 때 활력을 느끼지 못한다. 멜리사는 기분이 나아지기를 절실히 바라며 와인에 눈을 돌렸다. 매기는 바쁘게 움직이고, 가족들과 시간을 보내고, 텔레비전을 많이 보면 기분이 좋아질 것이라고 여겼다.

이 모든 것은 활력 경로에 문제가 있을 때 나타나는 전형적인 신호다. 활력 경로는 뇌간 깊은 곳에서 출발해 구불구불한 길을 따라 이동하다가 의사결정을 도와주는 영역인 안와내측 전전두엽에서 끝난다. 도파민은 이 경로를 따라 빠르게 이동하며 만족감을 주고 동기를 부여한다. 도파민이 분비된다고 해서 다른 사람이 된 듯한 기분이 드는 것은 아니다. 이것이 바로 도파민이 지닌 장점이다. 도파민이 꾸준히 공급될 때, 여전히 나는 나이지만 아주 좋은 날의 내가 된다.

인간의 뇌는 생명 유지에 도움이 되는 활동을 할 때 도파민을 얻도록 진화했다. 음식을 먹거나, 물을 마시거나, 운동을 하거나, 성관계를 갖거나, 건강한 인간관계를 맺으면, 기분 좋은 감각이 차오르고 자신에게 유익한 일을 하고 싶은 생각이 든다. 그러니 뇌는 도파민을 매우 얻고 싶어 한다. 이상적인 방식으로 도파민을 얻지 못할 때는 덜 건강한 다른 방법을 사용해서라도 얻으려 한다. 약물과 술이 가장 손쉬운 방법이다. 쇼핑, 게임, 강박적인 음식 섭취도 마찬가지다. 매기는 가족이나 텔레비전과의 친밀한 유대감에서 도파민을 얻었다.

활력 경로에서 나타나는 문제가 매기와 멜리사 부부가 겪는 문제와 비슷한 경우가 많다. 두 사람은 서로를 여전히 사랑하지만, 활력을 잃어버렸다. 여기서 사랑하는 관계라는 것이 오직 연인 관계만을 뜻하는 것은 아니다. 건강한 친구 관계나 가족 관계에도 도파민은 존재한다. 그런 관계에서 도파민이 사라지면 그 관계가 더 이상 재미있게 느껴지지 않는다.

단조롭고 생기 없는 날에 익숙해지려고 노력할 수도 있다. 성인이 되면 원래 인생이 재미없다고 생각할 수도 있다. 그러나 뇌는 결국 어떤 식으로든 흥분되는 일을 갈망한다. 솔직히 말해서, 뇌는 타고난 대로 일하고 타고난 권리를 주장하고 싶은 것뿐이다. 뇌는 관계를 통해 활력을 얻고 싶어 한다. 우리는 사랑하는 사람과 함께 있을 때 만족감을 느끼고 동기를 얻는다. 매 순간은 아닐지라도 대개는 그렇다. 꼭 연인이 아니더라도 오래된 관계에서 좋은 에너지를 얻을 수 있다. 사실 오랫동안 지속되는 관계가 가장 좋다.

기본적으로 좋은 관계에서 활력이 사라지면, 활력 경로가 큰 영향을 받는다. 매기와 멜리사만 봐도 알 수 있다. 두 사람이 아무런 이유 없이 술을 마시고 쓸데없는 텔레비전 프로그램을 보는 것은 아니었다. 그들은 활력을 잃어버린 나머지 서로 비난할 힘조차 없었다. 그러나 이런 증상들은 빙산의 일각에 불과했다. 이들의 관계 속에서 건강한 도파민이 분비되지 않는 이유를 이해하려면, 모든 CARE 경로에서 무슨 일이 있는지 살펴봐야 한다. 매기와 멜리사는 CARE 관계 진단표를 작성했다. 매기의 CARE 관계 진단표만 봐도 어떤 일이 벌어지고 있는지 쉽게 알 수 있다.

매기의 CARE 관계 진단표

항목	1. 멜리사	2. 엄마	3. 제인 (언니)	4. 켄 (오빠)	5. 캐런 (여동생)	총점	CARE 코드
1. 이 사람에게 내 감정을 솔직하게 털어놓는다.	4	3	4	4	3	18	C(평온함)
2. 이 사람은 내게 감정을 솔직하게 털어놓는다.	4	3	4	4	4	19	C(평온함)
3. 이 사람과 갈등을 겪을 때도 안전하다고 느낀다.	3	3	3	3	3	15	C(평온함)
4. 이 사람은 존중하는 태도로 나를 대한다.	4	4	4	4	3	19	C(평온함)
5. 이 관계에서 나는 평온함을 느낀다.	5	3	4	3	3	18	C(평온함) A(수용감)
6. 위기 때 이 사람이 도와줄 것이라고 믿는다.	4	5	5	4	4	22	C(평온함) A(수용감)
7. 이 사람과는 서로의 차이를 인정해도 안전하다.	4	3	4	3	3	17	C(평온함) A(수용감)
8. 이 사람과 함께 있으면 소속감이 든다.	5	5	5	5	5	25	A(수용감)
9. 서로 역할이 다르지만, 동등하게 대한다.	5	4	4	4	4	21	A(수용감)
10. 이 관계에서는 내가 소중하게 느껴진다.	4	5	5	4	4	22	A(수용감)
11. 이 관계에서는 서로 무언가를 주고받는다.	4	3	5	3	4	19	A(수용감)
12. 이 사람은 내 기분이 어떤지 느낄 수 있다.	3	3	4	3	3	16	R(공감)
13. 나는 이 사람의 기분이 어떤지 느낄 수 있다.	4	4	4	3	4	19	R(공감)
14. 이 관계에서는 내가 어떤 사람인지 더 분명해진다.	3	3	4	3	3	16	R(공감)
15. 우리가 서로를 이해한다고 느낀다.	3	3	4	4	3	17	R(공감)
16. 내 기분이 이 사람에게 영향을 미친다.	3	3	4	3	3	16	R(공감)

17. 이 관계는 나의 생산성을 높여준다.	4	3	3	3	3	**16**	E(활력)
18. 이 사람과 함께 보내는 시간이 즐겁다.	3	3	4	3	3	**16**	E(활력)
19. 이 관계는 나를 웃게 한다.	3	3	4	3	3	**16**	E(활력)
20. 이 관계 속에서 활력을 느낀다.	3	3	4	3	3	**16**	E(활력)
안전 그룹 점수	75	69	82	69	68		

(1 = 전혀 그렇지 않다, 2 = 그런 경우가 드물다, 3 = 가끔 그렇다, 4 = 그럴 때가 많다, 5 = 늘 그렇다)

매기의 CARE 경로

- C(평온함): 128점 (중간)
- A(수용감): 144점 (높음)
- R(공감): 84점 (중간)
- E(활력): 64점 (중간)

활력과 공감: 시너지 효과를 내는 한 쌍

항상 그런 것은 아니지만, 공감 경로와 활력 경로는 함께 오르내리는 경향이 있다. 매기의 낮은 활력 점수를 보면, 당신의 가족이 당신의 성격을 온전히 알아주지 못할 때, 당신이 원가족을 얼마나 필요로 하는지 배우자나 연인이 이해하지 못할 때 어떤 일이 벌어질지 짐작할 수 있다. 매기가 활력을 느끼지 못하는 것은 당연한 일이었다. 억압감이 드는 관계 속에서 건강한 활력을 쥐어짜내려 애쓰는 모습을 떠올려보자. 매기는 하루하루를 마지못해 살아갔다. 그러나 대개 사람들은 그 이상의 삶을 바라지 않는가?

우리는 우선 공감 문제를 해결해 두 사람의 활력을 증진하기로 합의했다. 또한, 결혼과 확대 가족을 '개성과 동일성'의 관점으로 바라보는 대신, 다른 방식으로 접근하기로 했다. 매기가 활력을 되찾으려면, 가족들에게 정서적으로 더 공감하려면, 가족 앞에서 진짜 모습을 보여야만 했다. 그리고 그로 인한 문제, 즉 어색함과 갈등을 해결하기 위해 노력해야 했다. 매기가 성숙해지는 것이 가족들에게 위협이 아니라는 사실을 알릴 필요가 있었다. 성숙은 거부가 아니라 서로의 차이를 드러내고 인정하는 것이었다.

매기와 멜리사는 어디에서부터 시작하는 것이 가장 좋을지 몇 차례 대화를 나눈 후, 매기의 부모님 댁에서 일요일을 통째로 보내는 데부터 시작하기로 했다. 그들은 매주 일요일에 매기네 가족과 함께 예배를 드리되 부모님 댁에서 시간을 보내는 날은 한 달에 한 번으로 줄이기로 했다. 둘은 가족들에게 따로 보낼 시간이 필요하며, 그 시간에 다양한 프로젝트를 진행하고 관계 개선을 위해 노력할 것이라고 친절하게 설명했다.

그 어떤 악의도 없는 이런 발표가 얼마나 심각한 문제를 초래할 수 있는지 상상이 가지 않는가? 매기네 가족 같은 사람들과 함께 살아본 적이 없다면 그럴 수 있다. 매기의 어머니는 곧장 둘의 결혼이 위태로운 상황인지 물었다. 자매들은 두 사람이 오만하게 군다고 여겼다. 오빠는 분노와 배신감에 사로잡혔다. 두 사람이 세운 새로운 계획은 두어 달 동안 매기네 가족의 단골 대화 주제가 되었다.

멜리사는 당혹감과 소외감을 느꼈고, 매기도 가족들의 거센 반발에 당황했다. 그러나 두 사람은 양자택일의 선택지로 되돌아가는 대신 불편함을 견디기로 했다. 대부분의 일요일에는 둘만 따로 시간을 보내되 한 달에 한 번씩 부모님 댁을 방문하며 자신들의 입장을 고수했다. 독립성을 유지하면서도 가족들과 친하게 지내고 싶은 마음을 표현했다. 두 사람은 한 달에 한 번씩 가족 모임에 더 기분 좋은 상태로 참석하게 되었고 가족들의 존재에 감사하게 되었다. 물론 완벽하지는 않았다. 가족들끼리 주고받는 농담의 맥락을 따라가지 못할 때도 있었고, 한동안 아웃사이더 취급을 받기도 했다. 그러나 어느 정도 시간이 흐르자, 모두가 새로운 일상에 적응했다. 이런 노력 끝에 멜리사마저도 매기의 가족과 만나는 일을 즐기게 되는 기적 같은 상황이 벌어졌다.

관계가 아주 좋아져야만 도파민을 더 많이 얻을 수 있는 것은 아니다. 상담 초기 단계에 두 사람이 어떻게 서로를 사랑하게 되었는지 물었다. 부부나 연인에게 이런 질문을 던지는 몇 가지 이유가 있다. 사람들이 맨 처음 사랑에 빠질 때 신경 경로는 도파민으로 넘쳐난다. 술과 약물을 복용했을 때 뇌가 도파민으로 넘쳐나는 것과 마찬가지다. 부부나 연인이 함께 그 행복했던 순간을 되새기면, 휴면 상태에 놓인 에너지를 부분적으로 깨울 수 있다. 매기는 멜리사처럼 아주 믿음직하고 명료한 사람을 찾았다는 사실에 얼마나 황홀했는지 순식간에 기억해냈다. 멜리사는 매기의 가족들과는 매우 다른 사람이었다! 매기와 멜리사는 두 사람이 처음 만났을 때의 이야기를 내게 들려주기 시작했다. 상대방이 말하고 있을 때 나머지 한 사람이 그 말을 받아 문장을 끝맺을 때도 있었다. 두 사람이 서로를 명확히 바라보던 때로 돌아간 것 같았다. 나는 두 사람의 관계에 활력과 명료함을 다시 불어넣는 것이 나의 목표라고 밝혔다.

좋은 시절이 잘 떠오르지 않을 수도 있다. 이는 관계가 심각하게 단절되었다고 알려주는 중요한 단서다. 그럼에도 서로 다시 연결될 수 있다. 그러니 그 관계가 당신한테 매우 중요하다면, 포기해서는 안 된다. 애초에 행복한 시절을 누린 기억이 없는 부부나 연인도 있다. 대개 책임이나 죄책감, 그 외의 다른 강박적인 감정을 중심으로 구축된 관계가 그렇다. 이런 부부나 연인은 문제를 해결하기가 더욱 어렵다.

도파민 보상 체계를 건강한 관계와 다시 연결하는 방법

:

멜리사와 매기는 함께 있는 시간을 좀 더 즐기게 되었지만, 그동안 도파민을 공급해준 와인과 텔레비전을 포기하는 일은 쉽지 않았다. 위기를 겪었던 지난 1~2년 동안 이들의 활력 경로가 그것들과 연결된 탓이라고 설명했다. 멜리사의 도파민 보상 체계는 여전히 와인과 연결되어 있었고, 매기의 도파민 보상 체계는 여전히 텔레비전과 연결되어 있었다. 하지만 두 사람은 서로와의 관계 속에서 즐거움을 되찾았다. 이제는 원치 않는 신경 경로를 차단할 때였다.

당신은 도파민 보상 체계를 어떻게 자극하는가?

이 훈련은 도파민 경로를 자극하는 주된 방법을 파악하는 데 연습이다. 다음과 같은 질문을 던져보자. '나는 어떻게 할 때, 기분이 좋아질까?' 세상에는 도파민을 얻을 방법이 수없이 많다.

- 인간관계

- 음식

- 마약

- 술

- 위험한 활동

- 쇼핑

- 도박

- 성관계

- 일

- 운동

- 인터넷 서핑

- 포르노 시청

이중 자신에게 해당하는 것에 표시해두자. 이 외에 다른 방법이 있다면 추가하자. 그런 다음, 각 활동이 좋은 기분으로 보내는 전체 시간에서 차지하는 비중이 얼마나 되는지 평가해보자.

도파민 공급원	좋은 기분으로 보내는 전체 시간에서 차지하는 비중(%)
친구와 함께 시간 보내기	10%
쇼핑	20%
운동	15%
맛있는 거 먹기	50%
번지점프	5%

이 연습으로 흥미로운 사실을 여럿 찾아낼 수 있다. 예를 들면, 기분 전환이 필요할 때 음식을 먹는 경우가 많고, 특히 단것과 탄수화물 같은 음식으로 자주 눈을 돌린다는 사실을 알게 된다. 운동을 하면 기분이 좋아지지만, 자주 하지는 않는다는 사실을 깨닫는다. 우울할 때라도 친구들에게 전화를 걸지는 않는다. 그런 행동을 하면 '너무 의존적인' 사람처럼 보일지도 모른다는 생각 때문이다. 쇼핑을 하면 항상 기분이 좋아진다. 적어도 너무 많은 돈을 쓰기 전까지는 그렇다. 그런 탓에 온라인이나 오프라인에서 쇼핑몰을 찾는 경우가 생각보다 많다. 행복감을 느끼기 위해 번지점프를 자주 할 수는 없다. 그러나 이미 몇 차례 번지점프를 해본 경험이 있고, 번지점프를 한 후 며칠 동안 황홀감이 지속되었다면 번지점프 역시 목록에 넣어야 한다.

도파민 공급원	좋은 기분으로 보내는 전체 시간에서 차지하는 비중(%)
포르노 시청	90%
친구나 가족과 함께 시간 보내기	5%
아이스크림	5%

인터넷 포르노에 중독된 루퍼스도 이 연습을 해보고 충격을 받았다.

루퍼스는 이 결과를 보고, 지난 몇 년 동안 포르노 시청에 지나치게 사로잡혀 있었다는 사실을 깨달았다. 루퍼스의 삶은 매우 하찮아졌다.

매기는 진단 결과를 보고 생각보다 텔레비전 시청에 더 많은 시간을 보내고 있다는 사실을 깨달았다. 이 같은 사실을 확인한 후 복잡한 감정에 사로잡혔다. 그는 텔레비전이 '바보상자'라고 생각하지 않았다. 오히려 하루를 끝낸 후 파자마를 입고 차를 마시며 멋진 등장인물이 등장하는 드라마를 볼 때 안도감을 느낀다고 했다. 드라마에 등장하는 인물들이 실제로 존재하는 인물처럼 느껴질 때도 있다고 농담했다. 사실 멜리사는 이런 가상의 인물 때문에 자신이 설 자리가 사라질지도 모른다는 두려움을 느꼈다.

활력이 넘치는 관계를 식별하라

다음 단계는 어떤 관계를 통해 가장 많은 도파민을 얻는지 찾아내는 것이다. 이 과정은 도파민 보상 체계를 다시 제대로 연결하는 훈련이다. 진 베이커 밀러는 성장 촉진 관계가 활력이나 열정을 만들어낸다고 설명했다. 당시, 그가 도파민을 염두에 두고 이런 생각을 했던 것은 아니다. 그러나 두 사람이 함께 만들어낸 도파민은 활력 증진에 뚜렷한 영향을 미치고 열정을 만들어낸다. 그러니 다시 CARE 관계 진단표로 돌아가 어떤 관계에서 활력 점수가 가장 높은지 살펴봐야 한다. 좋은 관계를 의식적으로 떠올리면 도파민과 인간관계를 잇는 신경 경로가 더욱 탄탄해지고, 활력 경로가 한층 강해진다.

루퍼스는 친구들을 좋아했다. 하지만 친구들과의 관계는 차분하고 수동적이었다. 그에게 가장 큰 열정을 주는 사람은 여동생 앤절라였다. 그는 동생이 다정하고 친절하며 자신을 정말로 걱정한다고 여겼다. 그가 함께 저녁을 먹자고 제안했을 때, 앤절라는 그의 마음을 금세 알아차렸다. 앤절라 역시 자신과 함께 시간을 보내고 싶어 한다는 사실을 깨닫자, 루퍼스는 기분이 약간 좋아졌다. 포르노를 볼 때 느끼는 짜릿한 흥분감과는 달랐지만, 기분 좋은 느낌이었다. 이런 느낌을 주는 사람들과 더 많은 시간을 보내고 그들에게 더 많은 관심을 쏟을수록 기분도 한층 좋아졌다. 어느 날, 루퍼스의 친구 드루가 결혼을 선언했다. 루퍼스는 충격에 빠졌다. 자신과 어울리는 친구들은 평생 독신으로 남을 것이라고 여겼기 때문이다. 드루의 아내가 될 여자가 어떤 사람인지 궁금해졌고, 드루가 자신의 연인에 관해 신이 나서 이야기하는 모습을 지켜보았다. 그러자 가슴과 배 사이 어딘가에서 진짜 여자를 만나고 싶다는 갈망이 솟아나는 것을 느꼈다.

멜리사에게 와인 자체는 심각한 문제가 아니었다. 와인은 힘든 하루를 보낸 후 긴장을 풀기 위한 방법이었을 뿐이다. 그러나 와인에 관심을 빼앗긴 나머지, 인간관계에 활력을 쏟지 못했다는 사실은 인정했다. 매기와 멜리사는 일주일에 두 번씩 저녁에 시간을 내 서로 교감을 쌓기로 약속했다. 멜리사는 함께 저녁을 만들어 먹자고 제안했다. 이 방법은 함께 시간을 보내는 매우 유쾌하고 즐거운 방법이 되었다. 멜리사는 여전히 한두 잔씩 와인을 마셨다. 매기가 함께할 때도 있었다. 함께 와인을 마시는 일은 색달랐다. 정신이 멍해지지도 않았고, 현실에서 도피하기 위해서가 아니라 더 즐거운 식사를 위해 마시는 기분이 들었다.

멜리사는 정서적으로나 신체적으로 멀게 느껴졌던 부모님이 활력 경로에서 높은 점수를 받았다는 사실을 깨닫고 놀랐다. 멜리사는 일주일에 몇 차례 일과를 끝낸 후 부모님에게 전화를 걸었다. 처음에 부모님은 멜리사가 매기와 함께 있는 것을 더 좋아한다는 사실을 잘 알고 있다고 말하며 서둘러 전화를 끊었다. 그래도 계속 전화를 걸자, 부모님은 얼른 전화를 끊고 결혼 생활을 챙기라고 조언했다. 이런 반응에도 멜리사가 어색함을 끝까지 견뎌냈다는 것이 무엇보다 중요하다. 멜리사는 계속 전화를 걸어 부모님에게 질문을 던졌다. 시간이 흐르자, 부모님은 하루 중에 있었던 재미있는 이야기를 들려주고 직장에서 어떤 스트레스를 받고 있는지 털어놓았다. 엄청난 비밀이 드러나지는 않았지만, 행복을 느끼기에 충분할 정도의 유대감이 생겨났다.

재명명과 재초점

이제 구체적인 변화를 만들어야 한다. 먼저, 자신의 습관적 패턴을 인식하자. 불편한 감정을 느낄 때 당신은 중독이나 나쁜 습관에 빠져드는가? 익명의 알코올 중독자 모임 AAAlcoholics Anonymous 같은 12단계 프로그램들은 배가 고프거나Hungry, 화가 나거나Angry, 외롭거나Lonely, 피곤할 때Tired 술을 마시고 싶은 충동을 쉽게 느낀다고 설명한다. 음주 충동을 유발하는 네 개의 정서적·신체적 상태의 첫 글자를 따서 'HALT'(멈추다)라고 부르기도 한다. HALT를 생각하면 나쁜 충동이 들 때 어떻게 해야 할지 잘 알 수 있다. 그러나 감정보다 논리를 중시하는 문화에서는 몸과 마음이 보내는 신호를 해석하기가 쉽지 않다. 기분을 좋게 하기 위해 무언가를 '하고 싶은' 충동이 들면, 잠시 멈춰서 내면을 들여다보며 그 충동이 어떤 감정과 연결되어 있는지 생각해보자.

감정을 식별하고 이름표를 붙일 수 있는 단계가 되었다면, 그 감정이 어떻게 생겼다가 사라지는지 관찰해보자. 감정이 위험하게 느껴질 수도 있지만, 감정 때문에 죽지는 않는다. 감정은 구름과 같아서 시간이 지나면 그냥 사라진다.

감정이 사라지지 않고 강렬한 갈망이 지속된다면, 그 갈망에 다시 이름표를 붙여야 한다. 문제가 되는 습관을 성격 문제나 고칠 수 없는 것으로 치부해서는 안 된다. 그 대신, 있는 그대로 '반복적으로 사용할수록 더 강해지는 신경 경로'라는 새로운 이름을 붙여야 한다. 멜리사한테 곧장 와인을 포기하는 것은 무리라고 이야기했다. 와인을 갈망하는 신경 경로가 너무 강할 때 단번에 와인을 끊어버리면, 오히려 와인을 마시고 싶은 갈망에 굴복하게 될 가능성이 크다. 그렇게 되면 욕망에 굴복했다는 사실 때문에 기분이 더 나빠지고, 결국 기분을 좋게 만들기 위해 더 많은 와인을 마시게 될 수도 있다.

대신 이렇게 말하면 된다. "음. 와인을 마시면서 긴장을 풀고 싶은 마음이 간절하다는 사실을 알아차렸어. 좋아. 그것참 흥미로운데? 그 신경 경로가 매우 강하네." 그 갈망을 초래하는 신경 경로, 즉 타고난 신경 결함이 아닌 관련 뉴런의 존재를 알아차리는 것이 당신을 붙들고 있는 그 갈망에서 벗어나기 위한 첫 번째 단계다. 어떤 갈망이 솟구치든 결국 기분이 좋아지고, 많은 도파민을 얻기 위한 갈망일 뿐이라는 사실을 인식해야 한다. 더 건강한 방식으로 도파민을 자극할 방법이 많다는 사실은 이미 앞에서 여러 번 언급했다.

이제 가장 흥미로운 관계 하나를 골라 관심을 기울일 때가 되었다. 그 사람과의 관계에서 긍정적인 느낌을 받았던 순간을 떠올려보자. 기쁨과 유머가 가득했던 순간 말이다. 이런 경험은 많을수록 좋다(PRM에 관한 내용은 5장에서 확인할 수 있다). 연인 관계에서 활력이 사라지고 있다면, 연애 초기 시절을 떠올려보자. 도파민이 넘쳤던 순간들이 떠오를 것이다.

만약 편안한 기분이 든다면, 당신과 흥미로운 관계를 맺고 있는 한두 명과 재초점 과정을 함께 진행해도 좋다. 이들에게도 바꾸고 싶은 도파민 자극 전략이 있을 것이다. 갈망을 느낄 때 서로 연락하기로 합의하면 좋다. 직접 만날 수 있다면, 더욱 효과적이다. 완벽한 유대감의 생리학이 당신에게 유리한 방향으로 작용할 것이다. 동시에, 자기 파괴적인 갈망이 누그러진다. 만약 직접 만날 수 없다면, 전화나 문자도 순간적인 갈망을 끊어내고 더 건강한 대처 전략을 사용하는 데 유용하다.

나는 루퍼스에게 일과가 끝난 저녁에 여동생에게 전화를 걸어 그날 있었던 일을 이야기해보라고 했다. 그리고 이 방법이 포르노 시청을 줄이는 데 도움이 되는지 살펴보자고 제안했다. 루퍼스는 내가 제안한 방법을 좋아하지 않았지만, 두 차례에 걸쳐 통화를 시도했다. 그중 한 번은 여동생과 통화를 한 덕에 포르노를 보지 않고 넘어갈 수 있었다. 루퍼스는 동생을 속이는 게 아닌지 궁금해했다. 그는 포르노를 보지 않고 넘어갈 수 있었던 것이 대화의 질 때문이 아니라 동생이랑 전화한 뒤 포르노를 보는 것이 기이하게 느껴졌기 때문이라고 생각했다.

나는 루퍼스에게 이렇게 답했다. "그렇게 생각하는 건 이해합니다. 그러나 동생과 대화를 했기 때문에, 잠깐 멈춰서 생각할 수 있었던 겁니다." 동생을 속이는 것이 아니었다. 그동안 삶에서 심각한 문제를 초래했던 포르노로 생각이 덜 흘러갔던 것뿐이었다. 생각이 포르노로 흘러가지 못하도록 차단한 덕에 더 나은 결정을 내릴 수 있었다. 도파민 보상 체계와 더 건강한 관계를 맺는 일도 필요했다. 오랫동안 자리 잡은 신경 경로 밖으로 생각을 끄집어낸 다음, 건강한 관계에 도움이 되는 방향으로 나아가게 만들면 뇌 변화의 세 가지 규칙을 활용할 수 있다. 도파민을 갈망하는 신경 경로와 친밀함을 느끼는 신경 경로를 동시에 활용하면, 이 두 신경 경로를 서로 연결할 수 있다. 그렇게 되면 기분이 좋아지기를 바랄 때 와인이나 아이스크림, 심지어 번지점프가 아니라 인간관계를 갈망하기 시작할 것이다.

"혼자가 낫다"라고 말하는 신경 경로를 차단하라

스스로 감정을 조절하고, 혼자 고통을 견디고, 스스로 문제를 해결하라는 말을 몇 번이나 들어봤는가? 분리를 성숙의 상징으로 여기는 사회에서는 이런 생각이 만연하다. 이런 가치관은 당신의 마음과 몸속 모든 세포에 깊이 스며들어 있다. 그런 탓에 배가 고프거나, 화가 나거나, 외롭거나, 피곤하면 혼자서 이런 욕구를 해결해야 한다고 배운다. 그게 바로 어른다운 행동이기 때문이다. 사실 다른 사람을 통해 위로를 얻으려고 하는 사람은 '공동의존적codependent'이라는 평가를 듣게 된다. 자기 계발 업계는 사람들, 그중에서도 대개 여성들의 공동의존성을 없애는 데 주력해왔다. 하지만 혼자서는 감정을 잘 조절할 수 없다. 사실 완전히 혼자인 상태는 인간의 뇌와 몸에 매우 해롭다. 대부분의 감옥에서 독방 감금은 최후의 교정 수단으로 사용된다. 인간의 뇌가 정말 모든 것을 스스로 조절하도록 설계되었다면, 독방 감금은 매우 쉽고 심지어 유쾌한 경험일 것이다. 그러나 독방 감금은 극단적인 처벌로 활용되며, 심지어 일종의 고문으로 여겨지기도 한다.

이 훈련의 목표는 이 같은 자기 조절과는 정반대다. 성장 촉진 관계 내에서 감정을 조절하는 법을 배우는 것이 바로 이 훈련의 목표다. 이런 목표를 달성하려면 시간이 걸린다. 어쩌면 관계를 저평가하는 세상에서 살아온 사람들에게는 가장 어려운 기술일지도 모른다. '상호 조절

mutual regulation'이란 당신과 상대방이 성장과 계발에 함께 투자하고 참여하는 것을 뜻한다. 상호 성장 과정에 참여하면, 각자가 유대감에 관련된 신경 경로와 연결된 긍정적인 관계 이미지를 만들어내게 된다. 다른 사람과 관계를 맺을 때 몸과 마음으로 직접 경험한 강력하고 깊은 기억들이 세포에 저장되기 때문이다. 의도적이든 그렇지 않든 우리는 스트레스 수준을 조절하기 위해 끊임없이 이런 이미지를 활용한다. 이런 이미지는 우리의 정신을 보호하는 부드러운 담요와 같다.

이쯤에서 첫 번째 뇌 변화 규칙 '사용하지 않으면 사라진다'를 다시 떠올릴 수밖에 없다. 신경 경로들은 뇌에서 더 많은 공간을 차지하기 위해 경쟁한다. 그러니 바람직한 관계 이미지가 많이 생겨나기를 바란다면, 머릿속에서 더 많은 땅을 차지하기 위해 경쟁하는 다른 신경 경로를 차단해야 한다. 예를 들면, 혼자 하는 게 낫다는 사회적 메시지 혹은 슬프거나 화가 날 때 다른 사람의 도움을 구하는 것은 약하다는 증거라는 사회적 메시지를 전달하는 신경 경로가 여기에 해당한다. 오후 시간이나 하루를 할애해 이런 메시지가 얼마나 자주 머릿속을 떠돌아 다니는지 살펴보자. 이런 메시지를 발견하거든 '연결된 뇌를 되찾겠다는 목표를 방해하는 문화적 메시지'라는 이름표를 새로 붙여주자. PRM 혹은 다른 사람들의 지지를 받았던 순간과 그 순간에 느꼈던 기분을 저장해둔 이미지를 즉시 소환하자. 연습을 반복하면 경쟁자로 가득 찬 것처럼 보였던 세상이 조력자로 가득한 세상으로 서서히 바뀐다.

이 단계를 끝냈으니, 이제 CARE 프로그램의 끝에 다다랐다고 볼 수 있다. CARE 워크숍에 참석한 사람들은 이 프로그램이 자신들을 가장 괴롭혔던 관계 문제를 해결하는 데 직접적인 도움이 된다고 이야기한다. 참가자들은 CARE 프로그램이 단순하지만 다채롭고, 짜임새 있으며, 놀랍다고 이야기한다. 이는 가장 훌륭한 관계의 특징과 비슷하다. 관계 안에서 성장을 거듭하는 동안 한 가지 주의해야 할 점이 있다. 어떤 어려움에 직면하든 자신을 가혹하게 판단해서는 안 된다. 자신을 판단하려 들면 교감신경계가 과도하게 활성화되어 기대하는 변화를 만들어내기가 한층 더 어려워진다.

CARE 프로그램은 고립에서 연결로 이어지는 다리다. 그 다리가 얼마나 멀리 뻗어가는지는 당신에게 달렸다. 그 다리가 배우자와의 더 나은 관계를 향해 뻗어 있는가? 가족 전체와는 어떤가? 직장이나 동네, 지역 사회와는 어떤가? 더욱 평온하고, 수용감을 느끼고, 공감하고, 활력 넘치는 관계를 경험하면, 예전보다 훨씬 더 멀리 뻗어가고 싶다는 생각에 깜짝 놀랄지도 모른다.

9장

뇌를 건강하게 유지하는 비결

야생에서 혼자 살아남는 방법을 보여주는 텔레비전 리얼리티 쇼가 넘쳐난다. 이런 프로그램을 보면 얼어붙은 야크의 눈알로 먹을거리를 만드는 방법, 바지로 구명조끼를 만드는 방법 등 상당히 흥미로운 생존 전략을 배울 수 있다. 대개 진행자들은 신체 건강과 적응 능력을 강조한다. 예를 들면, 바위를 뛰어넘을 수 있어야 하고, 눈으로 동굴을 만들 수 있을 만큼 강해야 한다. 멧돼지를 피해 달아나야 할 때도 있다.

물론 나도 이런 프로그램을 좋아하고 즐겨 본다. 하지만 서바이벌 프로그램의 높은 인기에는 '분리'를 대하는 우리의 태도가 반영되어 있다. 혼자서 생존하는 것이야말로 가장 진실하고 근원적인 인간 상태이며, 인간의 성숙도를 판단하는 궁극적인 잣대라는 믿음이 프로그램의 인기를 견인한다. 육체적 생존을 강조하는 프로그램이 높은 인기를 누리는 것은 우리가 사회를 그와 같은 시각으로 바라보기 때문이다. 즉, 우리는 서로를 적대적인 눈으로 바라보며, 치열하게 경쟁한다. 또한 입에 칼을 문 채 악어가 나타나지 않을까 잔뜩 경계하는 눈으로 주위를 살피며 살아가야 한다고 믿는다.

이 책에서 나는 정신적 성숙 및 성장 능력에 대한 새로운 시각을 전달하기 위해 노력했다. 앞서 설명했듯이, 뇌는 인간관계를 통해 성장하고, 유연해지고, 변화하도록 설계되어 있다. 그 뇌 안에는 건강한 자극을 받아야만 활성화되는 신경 경로들이 존재한다. 또한, 우리는 타인에게서 멀어지는 것이 아니라 오히려 더 복잡하고 깊은 관계 속으로 들어갈 때 성숙해진다. 이제 건강의 개념이 다르게 다가올 것이다.

이 책을 읽는 독자 여러분도 건강한 뇌가 무엇인지 생각해보면 좋을 듯하다. 생존 전문가의 신체처럼 강인하고 유연하며 변화하는 환경에 적응할 수 있는 그런 뇌 말이다. 여기서 말하는 환경이란 태평양 군도의 활화산처럼 격렬한 환경은 아니다. 그보다는 새로운 사람을 만나고, 기술이 변화함에 따라 새롭게 관계를 맺는 방식이 등장하고, 성장하면서 변해가는 관계 지형을 뜻한다.

책의 첫머리에서 인간관계를 마술 고리에 비유했었다. 그동안 당신이 배운 것들을 함께 모아서 겹쳤다가 떨어뜨리고 다시 통합하는 일련의 과정을 수행하려면, 땅에 발을 단단히 붙이고 있으면서도 민첩하게 움직여야 한다. 물론 정신적인 과정을 비유한 설명이다. 이를 위해 필요한 것이 인간관계다. 그러나 신체 건강도 빼놓아서는 안 된다. 뇌는 전기신호를 효율적으로 전달하고 새로운 혈관과 뉴런을 생성해야 한다. 그러려면 무엇보다 쉬고 회복할 수 있는 시간이 필요하다.

훌륭한 인간관계를 위해 뇌 건강을 유지하는 아홉 가지 방법을 소개하면 다음과 같다.

물을 마셔라
:

우리 동네 수영장에는 천둥소리가 들리거나 번개가 보이면, 모두가 즉시 물 밖으로 나와 30분 동안 기다려야 한다는 규칙이 있다. 매년, 동네 아이들은 자신들이 보기에는 별다른 이유가 없어 보이는 규칙 때문에 즐거운 수영 시간이 중단된다며 불평을 늘어놓는다. 아이들은 이 규칙이 생명을 구한다는 사실을 깨닫지 못한다. 물속에서 발견되는 자유 이온, 염분, 미네랄, 금속은 매우 뛰어난 전도체다. 수영장에 번개가 꽂히면 전류가 거의 즉각적으로 수영장 물을 따라 이동한다.

동일한 원리가 뇌에도 적용된다. 우리 뇌는 전류를 이용해 하나의 신경에서 다른 신경으로 신호를 보낸다. 그중에는 스마트 미주신경을 따라 하나의 뉴런에서 다른 뉴런으로 빠르게 이동해 결국 교감신경계와 부교감신경계에 도달하는 자극이 포함되어 있다. 이런 자극은 일어나서 싸울지, 앉아서 휴식할지 결정하는 데 필요한 데이터를 자율신경계로 전달한다. 거울 신경계를 따라 이동하는 신호들은 다른 사람들을 거의 즉각적으로 따라 하는 모방 반응을 만들어낸다. 이와 같은 복잡하고 빠른 작업을 수행하려면 뉴런에 충분한 영양과 수분을 공급해야 한다.

미국국립과학원 의학연구소는 여성은 하루에 2.7리터, 남성은 하루에 3.7리터의 물을 섭취할 것을 권고한다. 사람은 전체 수분의 약 20퍼센트를 음식으로 얻기 때문에, 목이 마를 때마다 물을 마시거나 투명하거나 연노란색의 소변을 볼 정도로 물을 마시면 충분하다. 카페인과 술은 이뇨 작용을 하기 때문에 이런 것들을 섭취한다면, 물을 더 많이 마셔야 한다. 하루에 한 시간 이상 운동을 하는 사람도 물을 더 많이 마셔야 한다.

신체와 뇌를 함께 훈련하라
:

체력 증진, 몸매 관리, 심장 보호를 위해 운동을 하고 있다면, 이미 남들보다 뇌 관리에 앞서 있는 셈이다. 운동을 하면 뇌에서 생성되는 천연 모르핀인 엔도르핀 분비가 증가해 운동 후에만 찾아오는 황홀감을 느낄 수 있다는 사실은 잘 알려져 있다. 그러나 운동의 효과는 그보다 훨씬 뛰어나다. 규칙적으로 운동하면 기분과 활력을 모두 좋게 만드는 세로토닌, 도파민, 노르에피네프린 같은 중요한 신경전달물질 분비가 늘어난다. 그뿐 아니라 운동은 최근에 발견된 신경전달물질이자, 학습 속도를 높이는 데 도움이 되는 뇌유래신경인자brain-derived neurotrophic factor, BDNF의 분비도 증가시킨다.

하버드대학교 정신의학과 교수 존 레이티John Ratey는 저서 『운동화 신은 뇌』(녹색지팡이, 2023)에서 '제로 아워Zero Hour'라는 새로운 체육 교육 프로그램을 소개한다. 17년 전, 일리노이주 네이퍼빌 교육청은 제로 아워 프로그램을 도입해 수업 시작 전에 최대 심박수의 80~90퍼센트 수준까지 심박수를 올리는 유산소 운동을 시켰다. 운동이 학습에 미치는 효과는 놀라웠다. 네이퍼빌 교육청 산하 학교들은 일리노이주에서 가장 성적이 좋은 다른 학군에 비해 학생 1인당 지출 규모가 훨씬 적었지만, 학업 성취도는 항상 상위 10위 안에 들었다. 이런 결과가 나온 한 가지 이유로 가만히 앉아서 생활하는 아이보다 운동하는 아이의 뇌 전기 활동이 많다는 점을 들 수 있다.

또 다른 이유로 BDNF를 꼽을 수 있다. 레이티는 이렇게 적었다. "BDNF는 정보를 받아들이고, 처리하고, 기억하고, 맥락에 맞게 이해하는 데 필요한 도구를 시냅스에 제공한다."[1] 그뿐 아니라 운동은 몸과 뇌 전반에 걸친 기관과 조직에서 혈관의 성장을 돕는 중요한 화학물질인 혈관내피성장인자vascular endothelial growth factor, VEGF의 분비를 늘린다. 혈관이 늘어나면 혈류가 늘어나고 혈류가 늘어나면 뇌세포에 더 많은 산소와 영양분이 공급된다. 레이티는 이렇게 표현한다. "운동은 뉴런들이 서로 연결되도록 준비시키고, 정신적 자극은 뇌가 그 준비 상태를 활용할 수 있게 도와준다."[2]

신경전달물질인 BDNF와 VEGF를 자극하고 정신적으로 더 예리한 상태가 되도록 갈고닦으려면 근력 운동이나 요가보다는 심혈관 운동을 하는 것이 좋다. 심박수를 올리고 유지하는 것이 더 중요하기 때문이다. 레이티는 다음과 같은 수준의 심혈관 운동을 제안한다.

- 주 2회, 최대 심박수의 70~75퍼센트로 30~60분 정도 운동(땀이 나고 숨이 찬 정도).
- 주 4회, 최대 심박수의 60~65퍼센트로 30~60분간 운동(땀은 나지만, 말하는 데 어려움은 없는 정도).[3]

물론 나도 알고 있다. 이 정도면 미국 질병통제예방센터Centers for Disease Control가 신체 건강 유지를 위해 권고하는 것보다 많은 운동량이다. 엄두가 나지 않는다면 다음 전략을 활용해보자. 스탠퍼드대학교는 연구에서 2주에 한 번씩 운동 상태를 확인하는 전화를 걸면 피험자들의 운동량이 78퍼센트 늘어난다는 사실을 확인했다.[4] 인디애나대학교 신체운동학과는 따로 운동하는 부부가 운동 프로그램을 관두는 경우는 43퍼센트인 반면, 함께 운동하는 부부가 중단하는 경우는 7퍼센트에 불과하다는 사실을 발견했다.[5] 인간관계에서 발생하는 도파민은 오래된 신경 경로를 차단하고 새로운 습관으로 이어지는 새로운 신경 경로를 만들어내는 훌륭한 방법이라는 사실을 기억하자.

오메가3 지방산을 섭취하라

:

뇌를 '회백질gray matter'이라고 부르는 사람도 있지만, 뇌 사진을 자세히 들여다보면 실제로는 희끄무레하게 보인다. 이 하얀색의 정체는 지방이다. 뇌에 지방이 많으면 전기신호의 전달 속도가 높아진다. 특히 오메가3 지방산은 세포막을 구성하는 필수 요소다. 새로운 뉴런의 생성을 촉진해 손상된 뇌세포를 대체할 뿐 아니라, 불안 장애나 기분 장애를 예방하는 데 도움이 된다.[6]

오메가3 지방산은 EPA, DHA, ALA 등 크게 세 종류로 나뉜다. 세 종류 모두 몸에 좋지만, 혈액뇌장벽을 통과해 뇌세포에 영양을 공급할 수 있는 것은 EPA와 DHA뿐이다. EPA와 DHA를 가장 손쉽게 섭취하는 방법은 연어, 청어, 참치 같은 자연식품을 먹는 것이다. 이런 생선을 일주일에 2~3회 섭취하면 뇌 기능이 강화된다. 생선을 먹지 않는 사람이라면, EPA나 DHA가 포함된 보충제를 매일 먹는 것도 좋다. 보충제는 약국이나 마트에서 쉽게 구할 수 있다.

항산화제도 필요하다. 인체가 지방산을 대사하는 과정에서 활성 산소가 부산물로 생성된다. 활성 산소는 체내에 누적되어 단백질과 지질 생성을 방해하고 DNA를 파괴한다. 활성 산소가 쌓인 상태를 산화 스트레스oxidative stress가 높다고 표현한다. 비타민 C, 비타민 E 같은 항산화제는 활성 산소와 결합해 스트레스를 낮춘다. 밝은색 과일과 채소를 통해 항산화제를 섭취하는 것이 가장 좋다. 그러나 필요하다면 보충제를 섭취해도 된다.

충격으로부터 뇌를 보호하라

:

대니얼 에이먼Daniel Amen은 단일 광자 방출 컴퓨터 단층촬영single photon emission computed tomography, SPECT을 이용한 뇌 촬영 기법을 활용해 정신질환과 뇌 손상을 진단하고 치료하는 데 앞장선 정신과 의사다. 에이먼은 인간의 뇌 질감이 적당히 단단한 두부와 비슷하다고 설명한다. 두부로 요리를 해본 적이 있다면 이 비유가 그다지 안심되는 말이 아니라는 사실을 이해할 것이다. 두부처럼 말랑한 뇌는 딱딱한 머리뼈에 둘러싸여 보호를 받는다. 하지만 머리뼈에는 울퉁불퉁한 돌기들이 있어 모서리가 뾰족한 곳이 많다. 축구공, 자동차 앞 유리가 머리에 부딪혀 머리뼈

속의 뇌가 조금이라도 흔들리면 상당한 손상이 발생한다. 뇌에 발생한 타박상은 보통 뇌진탕이라고 불리는데, 이런 충격은 맨 처음 피해가 발생한 후 수개월 혹은 수년이 지난 후까지 해로운 영향을 미칠 수 있다.

　정신과 의사인 동시에 엄마인 나는 아들이 축구를 하고 싶지 않다고 말했을 때 매우 기뻤다. 축구를 하면 경기 때마다 뇌가 위험에 빠진다. 이마로 공을 튕기는 동작은 특히 마음에 들지 않는다. 전전두엽은 실행 기능과 충동 조절을 담당하는 귀하고 중요한 부위이기 때문에 이 부분에 반복해서 충격을 가하는 것은 매우 위험하다. 바로 이런 이유로 오토바이, 자전거, 스케이트보드, 스키, 스노보드 등 위험한 스포츠를 즐기는 모든 사람에게 헬멧 착용을 권장한다. 그뿐 아니라 머리를 부딪힐 가능성이 있는 모든 상황에서 헬멧을 착용해야 한다.

햇볕을 쬐라
:

뇌 건강을 위해 할 수 있는 가장 간단한 일이 햇볕을 쬐는 것이다. 햇빛은 단순히 피부 표면에서 반사되어버리거나 피부를 태우기만 하지 않는다. 햇볕은 건강 유지에 매우 중요하다. 캄캄한 겨울을 지나 맞이하는 긴 여름은 뇌 혈류를 개선하며 세로토닌과 멜라토닌이라는 핵심 신경전달물질을 조절한다. 세로토닌은 긍정적인 기분을 유지하고 차분하고 집중력 있는 삶의 태도를 갖게 한다. 그뿐 아니라 감염, 염증, 자가면역 반응, 암 예방에 도움이 되고 수면에 유익한 호르몬인 멜라토닌의 전구체이기도 하다. 잠시 후에 살펴보겠지만, 건강한 뇌 기능을 위해서는 수면이 무엇보다 중요하다. 햇볕은 기분과 기억에 모두 영향을 미치는 비타민 D 수치도 높여준다.

내가 어렸을 때는 사람들이 햇볕에 열광했다. 당시, 사람들은 은박지 상자를 설치한 다음 온몸에 오일을 바르고 들어가 오븐 속에서 구워지는 감자처럼 온몸으로 햇볕을 흡수했다. 건강에 관한 불변의 진리 중 하나인 절제를 외면한 행동이었다. 그로부터 수십 년 후 몸에 은박지를 두르고 햇볕을 쬐었던 많은 사람이 피부암에 걸렸다. 그 후, 피부를 자극하는 햇볕을 차단하고 피부를 보호하기 위해 선탠로션과 선탠오일이 개발되었다. 이후 자외선 차단제가 개발되었고, 가장 최근에는 자연적인 햇볕 차단 장치보다 100배 강한 효과를 발휘하는 선블록이 등장했다. 이제 햇볕을 충분히 받지 못해서 비타민 D 부족에 시달리는 세대가 나타났다. 앞서 설명했듯이 결국 절제가 중요하다. 가능하다면 매일 조금씩 햇볕을 쬐는 것이 좋다. 그럴 수 없는 곳에서 살고 있다면, 비타민 D 결핍이 없는 일반인에게 권장되는 하루 600~800IU의 비타민 D를 섭취해야 한다. 비타민 D가 결핍된 사람은 수치가 정상으로 돌아올 때까지 하루 2,000IU를 복용해야 한다. 정기 검진 때 혈중 비타민 D 농도를 반드시 검사받는 것이 좋다.

잠을 충분히 자라

:

충분한 햇볕을 쬐는 것처럼 따로 비용을 지불하지 않고 뇌를 건강하게 만드는 방법이 하나 더 있다. 바로 잠을 충분히 자는 것이다. 나는 아이들이 잠들고 나면 한 시간씩 텔레비전을 보면서 자유 시간을 즐긴다. 의대에 다니던 시절에는 가장 늦게까지 자지 않고 버티면서 뛰어난 성과를 내는 사람이 훌륭한 사람이라고 생각했다. 응급실에서 밤새도록 환자를 보고 잠을 쫓으려고 다이어트 콜라를 끝없이 마시던 기억이 아직도 생생하다.

하지만 수면이 조금이라도 부족해지면 집중력 저하, 졸음, 기억력 감퇴, 신체 기능 저하, 계산 능력 저하, 기분 변화 등 뇌와 몸에 여러 문제가 생긴다. 일과를 모두 끝낸 후 '자유 시간'을 즐기기보다 숙면하는 것이 훨씬 좋다. 충분히 잠을 자고 나면 평소라면 늦게까지 미루어둘 만한 일에도 활력과 집중력을 쏟을 수 있다는 사실을 이미 알지도 모르겠다. 연구에 따르면, 수면 부족 상태에 익숙해졌다고 해도 반응 시간과 판단력은 여전히 크게 떨어진다. 수면이 부족하면 뇌의 신경 경로가 과민해지기 때문이다.

적정 수면 시간은 나이와 신체 상태에 따라 달라지지만, 성인은 하루 7~8시간(5시간만으로 충분하거나 10시간은 자야 개운한 사람도 있다), 청소년은 대략 9시간, 영아는 무려 16시간이다. 심각한 수면 부족은 언젠가 반드시 갚아야 하는 빚이라는 사실을 기억하자!

뇌에 좋은 음식을 섭취하라
:

장은 신경과 밀접하게 연결되어 있으며, 우리가 먹는 음식은 뇌에 큰 영향을 미친다. 단백질, 탄수화물, 지방은 뇌에서 세포와 신경전달물질을 생성하는 기본 재료가 된다. 세포 내에 있는 작은 공장을 가동해 에너지를 생성하려면 비타민과 보조인자cofactor 같은 미량 영양소가 필요하다. 모든 필수 영양소와 풍부한 과일, 채소가 포함된 균형 잡힌 식단은 신체를 더 건강하게 하고 뇌가 효율적으로 작동하도록 도와준다.

하지만 뇌 건강에 중점을 둘 때는 전통적으로 이야기하는 균형 잡힌 식단을 넘어서야만 한다. 여기에서 소개하는 브레인 푸드(뇌 건강에 좋은 음식)는 정신과 마음을 건강하게 유지하는 데 도움이 된다. 블루베리는 산화 스트레스를 예방한다. 쥐 실험에서는 학습 능력 향상에도 도움이 되는 것으로 나타났다. 아보카도와 통곡물은 뇌 전체, 특히 CARE 경로로 가는 혈류를 유지하는 데 도움이 된다. 콩류는 뇌에 포도당을 일정하게 공급해 안정적인 에너지 공급을 가능케 한다. 갓 우린 차는 가장 이상적인 음료다. 집중력, 기분, 기억력을 모두 개선하기에 딱 알맞은 양의 카페인이 함유되어 있기 때문이다. 차에는 혈류 조절을 돕는 카테킨도 소량 들어 있다. 견과류와 씨앗에 들어 있는 비타민 E는 인지 기능 저하를 예방한다. 다크 초콜릿에는 세 가지 효과가 있다. 엔도르핀은 몸과 뇌를 진정시키고, 카페인은 집중력을 강화하고, 항산화 성분은 활성 산소를 제거한다. 마지막으로 소개할 브레인 푸드는 야생 연어, 청어, 참치처럼 앞서 설명한 오메가3 지방산이 풍부한 생선이다.

뇌 훈련 프로그램을 활용하라

:

사람들은 대개 게임과 활동을 통해 뇌를 자극해야 한다는 사실을 잘 알고 있다. 그러나 모든 자극이 뇌의 기능 향상에 도움이 되지는 않는다. 예를 들어, 뇌에 활력을 불어넣기 위해 십자말풀이를 자주 한다면 십자말풀이를 하는 능력만 개선될 가능성이 크다. 신경과학자 마이클 머저닉Michael Merzenich이 설립한 포지트 사이언스Posit Science는 두뇌 게임이 반드시 갖춰야 할 특징을 설명하는 'SAAGE 프로토콜'을 소개했다.

S는 속도Speed를 뜻한다. 나이가 들수록 뇌의 전기 전달 속도는 느려진다. 좋은 뇌 활동은 사고 속도를 높이는 데 도움이 되어야 한다.

A는 정확성Accuracy을 뜻한다. 뇌 훈련 게임은 정보를 분류하는 능력 개선에 도움이 되어야 한다.

A는 적응력Adaptivity을 뜻한다. 두뇌 게임은 상황에 맞게 조정되어야 한다. 컨디션이 좋지 않은 날에는 과제가 쉬워야 한다. 우리 두뇌에 가장 불필요한 게임은 계속 실패하는 게임이다. 이런 게임은 CARE 경로에 도움이 되지 않고 쓸데없이 교감신경계를 자극할 뿐이다.

G는 일반화 가능성Generalizability을 뜻한다. 다시 말해서, 프로그램이 게임 속 활동뿐 아니라 실생활에도 긍정적인 영향을 줄 수 있어야 한다. 앞서 말했듯 십자말풀이는 십자말풀이 능력을 개선하는 데만 도움이 될 뿐이다.

E는 참여Engagement를 뜻한다. 성인이 학습을 담당하는 마이네르트 기저핵nucleus basalis을 활성화하려면 참신함과 집중력이 필요하다. 보상 체계가 작동해 도파민이 분비되면 새로운 경로가 강화된다. 따라서 오랫동안 뇌 변화를 유지하려면 훈련을 하는 동안 두뇌에서 주의력, 보상, 참신함을 담당하는 시스템을 수백 번 자극해야 한다.[7]

마음에 드는 스트레스 해소법을 찾아라

:

스트레스와 스트레스 호르몬은 뇌에 매우 유해하다. 몸의 다른 부분이 그렇듯 유해성에도 스펙트럼이 있다. 연구에서 중간 정도의 스트레스는 인지 능력 개선에 도움이 된다는 사실이 밝혀졌다. 아드레날린이 분비되면 신경 경로가 깨어나 집중력과 주의력이 높아진다. 그러나 스트레스 수준이 높아지면 문제가 된다. 조금 전까지 집중에 도움이 되었던 바로 그 호르몬이 불안감과 극심한 공포를 만들어낸다.

진화론적 관점에서 보면 이 시스템은 합리적이다. 위험 요인을 찾기 위해 주변을 살피는 원시인이 되었다고 상상해보자. 긴장 상태를 유지하고 멍해지지 않을 정도의 스트레스가 생존에 매우 중요하다. 저 멀리서 퓨마 한 마리가 어슬렁거리는 모습을 보았다고 하자. 몸에서 아드레날린이 분비되기 시작하고 퓨마에 주의를 기울이게 된다. 그러나 과잉 반응은 하지 않는다. 그로부터 10분 후, 점점 동굴 가까이 다가오는 퓨마의 존재가 느껴진다. 아드레날린이 온몸의 신경계로 퍼져나가고 심장 박동이 빨라지며 호흡도 점점 가빠진다. 탐색과 평가 모드였던 신체가 전투 준비 모드로 전환된다. 여성의 경우에는, 아드레날린과 옥시토신이 함께 분비되어 에너지, 집중력, 지혜를 발휘해 부족 사람들과 아이들을 한곳에 안전하게 모은다. 남성의 경우에는, 테스토스테론과 바소프레신이 함께 증가하면서 부족을 지키기 위해 퓨마의 숨통을 끊어 놓겠다고 생각하게 된다.

복잡한 스트레스 반응은 때때로 위험한 세상을 헤쳐 나가도록 도와주는 친구이자 조력자가 된다. 그러나 인간의 자립만을 강조하고 스트레스 해소를 위해 다른 사람에게 기대지 말아야 한다고 가르치면, 사람 간의 연결을 강화하는 신경 경로가 발달하지 못한다. 교감신경계를 균형 있게 조절하고 과도한 각성 상태에 계속 머무르지 않도록 억제하는 능력을 갖추지 못하는 셈이다.

아동 학대, 가정 폭력, 전쟁 등으로 PTSD를 겪는 사람은 교감신경계가 항상 과도하게 작동하는 상태로 살아간다. 그에 따른 반응은 믿기 힘들 정도로 파괴적이다. 아드레날린 수치를 낮추기 위해 분비된 코르티솔은 기억을 저장하는 해마에 해로운 영향을 미친다. 그뿐 아니라 신체 곳곳의 기능이 저하되어 당뇨에서부터 자가면역 질환에 이르기까지 다양한 만성 질환이 발생한다. 물론 스트레스 반응이 과도하면 건강한 인간관계를 맺기도 훨씬 더 힘들다.

그렇기에 CARE 경로를 적극적으로 차단하는 문화에서 살고 있다면 스트레스 반응을 상쇄하기 위해 스트레스 해소에 도움이 되는 활동을 해야 한다. 가장 먼저 시도할 만한 방법은 틈틈이 호흡에 집중하는 것이다. 스트레스를 받으면 호흡이 얕고 빨라져 뇌로 가는 산소가 줄어들고, 결국 뉴런이 더욱 과민해져 더 많은 스트레스가 생겨난다. 그런 만큼 하루에 몇 번 정도 잠깐 시간을 내어 10회씩 집중해서 심호흡을 해보자. 금세 뇌로 유입되는 산소량이 늘어나는 것을 느낄 수 있을 것이다. 이 방법의 장점은 언제든 할 수 있다는 것이다. 지하철에서든 책상에서든 심지어 동료와 짜증 나는 회의를 하는 도중에도 아무도 눈치채지 못하게 할 수 있다.

스트레스를 완화하고 과민한 교감신경계를 진정시키는 데 도움이 되는 다양한 방법을 5장에서 설명했다. 이것들은 오랫동안 검증된 민을 만한 방법이다. 꾸준히 할 수 있는 방법을 고르는 것이 무엇보다 중요하다. 자율신경계의 균형을 찾는 일도 뇌를 바꾸기 위해 실천하는 다른 일들과 마찬가지로 연습이 필요하기 때문이다. 최근에는 명상, 요가, 마음챙김 같은 활동이 특히 인기 있다. 그러나 이런 방법이 당신과 맞지 않다면 당신만의 스트레스 해소 방법을 찾기를 바란다. 일과를 끝낸 후 아이들과 함께 놀 때 스트레스 가득한 세상에서 벗어나 안전해지는 기분이 드는가? 그렇다면 아이들과 함께하는 시간을 루틴으로 만들자. 점심에 달리기를 하면 스트레스 호르몬이 사라지는가? 그렇다면 시간을 내서 달려보자. 우리가 주된 스트레스 해소 방법인 성장 촉진 관계를 만들지 못하게 방해하는 문화 속에서 너무 많은 시간을 보내는 탓에 계속해서 스트레스가 쌓인다. 이런 스트레스를 없애는 것을 목표로 삼으면 된다.

건강한 삶을 위한 CARE 경로
·

앞서 설명했듯이 자율신경계를 균형 있게 유지하려면 연습이 필요하다. CARE 신경 경로, 즉 평온함, 수용감, 공감, 활력 경로를 모두 강화하는 데도 꾸준한 훈련이 필요하다. 요가와 명상이 하나의 훈련이듯 연결된 뇌를 회복하는 것도 일종의 훈련이다. 처음에는 평온함, 수용감, 공감, 활력을 느끼는 신경 경로를 강화하는 것이 어색하게 느껴질 수도 있다. 지금껏 우리 문화에 깊이 뿌리박혀 있던 관계에 대한 모든 진리와 반대 방향으로 나아가는 듯한 기분이 들 수도 있다. 사실 우리가 지금 하려는 것이 바로 그런 일이다. CARE 경로는 자주 관리할수록 나날이 발전한다. 머지않아 건강한 관계를 발전시키고 유지하는 것이 훨씬 자연스럽게 느껴지기 시작할 것이다.

부모들에게는 새로운 자녀 양육 지침서가 필요하고, 아이들에게는 친구와 적을 대하는 새로운 규칙이 필요하며, 경영자들에게는 직원들 간의 협력을 장려하는 새로운 틀이 필요하고, 세계 지도자들에게는 여러 공동체가 연결이라는 역량을 발휘할 수 있도록 이끄는 새로운 방식이 필요하다. 지금 우리에게는 이전과는 다른 인간관계 접근방식이 필요하다. 우리에게 필요한 것은 서로 연결되어 있는 생활 방식을 정확하게 반영하는 접근방식, 건강한 인간관계를 발판 삼아 더욱 풍요롭고 건강한 삶을 영위하는 접근방식이다.

문화는 한 번에 한 명씩 바꿔놓을 뿐이며, 변화시킬 수 있는 사람은 오직 자신뿐이라는 말이 있다. 그러나 인간은 서로 분명한 경계에 따라 분리된 존재가 아니며 인간관계에는 신경학적인 생명력이 있어서 우리가 만나는 모든 사람의 뇌와 머릿속에서 그 생명력이 힘을 발한다는 사실을 깨달으면, 이런 설명이 충분하지 않다는 사실을 알게 될 것이다. 당신이 관계를 맺는 방식을 바꾸면, 즉 판단을 줄이고, 호기심을 갖고, 두려움을 덜어내고, 수용적인 태도를 보이면, 당신과 다른 사람들이 만나는 지점에서 변화가 생겨난다. 인간관계를 강화하는 경로를 개선하면, 서로 분리되어야 한다는 생각을 뒷받침하던 벽이 사라지고 그 자리가 성장과 에너지로 가득하고 사람 간의 상호작용이 넘쳐나는 공간으로 바뀌게 된다.

다시 말해서, 인간관계가 달라지면 그 관계 속에 있는 모든 사람의 마음이 실제로 바뀐다. 당신의 변화는 당신 자신한테만 국한되지 않는다. 우리는 결코 혼자가 아니기 때문이다. 우리는 서로의 품 안에서 살아가는 존재다.

감사의 글

작가들은 "책 한 권을 쓰려면 온 마을이 필요하다"라고들 한다. 그러나 리 앤 허시먼Leigh Ann Hirschman과 함께 작업하면 마을이 그리 크지 않아도 책을 쓸 수 있다. 우리는 자율성이 중요하다는 뿌리 깊은 문화적 믿음에 도전하는 책을 쓰기로 결단했다. 리 앤과 함께했기에 이런 도전을 할 수 있었다. 그는 이 책에서 많은 역할을 했다. 컨설턴트 겸 훌륭한 편집자로 출발해 뛰어난 작가의 역할을 맡았다가 마지막에는 믿을 수 있는 친구의 역할을 했다. 리 앤의 진실성, 뛰어난 유머 감각, 세부 사항까지 꼼꼼하게 놓치지 않는 집중력은 나의 기대를 훌쩍 뛰어넘었다. 프로젝트가 끝날 무렵, 그는 내 생각과 아이디어를 명확하게 정리하고 더욱 빛나게 해주었다. 내가 하고 싶었던 말을 나보다 훨씬 잘 표현해주었다. 리 앤에게 진심 어린 감사를 전한다.

이 책을 믿고 훌륭한 출판사와 편집자를 찾아주신 윌리엄스 앤 블룸 Williams & Bloom 에이전트 캐스린 보몬트Kathryn Beaumont와 캐서린 플린Katherine Flynn에게 감사를 전한다. 두 분 덕에 타처Tarcher의 열정적인 편집자 사라 카더Sara Carder를 만날 수 있었다.

이 책이 세상에 나오는 데 누구보다 중요한 역할을 해주신 크리스티나 롭Christina Robb에게도 고마운 마음을 전한다. 롭은 나의 글쓰기 코치로 초고를 다정한 눈으로 읽어주었고, 모든 작가는 자기 목소리를 찾는 데 어려움을 겪는다는 사실을 알려주었다. 내가 정신없이 뒤엉킨 20쪽짜리 원고를 내놓았을 때도 롭은 처음 15쪽을 써내는 것은 목을 가다듬는 과정과 같다고 평온하고 친절하게 설명해주었다.

마이크 밀러는 진 베이커 밀러 훈련 연구소에서 진행하는 연구에 항상 변함없는 지지를 보내주었다. 그의 메시지는 늘 명확했다. "자신이 하는 일을 진지하게 받아들이고, 책을 쓰고, 인간관계가 건강과 행복에서 무엇보다 중요하다는 메시지를 널리 퍼뜨려야 한다"라는 것이다. 마이크는 꾸준한 지지를 보내는 한편, 문화 관련 기사를 우편으로 보내주었다. 이 덕에 이 책이 더 큰 사회적 맥락 안에 있다는 사실을 계속 상기할 수 있었다.

친구이자 동료인 로잰 애덤스Roseann Adams는 맨 처음 제작한 CARE 관계 진단표를 내담자들과 함께 테스트한 다음, 이 진단 방법의 구조와 영향에 관해 매우 귀중한 의견을 주었다. 매년 여름 집중 연구 프로그램에 참여하는 너그러운 참가자들은 오랫동안 많은 지지와 유익한 피드백을 주었다. 관계와 문화의 관계를 직접 연구하는 이 공동체는 진 베이커 밀러 훈련 연구소에서 연구를 진행하고 그 결과물을 널리 퍼뜨리는 데 중요한 역할을 했다. 세인트스콜라스티카대학의 콘스턴스 건더슨Constance Gunderson 박사와 동료들에게 특히 심심한 감사를 전한다. 이 연구팀은 사회복지 전공 학생들을 상대로 CARE 프로그램의 효과를 알아보는 연구 프로젝트를 나와 함께 진행했다. 메리 비카리오Mary Vicario는 관계 신경과학을 기반으로 부모와 자녀를 위한 훌륭한 활동을 만들어내는 탁월한 실력을 발휘했다. 일을 향한 비카리오의 열정은 전염성이 강했다.

진 베이커 밀러 훈련 연구소에서 함께 일하는 두 친구이자 동료인 모린 워커Maureen Walker, 주디스 조던Judith Jordan과 함께 일하고 배우는 시간은 영광이었다. 모린은 학자의 지성과 활동가의 심장, 신학자의 영혼을 지닌 사람이다. 모린의 사상은 관계를 바라보는 문화적 맥락에 관한 나의 시각과 글에 커다란 영향을 미쳤다. 조던이 공개한 다양한 작품, 날카로운 지적 호기심, 불교적인 에너지는 관계-문화 이론에 마음과 영혼을 불어넣었다.

관계 신경생물학에 관한 대니얼 시겔의 연구 역시 내 생각에 커다란 영향을 미쳤다. 이 프로젝트를 도와주고 내 연구를 지지해준 데 무한한 감사를 전한다. 시겔과 함께 '나리(나와 우리)' 같은 존재가 될 수 있어서 무척 기뻤다.

나는 개인 상담실에서 내담자들과 소통하는 데 대부분의 시간을 할애한다. 항상 쉬운 일은 아니지만 늘 흥미롭다. 나 역시도 내담자와의 관계에서 성장했다. 많은 분이 가장 내밀한 감정과 삶의 이야기를 들려준 데 진심 어린 감사를 표한다.

멜리사 코코Melissa Coco, 에인절 사이브링Angel Seibring, 프랭크 앤더슨Frank

Anderson은 내 삶과 뇌 신경 경로에 지대한 영향을 미쳤다. 이 세 분은 초고를 읽어주시고 재충전이 필요할 때마다 따뜻한 우정을 보여주고 휴식 시간을 선물해주는 등 이 책을 쓸 수 있도록 많은 도움을 주었다. 지도 교수이자 좋은 친구이며 레지던트 시절 일찍이 내게 관계-문화 이론을 소개해준 패멀라 펙Pamela Peck에게도 감사의 뜻을 전한다. 관계-문화 이론은 순식간에 내 마음을 사로잡았고 지금까지 내 삶과 일에서 길잡이가 되어주고 있다.

지난 25년 동안 신디 케타일Cindy Kettlye과 함께 내 관계의 틀을 다시 만드는 작업을 하고 있다. 신디도 잘 알다시피 나는 신디 집에 있는 상담용 의자를 매우 싫어한다. 그 의자는 마치 빈에서 끌고 온 것 같은 모양새를 하고 있다. 하지만 신디는 완벽한 상담사일 뿐 아니라 내가 솔직하게 이야기를 털어놓을 수 있는 사람이기도 하다. 신디와의 관계 덕에 나는 실컷 웃으며 건강을 되찾을 수 있었다.

진 베이커 밀러 훈련 연구소의 전신인 스톤 센터Stone Center를 설립한 진 베이커 밀러, 아이린 스티버, 주디스 조던, 재닛 서리의 혁신적이고 대담한 노력을 짚고 넘어가지 않을 수 없다. 이분들은 우리 세대의 임상 전문가와 학자들이 수치심 없이 관계를 강조할 수 있는 기틀을 마련해주었다. 이들이 고안한 선지적인 이론은 서구 문화를 새롭게 변화시키고 있다.

오빠 필립 뱅크스Philip Banks는 내가 아는 사람 중 유일하게 하룻밤 만에 컴퓨터 언어를 통째로 익힐 수 있는 사람이다. 사랑과 지지를 보내준 필립에게도 고마운 마음을 전한다.

언니 케이트 뱅크스는 작가이자 의사다. 언니는 그 끝이 어디로 이어지든 두려워하지 않고 사람들이 잘 다니지 않는 길을 걸을 수 있도록 나를 이끌어준 롤모델이었다.

여동생 낸시 뱅크스는 나처럼 학생들을 가르치는 문화 비평가다. 낸시는 항상 사랑과 웃음을 주는 소중한 존재다.

마지막으로 하늘나라에 계시는 나의 부모님, 로널드 F. 뱅크스Ronald F. Banks와 헬레나 폴란드 뱅크스Helena Poland Banks는 모두 교육자셨다. 두 분은 내게 두 가지 소중한 선물을 주셨다. 그 첫 번째는 가르치고 배우는 것을 사랑하는 마음이고, 두 번째는 내가 가진 특이한 면을 있는 그대로 받아들이는 태도다.

미주

1장. 인간은 독립적으로 살아갈 수 없다

1. Giacomo Rizzolatti, Luciano Fadiga, Vittorio Gallese, and Leonardo Fogassi, "Premotor Cortex and the Recognition of Motor Actions," *Cognitive Brain Research 3* (1996): 131–41.

2. Lea Winerman, "The Mind's Mirror," *Monitor on Psychology* 36, no. 9 (2005): 48.

3. 마르코 야코보니, 『미러링 피플』(갤리온, 2009).

4. Judith Jordan, 작가와의 대화, May 2014.

5. 지그문트 프로이트, 『쾌락 원칙을 넘어서』(루미너리북스, 2025), 4장.

6. D. G. Blazer, "Social Support and Mortality in an Elderly Community Population," *American Journal of Epidemiology* 155, no. 5 (1982): 684–94.

7. T. E. Seeman and S. L. Syme, "Social Networks and Coronary Artery Disease: A Comparison of Structure and Function of Social Relations as Predictors of Disease," *Psychosomatic Medicine* 49, no. 4 (1987): 341–54.

8. P. L. Graves, C. B. Thomas, and L. A. Mead, "Familial and Psychological Predictors of Cancer," *Cancer Detection & Prevention* 15, no. 1 (1991): 59–64.

9. L. G. Russek and G. E. Schwartz, "Narrative Descriptions of Parental Love

and Caring Predict Health Status in Midlife: A 35-Year Follow-up of the Harvard Mastery of Stress Study," *Alternative Therapies in Health and Medicine* 2 (1996): 55-62.

2장. 건강한 관계에 꼭 필요한 4가지 요소

1. N. I. Eisenberger and M. Lieberman, "Why It Hurts to Be Left Out: The Neurocognitive Overlap between Physical and Social Pain," in K. D. Williams, J. P. Forgas, and W. von Hippel (eds)., *The Social Outcast: Ostracism, Social Exclusion, Rejection, and Bullying* (New York: Cambridge University Press, 2005), 109-27.

2. P. M. Niedenthal, L. W. Barsalou, P. Winkielman, S. Krauth-Gruber, and F. Ric, "Embodiment in Attitudes, Social Perception, and Emotion," *Personality and Social Psychology Review* 9 (2005): 184-211.

3. S. M. Wilson, A. P. Saygin, M. I. Sereno, and M. Iacoboni, "Listening to Speech Activates Motor Areas Involved in Speech Production," *Nature Neuroscience* 7 (2004): 701-702.

4. I. Meister, S. M. Wilson, C. Deblieck, A. D. Wu, and M. Iacoboni, "The Essential Role of Premotor Cortex in Speech Perception," *Current Biology* 17 (2007): 1692-96.

5. D. Neal and T. Chartrand, "Embodied Emotion Perception, Amplifying and Dampening Facial Feedback Modulates Emotion Perception Accuracy," *Social Psychological and Personality Science* 2, no. 6 (2011): 673-78.

6. Diana Martinez, Daria Orlowska, Rajesh Narendran, Mark Slifstein, Fei Liu,

Dileep Kumar, Allegra Broft, Ronald Van Heertum, and Herbert D. Kleber, "Dopamine Type 2/3 Receptor Availability in the Striatum and Social Status in Human Volunteers," *Biological Psychiatry* 67, no. 3 (2010): 275 – 78.

7. Louis Cozolino, *The Neuroscience of Human Relationships* (New York: W. W. Norton, 2014).

3장. 당신의 뇌를 바꾸는 3가지 규칙

1. Antonio M. Battro, *Half a Brain Is Enough: The Story of Nico* (Cambridge, Mass.: Cambridge University Press, 2001).

2. 노먼 도이지, 『기적을 부르는 뇌』(지호, 2008).

3. Martha Burns, "Dopamine and Learning: What the Brain's Reward System Can Teach Educators," *Scientific Learning*, http:// www.scilearn.com/ blog/dopamine-learning-brains-reward-center-teach-educators.php#. U3LnkwjDs3s.gmail (accessed May 13, 2014).

5장. 평온함(Calm): 날뛰는 신경계 진정시키기

1. 제프리 슈워츠, 『강박에 빠진 뇌』(알에이치코리아, 2023).

7장. 공감(Resonant): 타인과의 경계 허물기

1. Cozolino, *The Neuroscience of Human Relationships*, 202.

2. 마르코 야코보니, 『미러링 피플』(갤리온, 2009).

9장. 뇌를 건강하게 유지하는 비결

1. 존 레이티, 『운동화 신은 뇌』(녹색지팡이, 2023).

2. Ibid., 207.

3. Ibid., 242.

4. A. C. King, R. Friedman, B. Marcus, C. Castro, M. Napolitano, D. Alm, and L. Baker, "Ongoing Physical Activity Advice by Humans versus Computers: The Community Health Advice by Telephone (CHAT) Trial," *Health Psychology* 26, no. 6 (2007): 718 – 27.

5. J. P. Wallace, J. S. Raglin, and C. A. Jastremski, "Twelve Month Adherence of Adults Who Joined a Fitness Program with a Spouse vs. Without a Spouse," *Journal of Sports Medicine and Physical Fitness* 35, no. 3 (1995): 206 – 13.

6. Stuart Wolpert, "Scientists Learn How What You Eat Affects Your Brain— And Those of Your Kids," *UCLA Newsroom*, http:// newsroom.ucla.edu/ releases/scientists-learn-how-food-affects52668 (accessed May 14, 2014).

7. Posit Science, "Company FAQ," http://www.brainhq.com/about/company-faq (accessed May 14, 2014).

쓸모 많은 뇌과학

인간관계의 뇌과학

1판 1쇄 발행 2026년 1월 28일

지은이 에이미 뱅크스, 리 앤 허시먼
옮긴이 김현정
발행인 박명곤 **CEO** 박지성 **CFO** 김영은
기획편집1팀 채대광, 백환희, 이상지, 김진호
기획편집2팀 박일귀, 이은빈, 강민형, 박고은
기획편집3팀 이승미, 김윤아, 이지은
디자인팀 구경표, 유채민, 윤신혜, 권지혜
마케팅팀 임우열, 김은지, 전상미, 이호, 최고은

펴낸곳 (주)현대지성
출판등록 제406-2014-000124호
전화 070-7791-2136 **팩스** 0303-3444-2136
주소 서울시 강서구 마곡중앙6로 40, 장흥빌딩 10층
홈페이지 www.hdjisung.com **이메일** support@hdjisung.com
제작처 영신사

ⓒ 현대지성 2026

"Curious and Creative people make Inspiring Contents"
현대지성은 여러분의 의견 하나하나를 소중히 받고 있습니다.
원고 투고, 오탈자 제보, 제휴 제안은 support@hdjisung.com으로 보내 주세요.

현대지성 홈페이지

이 책을 만든 사람들
기획 박일귀 **편집** 이은빈 **디자인** 구경표